"十四五"职业教育国家规划教材
省 部 级 重 点 图 书
普通高等学校高等职业教育环境保护类专业系列教材

水环境监测与评价

主 编 隋聚艳 郭青芳
主 审 宋刚福

黄河水利出版社
·郑州·

内容提要

本书是“十四五”职业教育国家规划教材，是根据教育部对职业院校专业人才培养的指导意见和高职高专环保与气象类专业教学指导委员会审定通过的《水环境监测与评价教学大纲》编写而成。本书以水环境监测与评价方案的编写为主线，主要内容有环境监测与环境标准，水样的采集、保存和预处理，水质监测，突发性环境污染事故应急监测，环境监测质量保证与控制，水环境评价，校园及周边水环境监测与评价实训等。本书内容对接绿色环保战略性新兴产业和水利行业相关岗位的典型任务，坚持“岗课赛证”相融合的原则，具有实用性、生产实践性强等特点，以项目为驱动组织教学内容，将教学内容的理论知识模块化，通过理论与实践相结合的方式，使学生加深对理论知识的理解和应用，实施理论与实践一体化的项目教学模式。

本书既可作为高职高专院校环境保护类专业和水利类相关专业的教学用书，也可作为从事水资源、水环境保护等相关行业的专业技术人员的培训用书及参考书。

图书在版编目(CIP)数据

水环境监测与评价/隋聚艳，郭青芳主编. —郑州：黄河水利出版社，2020.6 (2023.7 修订重印)

省部级重点图书 普通高等学校高等职业教育环境保护类专业系列教材

ISBN 978-7-5509-2657-8

Ⅰ.①水… Ⅱ.①隋… ②郭… Ⅲ.①水环境-环境监测-高等职业教育-教材②水环境-环境质量评价-高等职业教育-教材 Ⅳ.①X832②X143

中国版本图书馆 CIP 数据核字(2020)第 080365 号

策划编辑：王志宽 电话：0371-66024331 E-mail：wangzhikuan83@126.com

出 版 社：黄河水利出版社 网址：www.yrcp.com

地址：河南省郑州市顺河路黄委会综合楼 14 层 邮政编码：450003

发行单位：黄河水利出版社

发行部电话：0371-66026940、66020550、66028024、66022620(传真)

E-mail：hhslcbs@126.com

承印单位：河南承创印务有限公司

开本：787 mm×1 092 mm 1/16

印张：15

字数：347 千字

版次：2020 年 6 月第 1 版 印次：2023 年 7 月第 2 次印刷

定价：38.00 元

编审委员会

前　言

水环境监测与评价是环境类相关专业及水利类部分专业的一门专业核心课程。本教材是根据教育部办公厅印发的《"十四五"职业教育规划教材建设实施方案》《关于职业院校专业人才培养方案制订与实施工作的指导意见》和中共中央、国务院印发的《中国教育现代化 2035》等文件的精神，全面贯彻落实全国职业教育大会关于职业教育工作和教材工作的重要指示、批示精神，全面贯彻党的教育方针，以强化学生职业素养养成和专业技术积累为目的，以岗位设置和技能要求为依托，以培养学生的技术应用能力为核心，来构建课程和教学内容体系，紧跟产业发展趋势和行业人才需求的要求。

本教材采用项目教学法的形式编写，以水环境监测与评价方案的编写为主线，共分七个项目，五十个任务。全书从环境监测与环境标准，水样的采集、保存和预处理，水质监测，突发性污染事故应急监测，环境监测质量保证与控制以及水环境评价六个方面组织教学内容，以完成校园及周边水环境监测与评价实训为课程考核目标，内容紧紧围绕水环境监测与评价方案这条主线编写，在教学过程中做到理实一体、"学做结合"，采用讲练结合、课堂教学与实训操作结合、校内校外结合等方式，融"教、学、做"为一体。本教材在编写内容上有以下特点：

(1)教材内容对接绿色环保战略性新兴产业和水利行业相关岗位的典型任务，其专业内容实用性强，以实践教学为主线，实施理论与实践一体的项目教学模式，直接为相关行业对高职毕业生适应能力与知识方面的需求服务。

(2)立足教材教学内容，结合思政素材，围绕全面提高人才培养质量这一目标，以爱国主义教育为核心，弘扬和培育社会主义核心价值观中的敬业、诚信精神，培养学生的职业素养和工匠精神，实现思想政治教育与专业知识体系教育的有机统一。

(3)遵循学生认知心理发展的规律，学生通过实际案例实训环节各部分内容的学习，来构建合理、有效的知识体系，课程教学设计关注学生的学习态度，培养学生的学习责任感，培养学生终身学习的能力和愿景。在教学设计中，凸显以学生为主体，培养学生发现问题、提出问题、分析和解决问题的主观能动性。

(4)本教材为积极推进"1+X"水环境监测与治理和污水处理职业技能等级证书工作，创新"1+X"书证融通新思路，充分发挥职业技能等级证书在促进课程教学和人才培养方面的作用,推进了课证融通,促进了人才培养质量的提高,为专业建设及课程的教学提供新的发展方向和思路。

本教材编写人员及分工如下:河南水利与环境职业学院隋聚艳编写项目一、项目七,四川水利职业技术学院梁敏编写项目二,山西水利职业技术学院郝转编写项目三的任务一至任务八,山东水利技师学院齐炳娟编写项目三的任务九至任务十六,山西水利职业技术学院董向前编写项目三的任务十七至任务二十三及项目四,河南水利与环境职业学院董晓明编写项目三的任务二十四至任务二十七,山东水利职业学院郭青芳编写项目五,杨凌职业技术学院赵彦琳编写项目六。本教材由隋聚艳、郭青芳担任主编;郝转、梁敏、齐炳娟和董向前担任副主编;华北水利水电大学宋刚福担任主审。全书由隋聚艳负责统稿。

此外,在本教材编写过程中还参考和引用了部分教材及文献资料的内容,得到了有关部门和兄弟单位的大力支持,在此一并致谢!

由于编写人员水平有限,书中难免存在不足之处,恳请读者对本书提出意见和建议。

作　者

2023 年 5 月

本书互联网全部资源二维码

目 录

项目一　环境监测与环境标准

【知识目标】

1. 掌握环境监测的定义、目的与内容。
2. 熟悉环境监测的过程与对象。
3. 熟悉环境监测的分类和特点。
4. 了解环境监测的技术方法。
5. 掌握环境标准的作用、分类、重点标准。
6. 了解环境监测的发展趋势。

【技能目标】

1. 清楚环境监测的相关标准及标准的作用。
2. 掌握污水悬浮物的测定。

任务一　环境监测

一、环境监测的定义、目的与内容

(一)环境监测的定义

环境监测是在环境分析的基础上发展起来的一门学科,是环境学科的一个重要分支学科。环境监测是运用现代科学技术方法监测和检测代表环境质量与变化趋势的各种数据,分析其环境影响过程与程度。

(二)环境监测的目的

环境监测的目的是及时、客观、准确地揭示环境因子的时空分布和变化规律,对环境质量及其变化做出正确的评价。

(三)环境监测的内容

根据环境监测的定义,环境监测的内容主要包括以下五个方面:

(1)通过对环境因子定点、定时、长期监测,为研究环境背景值、环境容量、污染物总量控制、环境目标管理和环境质量预测及预报提供基础数据。

(2)根据污染物的分布特点、迁移规律和影响因素,追踪污染源,预测污染趋势,为控制污染提供依据。

(3)为开展科学研究或环境质量评价提供依据。

(4)为保护人类健康,保护生态环境,合理使用自然资源,制定环境法规、标准、规划等提供依据。

(5)通过应急监测为正确处理污染事故提供服务。

二、环境监测的过程及对象

(一)环境监测的过程

环境监测的过程一般为接受任务、现场调查、监测方案设计、样品采集、运送保存、分析测试、数据处理、综合评价和监督反馈等。

1. 接受任务

环境监测的任务来源于政府环境保护部门的指令、组织或个人的委托、监测机构的计划。

2. 现场调查

根据任务要求的内容开展现场调查研究,以便掌握污染源的性质、来源及其相对位置、排放规律、污染受体的性质、水文、地理、气象等环境条件。

3. 监测方案设计

根据有关技术规范和现场调查情况进行方案设计和布点作业,并做好标识和准备工作。

4. 样品采集

根据方案设计的内容要求,进行样品的采集工作。某些现场需要处置的样品,要按照规范要求进行图纸包装,并详细记录现场情况和采样实况。

5. 运送保存

将采集的样品和记录安全、及时地送往实验室,并注意办好交接手续。

6. 分析测试

根据规定的程序和分析方法,对样品进行分析,并记录检测信息。

7. 数据处理

对数据进行处理和统计检验,整理入库。

8. 综合评价

通过对现场调查资料、监测结果进行综合分析并做出合理解释,写出预测分析和对策建议报告。

9. 监督反馈

根据环保部门的指令和用户的申请,对监测对象进行监督控制,同时对监测结果的意见、申诉和对策执行情况进行反馈,以便纠正工作中存在的问题。

(二)环境监测对象

环境监测对象包括水体、大气、土壤、生物、噪声和辐射等环境要素。

从20世纪70年代以来,随着对环境问题的日益关注,人们对环境监测的范围、精度、准确度提出了更高的要求,而新的规范标准、新技术、新理论极大地促进了环境监测学科的发展,环境监测的概念不断地深化,监测项目也日益增多,监测范围不断地扩大,从一个断面发展到一个城市、一个区域、整个国家乃至全球。

三、环境监测的分类

(一)按监测目的分类

1. 监视性监测

监视性监测又称为常规监测或例行监测,指根据国家的有关技术规范,对指定的有关项目进行定期的、长期的监测,以掌握环境质量现状和污染源状况,为环境质量评价、环境规划与管理、污染控制等提供基础数据。这类监测包括以下两个方面：

(1)环境质量监测。

①水环境质量监测。对江河、湖泊、水库等地表水体、地下水体及其底泥、水生生物等进行定期定点的常年性监测，适时地对地表水及其地下水质量现状及其变化趋势做出评价，为开展水环境管理提供可靠数据和资料。

②大气环境质量监测。对大气环境中的主要污染物进行定期或连续的监测，积累大气质量的基础数据，定期编制大气质量状况的评价报告，研究大气质量的变化规律及发展趋势，为大气污染预测提供依据。

③环境噪声监测。对城镇各功能区的噪声、道路交通噪声、区域环境噪声进行经常性监测。及时准确地掌握城镇噪声现状，分析其变化趋势和规律，为城镇噪声的管理和治理提供系统的监测资料。

(2)污染源监督监测。

污染源监督监测的目的是掌握污染源向环境排放的污染物种类、浓度、数量，分析和判断污染物在时间和空间上的分布迁移转化和稀释、自净规律，掌握污染的影响程度和污染水平，确定控制和防治的对策。

2. 特定目的监测

特定目的监测又称为特例监测，包括以下四种类型：

(1)污染事故监测。在发生污染事故时进行应急监测，以确定污染物扩散方向、速度和影响范围，为控制和消除污染提供依据。这类监测常采用流动监测(车、船等)、简易监测、低空航测和遥感卫星监测等手段。

(2)仲裁监测。针对污染事故纠纷环境法执行过程中所产生的矛盾进行监测。仲裁监测应由国家指定的权威部门进行，以向执法部门、司法部门提供具有法律责任的数据(公正数据)。

(3)考核验证监测。主要包括环保人员业务考核、监测方法验证和污染治理项目竣工时的验收监测。

(4)咨询服务监测。是为政府部门、科研机构和生产单位提供的服务性监测。例如，建设新公司进行环境影响评价时，需要按评价要求进行环境监测。

3. 研究性监测

研究性监测是指针对特定的科学研究项目而进行的高层次、高水平、技术比较复杂的一种监测。这类检测的取样要求、测试方法和数据处理取决于科研目的，如背景调查监测及研究，标准物质、标准方法研制监测，污染规律研究监测和综合研究监测等。研究性监测往往涉及多部门、多学科，因此需要制订周密的监测计划。

(二)按监测介质对象分类

按此分类方法可分为水质污染监测、空气污染监测、土壤污染监测、生物生态监测、物理性污染监测、固体废物监测、噪声和振动监测、电磁辐射监测、放射性监测、热监测、光监测，以及卫生(病原体病毒寄生虫等)监测等。

1. 水质污染监测

水质污染监测包括对未被污染和已受污染的天然水体(江、河、湖、海和地下水)、各种各样的工业废水和生活污水的监测。主要监测项目大体可分为两类：一类是反映水质污染的综合指标，如温度、色度、浊度、pH、电导率、悬浮物、溶解氧（DO）、化学需氧量（COD）和生化需氧量（BOD）等；另一类是一些有毒物质，如酚、氰、砷、铅、铬、镉、汞、镍和有机农药、苯并（a）芘等。在监测过程中还需要对水体的温度、流速和流量进行测定。

2. 空气污染监测

空气污染监测是监测和检测大气与室内空气中的污染物及其含量。目前，已了解到的空气污染物有 100 多种。空气污染监测的项目主要有 SO_2、NO_x、CO、O_3、总氧化剂、卤化氢、碳氢化合物、总悬浮性颗粒物（TSP）、可吸入尘、自然降尘、重金属等。另外，酸雨的监测也是空气污染监测的重要内容。由于空气污染的浓度与气象条件有密切关系，所以在监测空气污染的同时，还要测定风向、风速、气温、气压等气象参数。

3. 土壤污染监测

土壤污染与大气沉降、污水排放、固体废物堆放、农业活动等因素有关，土壤污染的主要监测项目是对土壤作物中有害的重金属，如镉、铅、铬、汞及残留的有机农药进行监测。

4. 生物生态监测

地球上的生物是以大气、水体、土壤及其他生物为生存和生长条件的，当环境受到污染时，污染物就会进入生物体内，其中有些毒物在不同的生物体中还会被富集和放大，最终危害人类健康，因此生物体内的有害物质的监测、生物群落种群中的变化监测也是环境监测对象之一。

生态监测就是观测与评价生态系统对自然变化及人为变化所做出的反应，是对各类生态系统结构和功能的时空格局的度量。生态监测是比生物监测更复杂、更综合的一种监测技术，是以生命系统（无论哪一层次）为主的进行环境监测的技术。

5. 物理性污染监测

物理性污染监测包括噪声和振动、电磁辐射和放射性等物理性环境污染监测。

四、环境监测的特点

环境质量的变化是各种自然因素和人为因素的综合效应，同时，环境质量的变化又体现在不同环境中，各种要素随着时间和空间的变化而变化。如不同监测点的空气质量和污染物排放量，与季节、变化、风速、光照、地形等密切相关，同一监测里的空气质量随着时间的变化而变化。不仅如此，某一污染组分也会随着条件的改变发生物理化学转化，不同组分之间则发生相加作用、相乘作用及拮抗作用等，使环境质量的变化更加复杂。环境污染、环境质量变化的复杂性，使环境监测具有以下特点：

（1）监测对象的复杂性。

监测对象包括空气、水体（江河、湖、海及地下水）、土壤、固体废物、生物等环境要素，不同的要素之间相互联系、相互影响，每一个要素都是巨大的开放体系。污染物在该体系中发生复杂的迁移转化。迁移转化的方式有物理的、化学的和生物的方式。只有对一个或多个要素进行综合分析，才能确切描述环境质量状况。

(2)监测手段的多样性。

环境监测手段是指包括化学、物理、生物、物理化学、生物化学及生物物理等可以表征环境质量的方法。某一种方法可以测定多种污染物,某一种污染物可以采用不同的测定方法。

(3)监测数据的科学性。

环境污染是随着时空的变化而变化的,既有渐变也有突变,因此环境监测要具有及时性、代表性、准确性、连续性。监测网络、监测点位的选择要有科学性,只有坚持长期测定,才能从大量的数据中揭示其变化规律,预测其变化趋势。数据越多,预测的准确度就越高。

(4)监测结论的综合性。

环境监测包括监测方案的制订、采样样品运送和保存实验室测定及数据整理等过程,是一个既复杂又有联系的系统。环境监测质量受到众多因素的影响,某一个环节的差错都将影响最终数据的质量,这就要求监测人员掌握布点技术、采样技术、数据处理技术和综合评价技术,同时还要具备物理学、化学、生物学、生态学、气象学、地学、工程学和管理学等多学科知识,只有如此,才能保证环境监测的质量。

五、环境监测技术

环境监测技术包括采样技术、测试技术、数据处理技术和综合评价技术。环境监测技术日新月异,已经从单一的环境分析发展到物理化学监测、生物监测、生态监测、“3S”、自动与简易监测,从间断监测发展到自动连续监测和在线监测,同时布点技术、采样技术、数据处理技术和综合评价技术也得到了飞速发展。因此,环境监测已经形成了以环境分析为基础、以物理化学测定为主导、以生物监测为补充的学科体系。

(一)物理化学监测技术

目前,多采用化学分析法和仪器分析法对环境样品中污染物的成分及其状态与结构进行分析。以物质化学反应为基础的分析方法称为化学分析法。在定性分析中,许多分离和鉴定反应,就是根据组分在化学反应中生成沉淀、气体或有色物质等现象而进行的。在定量分析中,主要有重量分析和滴定分析(或容量分析)等方法。这些方法历史悠久,是分析化学的基础,所以又称为经典化学分析法。其中,重量分析法常用于残渣、降尘油类和硫酸盐等的测定;滴定分析(或容量分析)被广泛用于水中酸碱度、化学需氧量、溶解氧、硫化物和氰化物的测定。

仪器分析是以物理学和物理化学方法为基础的分析方法。它包括光谱分析法(可见分光度法、紫外光谱法、红外光谱法、原子吸收光谱法、原子发射光谱法、X 射线分析法、荧光分析法、化学发光分析法等)、色谱分析法(气相色谱法、高效液相色谱法、薄层色谱法、离子色谱法、色谱-质谱联用技术等)、电化学分析法(极诺法、溶出伏安法、电导分析法、电位分析法、离子选择电极法、库仑分析法等)、放射分析法(同位素稀释法、中子活化分析法等)和流动注射分析法等。

目前,应用于环境监测的大型分析仪器主要有气相色谱-质谱联用仪(GC-MS)、液相色谱-质谱联用仪(LC-MS)、傅里叶变换红外光谱仪(FTIR Spectrometer)、气相色谱-傅里叶变换红外光谱(GC-FTIR)、电感耦合等离子体-质谱联用仪(ICP-MS)、微波等离子体-质谱联用仪(MIP-MS)、电感耦合等离子体发射光谱仪(ICP-AES)、X 射线荧光光谱仪(XRF)等。在这些大型仪器中,GC-MS 和 ICP-AES 在我国环境监测分析中应用较多。

目前,应用于环境监测的中型分析仪器主要有原子吸收光谱仪(AAS),包括火焰原子吸收光谱仪(FAAS)、石墨炉式原子吸收光谱仪(GFAAS)、原子荧光光谱仪(AFS)、气相色谱仪(GC)、高效液相色谱仪(HPLC)、离子色谱仪(IC)、紫外-可见分光光度计(UV-Vis)和极谱仪(POLAR)等。中型分析仪器在国内外的标准环境监测分析方法中仍占主导地位。其中,火焰原子吸收光谱仪、紫外可见分光光度计和极谱仪已经国产化,仪器的性能指标已经达到或接近国际先进水平。气相色谱和 GFAAS 在国内发展较快,研制和生产技术也日趋成熟,产品已基本能满足我国环境监测分析的需要。我国自行研制生产的 AFS 技术居世界领先水平,国外尚无同类专用仪器。AFS 对 Hg、As 、Sb、Bi、Se 和 Te 等环境污染元素的测定有很高的灵敏度,可以满足我国环境监测分析的需要。

目前,仪器分析法被广泛用于对环境中污染物进行定性和定量的测定。如分光光度法常用于大部分金属、非金属无机化合物的测定;气相色谱法常用于有机物的测定;对于污染物状态和结构的分析常采用紫外光谱、红外光谱、质谱及核磁共振等技术。

(二)生物监测技术

生物监测技术是指利用植物和动物在污染环境中所产生的各种反应信息来判断环境质量的方法,这是一种综合的、直接的方法。生物监测包括生物群落监测、生物残毒监测、细菌学监测、急性毒性试验和致突变物监测等。其主要目的是通过测定生物体内污染物的含量,观察生物在环境中受伤害的症状、生理生化反应、生物群落结构和种类变化等手段来判断环境质量。生物监测技术已应用于水环境、大气环境和土壤环境的监测。

(三)生态监测技术

生态监测技术是指运用可比的方法,在时间或空间上对特定区域范围内生态系统或生态系统组合体的类型、结构和功能及其组成要素等进行系统的测定和观察的过程,监测的结果则用于评价和预测人类活动对生态系统的影响,为合理利用资源、改善生态环境和保护自然提供决策依据。

由于生态系统的复杂性,各生态要素相互作用、相互影响,任何一个要素的变化都可能引起生态系统的变化,而对一个生态系统而言,单纯地从理化指标、生物指标来评价环境质量已不能满足要求,因此生态监测日益重要并显示出其优越性。目前,生态监测总的发展趋势是遥感技术和地面监测技术相结合、宏观与微观相结合、点与面相结合,加强区域之间联合监测,重视生态风险评价。

(四)"3S"技术

"3S"技术是指地理信息系统(GIS)技术、遥感(RS)技术和全球定位系统(GPS)技术。这三项技术形成了对地球进行空间观测、空间定位及空间分析的完整的技术体系。

GIS 技术是一种功能强大且对各种空间信息在计算机平台上进行装载运送及综合分析的有效工具。RS 技术的全天候多时相及不同的空间观测尺度，也使其成为对地球日益变化的环境与生态问题进行动态观测的“有力武器”。而 GPS 技术所提供的高精度地面定位方法，以其精度高、使用方便及价格便宜等优点，已被广泛应用于野外样品采集，特别是在海洋、大湖和沙漠地区的野外定点工作中，发挥着不可替代的作用。

(五)自动与简易监测技术

在自动监测系统方面，一些发达国家已有比较成熟的技术和产品，如大气、地表水、企业废气、焚烧炉排气、企业废水及城市综合污水监测等方面，均有成熟的自动连续监测系统。完善的、运行良好的空气自动监测系统，可以实时监测数据，并对空气污染进行预测预报，发布空气污染警报，部分大气污染指标可以进行在线监测。水质自动监测系统中主要使用流动注射法(FIA)。FIA 与分光光度法、电化学法、AAS、ICP-AES 等技术结合，可以测定 Cl、NH_3、Ca、NO_3^-、Cr(Ⅲ)、Cr(Ⅵ)、Cu、Pb、Zn、In、Bi 及稀土类等多种无机成分，已应用于不同类型水体水质的监测分析。COD 等水质指标已经可以在线监测。

除了常规监测和预防性监测，已经开发出了快速简易的便携式现场测试仪器，用于调查和解决突发性污染事故，以及半定量地解决污染纠纷。现场快速测定技术有试纸法、水质速测管法(显色反应型)、气体速测管法(填充管型)、化学测试组件法、便携式分析仪器测定法等。

习　题

1. 简述环境监测的定义及目的。
2. 环境监测的内容有哪些?
3. 简述环境监测的过程。
4. 环境监测有哪些分类?

习题解析

任务二　环境标准

标准是经公认的权威机构批准的一项特定标准化工作成果(ISO 定义)，通常以文件形式规定必须满足的条件或基本单位。环境标准是以防止环境污染，维护生态平衡，保护人类健康为目的，对环境保护工作中需要统一的各项技术规范和技术要求所做的规定，也是有关控制污染、保护环境的各种标准的总称。

一、环境标准概述

(一)环境标准的作用

环境标准的作用如下:

(1)环境标准既是环境保护工作的目标，又是环境保护的手段，是环境管理的技术基础,也是制定环境保护规划的重要依据。

(2)环境标准是判断环境质量和环境保护工作优劣的依据。

(3)环境标准是环境执法的依据。环境问题的诉讼、排污费的收取、环境污染治理效果的评价都是以环境标准为依据。

(4)环境标准是促进技术进步、推行清洁生产、控制污染、保护生态、实现社会可持续发展的重要手段。

(二)环境标准的分类

我国环境标准分为环境质量标准,污染物排放标准(或污染物控制标准),环境基础标准,环境方法标准,环境标准样品标准和环保仪器、设备标准六类。

环境标准又具体分为国家环境标准和地方环境标准两级。所谓国家标准,是指由国家规定的,各种环境要素中各类有害物质在一定时间和范围的容许含量,是衡量不同地方环境质量的准绳,是各地进行环境管理的依据。各类环境标准中,环境基础标准、环境方法标准和环境标准样品标准只有国家标准。地方标准是根据国家环境标准,结合当地自然地理特点、经济技术水平、工农业发展水平、人口密度及政治文化等要素制定的,是国家环境标准在地方的具体体现。

1. 环境质量标准

环境质量标准是为了保护人类健康、维持生态平衡和保障社会物质财富,并考虑经济技术条件,对环境中的有害物质和影响因素所做的限制性规定。它是衡量环境质量、环境保护目标、环境管理的依据,也是制定污染物控制标准的基础。

2. 污染物控制标准

污染物控制标准是为了实现环境质量目标,结合技术经济条件和环境特点,对排入环境的有害物质或有害因素所做的控制规定。

3. 环境基础标准

环境基础标准是指在环境标准化工作范围内,对有指导意义的符号、代号、指南、程序和规范等所做的统一规定,是制定其他环境标准的基础。

4. 环境方法标准

环境方法标准是指在环境保护工作中以试验、检查、分析、抽样、统计计算为对象制定的标准。

5. 环境标准样品标准

环境标准样品是指在环境保护工作中,用来标定仪器、验证测量方法、进行量值传递或质量控制的材料或物质。对这类材料或物质必须达到的要求所做的规定称为环境标准样品标准。

6. 环保仪器、设备标准

环保仪器、设备标准是指为了保证污染治理设备的效率和环境监测数据的可靠性与可比性,对环保仪器、设备的技术要求所做的统一规定。

(三)环境标准的制定原则

环境标准体现国家技术经济政策。其制定要充分体现环境、社会和经济的协调统一，这样才能保证既保护环境质量，又促进国家经济技术的发展。

1. 要有科学依据

标准中指标值的确定，要以科学研究的结果为依据，如环境质量标准，要以环境质量基准为基础。所谓环境质量基准，是指经科学试验确定污染物(或因素)对人或其他生物不产生不良或有害影响的最大剂量或浓度，因此这个最大剂量或浓度就是环境质量标准中最低一级的值。例如，经研究证实，大气中二氧化硫的年平均质量浓度超过 0.115 mg/m^3 时对人体健康就会产生有害影响，这个浓度值就是大气中二氧化硫的基准。制定监测方法标准要对方法的准确度、精密度、干扰因素，以及不同方法的比较等进行试验。制定控制标准的技术措施和指标，要考虑其成熟程度、可行性及预期效果等。

2. 要以国家环境保护法为法律依据

环境质量标准是国家环境法规体系中的重要组成部分，必须以国家环境保护法中的有关准则作为法律依据。另外，不同标准之间，如质量标准与排放标准、排放标准与收费标准、国内标准与国际标准之间应相互协调。

3. 既要技术先进，又要经济合理

基准和标准是两个不同的概念。环境质量基准是由污染物(或因素)与人(或生物)之间的剂量-反应关系确定的，不考虑社会、经济、技术等因素的影响，也不随时间的推移而变化。而环境质量标准是以环境质量基准为依据，考虑社会、经济、技术等因素的影响而制定的，并具有法律强制性，可以根据具体情况不断地修改、补充。环境标准的制定，要体现环境、社会和经济等效益的协调统一，要求既能保证人类健康和生态系统不受破坏，又能避免标准过高，脱离实际，不能切实可行，从而造成经济技术力量的浪费。

4. 积极采用或等效采用国际标准

一个国家的标准能够反映该国的技术、经济和管理水平。积极采用或等效采用国际标准，是重要的技术经济政策，对我国的环境保护事业和经济发展具有重大的推动作用。

二、我国的水环境质量标准

水是人类的重要资源，保护水资源、控制水污染是环境保护工作的重要内容之一，为此，我国已经颁布了多部水环境质量标准和污染物排放标准，这些标准通常几年修订一次。目前，我国颁布的主要水环境质量标准有《地表水环境质量标准》(GB 3838—2002)、《地下水质量标准》(GB/T 14848—2017)、《海水水质标准》(GB 3097—1997)、《生活饮用水卫生标准》(GB 5749—2006)、《渔业水质标准》(GB 11607—1989)、《农田灌溉水质标准》(GB 5084—2005)、《城市污水再利用 景观环境用水水质》(GB/T 18921—2019)、《城市污水再利用 城市杂用水水质》(GB/T 18920—2020)。

(一)地表水环境质量标准

我国最早的《地表水环境质量标准》是在 1983 年编制的，在 1988 年和 1999 年进行了两次修订,目前实施的标准为 GB 3838—2002,该标准从 2002 年 6 月 1 日开始实施。其目的是保障人体健康,维护生态平衡,保护水资源,控制水污染及改善地表水体质量状况和促进生产。

在本标准中,将标准项目分为地表水环境质量标准基本项目、集中式生活饮用水地表水源地补充项目和集中式生活饮用水地表水源地特定项目。

本标准按照地表水环境功能分类和保护目标,规定了水环境质量应控制的项目及限值,以及水质评价、水质项目的分析方法和标准的实施与监督。

地表水环境质量标准基本项目适用于全国江河、湖泊、运河、渠道、水库等具有使用功能的地表水水域。集中式生活饮用水地表水源地补充项目和特定项目适用于集中式生活饮用水地表水源地一级保护区和二级保护区。

集中式生活饮用水地表水源特定项目由县级以上人民政府环境保护行政主管部门根据本地区地表水水质特点和环境管理的需要进行选择,集中式生活饮用水地表水源地补充项目和选择确定的特定项目作为基本项目的补充指标。

本标准项目共计 109 项,其中地表水环境质量标准基本项目 24 项,集中式生活饮用水地表水源地补充项目 5 项,集中式生活饮用水地表水源地特定项目 80 项。

与近海水域相连的地表水河口水域根据水环境功能按本标准相应类别标准值进行管理,近海水功能区水域根据使用功能按《海水水质标准》(GB 3097—1997)相应类别标准值进行管理。批准划定的单一渔业水域按《渔业水质标准》(GB 11607—1989)进行管理,处理后的城市污水及与城市污水水质相近的工业废水用于农田灌溉用水的水质按《农用灌溉水质标准》(GB 5084—2005)进行管理。

依据地表水水域使用目的和保护目标将其划分为五类:

Ⅰ类:主要适用于源头水、国家自然保护区。

Ⅱ类:主要适用于集中式生活饮用水水源地一级保护区、珍稀水生生物栖息地、鱼虾类产卵场、仔稚幼鱼的索饵场等。

Ⅲ类:主要适用于集中式生活饮用水地表水源地二级保护区、鱼虾类越冬场、洄游通道、水产养殖区等渔业水域及游泳区。

Ⅳ类:主要适用于一般工业用水区及人体非直接接触的娱乐用水区。

Ⅴ类:主要适用于农业用水区及一般景观要求水域。

对应上述五类水域功能,将地表水环境质量标准基本项目标准值分为 5 类,不同功能的类别分别执行相应类别的标准值,同一水域兼有多类功能的,依最高功能划分类别。有季节性功能的,可分季划分类别。

标准值中水温属于感官性状指标,pH、生化需氧量、高锰酸盐指数和化学需氧量是保证水质自净的指标,磷和氮是防止封闭水域富营养化的指标,大肠菌群是细菌学指标,其他属于化学、毒理学指标。

地表水环境质量标准基本项目标准限值如表 1-1 所示。

表 1-1　地表水环境质量标准基本项目标准限值　　　　（单位：mg/L）

序号	标准值　　分类 项目		Ⅰ类	Ⅱ类	Ⅲ类	Ⅳ类	Ⅴ类
1	水温（℃）		人为造成的环境水温变化应限制在： 周平均最大温升≤1 周平均最大温降≤2				
2	pH（量纲为一）		6~9				
3	溶解氧	≥	饱和率 90%（或 7.5）	6	5	3	2
4	高锰酸盐指数	≤	2	4	6	10	15
5	化学需氧量（COD）	≤	15	15	20	30	40
6	五日生化需氧量（BOD_5）	≤	3	3	4	6	10
7	氨氮（NH_3-N）	≤	0.15	0.5	1.0	1.5	2.0
8	总磷（以 P 计）	≤	0.02（湖、库 0.01）	0.1（湖、库 0.025）	0.2（湖、库 0.05）	0.3（湖、库 0.1）	0.4（湖、库 0.2）
9	总氮（湖、库，以 N 计）	≤	0.2	0.5	1.0	1.5	2.0
10	铜	≤	0.01	1.0	1.0	1.0	1.0
11	锌	≤	0.05	1.0	1.0	2.0	2.0
12	氟化物（以 F^- 计）	≤	1.0	1.0	1.0	1.5	1.5
13	硒	≤	0.01	0.01	0.01	0.02	0.02
14	砷	≤	0.05	0.05	0.05	0.1	0.1
15	汞	≤	0.000 05	0.000 05	0.000 1	0.001	0.001
16	镉	≤	0.001	0.005	0.005	0.005	0.01
17	铬（六价）	≤	0.01	0.05	0.05	0.05	0.1
18	铅	≤	0.01	0.01	0.05	0.05	0.1
19	氰化物	≤	0.005	0.05	0.02	0.2	0.2
20	挥发酚	≤	0.002	0.002	0.005	0.01	0.1
21	石油类	≤	0.05	0.05	0.05	0.5	1.0
22	阴离子表面活性剂	≤	0.2	0.2	0.2	0.3	0.3
23	硫化物	≤	0.05	0.1	0.2	0.5	1.0
24	粪大肠菌群（个/L）	≤	200	2 000	10 000	20 000	40 000

（二）地下水质量标准

为了保护和合理开发地下水资源，防止和控制地下水污染，保障人民身体健康，促进经济建设，我国在 1993 年颁布了《地下水质量标准》（GB/T 14848—1993），在 2017 年进行了重新修订，现行标准为 GB/T 14848—2017，于 2018 年 5 月 1 日开始实施。该标准是地下水勘查评价、开发利用和监督管理的依据。该标准适用于一般地下水，不适用于地下热水、矿水、盐卤水。该标准依据我国地下水水质状况和人体健康风险及地下水质量保护目标，并参照生活饮用水、工业、农业等用水水质要求，依照各组分含量高低（pH 除外），分为五类：

Ⅰ类：地下水化学组分含量低，适用于各种用途。

Ⅱ类：地下水化学组分含量较低，适用于各种用途。

Ⅲ类：地下水化学组分含量中等，以《生活饮用水卫生标准》（GB 5749—2006）为依据，主要适用于集中式生活饮用水水源及工业、农业用水。

Ⅳ类：地下水化学组分含量较高，以农业和工业用水质量要求，以及一定水平的人体健康风险为依据，适用于农业和部分工业用水，适当处理后可做生活饮用水。

Ⅴ类：地下水化学组分含量高，不宜作为生活饮用水水源，其他用水可根据使用目的选用。

（三）生活饮用水卫生标准

《生活饮用水卫生标准》适于生活饮用水，其水质必须保证居民终生饮用安全，它直接关系到人体健康。

我国的《生活饮用水卫生标准》于 1985 年 8 月首次发布，2006 年进行了第一次修订。修订后的《生活饮用水卫生标准》（GB 5749—2006）于 2006 年 12 月 29 日由卫生部和国家标准化委员会联合发布，2007 年 7 月 1 日起开始实施。

修订后的新标准包括生物学指标 6 项，消毒剂指标 4 项，毒理指标 74 项，感官性状和一般化学指标 20 项，放射性指标 2 项，总计 106 项。

生活饮用水水质应符合下列基本要求，保证用户饮用安全：

（1）生活饮用水中不得含有病原微生物。

（2）生活饮用水中化学物质不得危害人体健康。

（3）生活饮用水中放射性物质不得危害人体健康。

（4）生活饮用水的感官性状良好。

（5）生活饮用水应经消毒处理。

（6）生活饮用水水质应符合表 1-2 和表 1-3 的卫生要求。集中式供水出厂水中消毒剂限值、出厂水和管网末梢水中消毒剂余量均应符合表 1-4 的要求。

（7）农村小型集中式供水和分散式供水的水质因条件限制，部分指标可暂按表 1-5 执行，其余指标仍按表 1-2～表 1-4 执行。

（8）当发生影响水质的突发性公共事件时，经市级以上人民政府批准，感官性状和一般化学指标可适当放宽。

表 1-2　水质常规指标及限值

指标	限值
1. 微生物指标[①]	
总大肠菌群数（10^{-2}MPN/mL 或 10^{-2}CFU/mL）	不得检出
耐热大肠菌群数（10^{-2}MPN/mL 或 10^{-2}CFU/mL）	不得检出
大肠埃希菌数（10^{-2}MPN/mL 或 10^{-2}CFU/mL）	不得检出
菌落总数（CFU/mL）	100

续表 1-2

指标	限值
2. 毒理指标	
砷(mg/L)	0.01
镉(mg/L)	0.005
铬(六价)(mg/L)	0.05
铅(mg/L)	0.01
汞(mg/L)	0.001
硒(mg/L)	0.01
氰化物(mg/L)	0.05
氟化物(mg/L)	1.0
硝酸盐(以 N 计)(mg/L)	10 地下水源限制时为 20
三氯甲烷(mg/L)	0.06
四氯化碳(mg/L)	0.002
溴酸盐(使用臭氧时)(mg/L)	0.01
甲醛(使用臭氧时)(mg/L)	0.9
亚氯酸盐(使用二氧化氯消毒时)(mg/L)	0.7
氯酸盐(使用复合二氧化氯消毒时)(mg/L)	0.7
3. 感官性状和一般化学指标	
色度(铂钴色度单位)	15
浑浊度(散射浊度单位)(NTU)	1 水源与净水技术条件限制时为 3
臭和味	无异臭、无异味
肉眼可见物	无
pH	不小于 6.5 且不大于 8.5
铝(mg/L)	0.2
铁(mg/L)	0.3
锰(mg/L)	0.1
铜(mg/L)	1.0
锌(mg/L)	1.0
氯化物(mg/L)	250

续表 1-2

指标	限值
硫酸盐(mg/L)	250
溶解性总固体(mg/L)	1 000
总硬度(以 $CaCO_3$ 计)(mg/L)	450
化学需氧量(COD_{Mn} 法,以 O_2 计)(mg/L)	3 水源限制,原水化学需氧量> 6 mg/L 时为 5
挥发酚类(以苯酚计)(mg/L)	0.002
阴离子合成洗涤剂(mg/L)	0.3
4. 放射性指标②	指导值
总 α 放射性(Bq/L)	0.5
总 β 放射性(Bq/L)	1

注:①MPN 表示最可能数,CFU 表示菌落形成单位。当水样检出总大肠菌群时,应进一步检验大肠埃希氏菌或耐热大肠菌群;水样未检出总大肠菌群,不必检验大肠埃希氏菌或耐热大肠菌群。

②放射性指标超过指导值,应进行核素分析和评价,判定能否饮用。

表 1-3　水质非常规指标及限值

指标	限值
1. 微生物指标	
贾第鞭毛虫数(个/10 L)	<1
隐孢子虫数(个/10 L)	<1
2. 毒理指标	
锑(mg/L)	0.005
钡(mg/L)	0.7
铍(mg/L)	0.002
硼(mg/L)	0.5
钼(mg/L)	0.07
镍(mg/L)	0.02
银(mg/L)	0.05
铊(mg/L)	0.000 1
氯化氰(以 CN^- 计)(mg/L)	0.07
一氯二溴甲烷(mg/L)	0.1
二氯一溴甲烷(mg/L)	0.06

续表 1-3

指标	限值
二氯乙酸(mg/L)	0.05
1,2-二氯乙烷(mg/L)	0.03
二氯甲烷(mg/L)	0.02
三卤甲烷含量(三氯甲烷、一氯二溴甲烷、二氯一溴甲烷、三溴甲烷的总和)	该类化合物中各种化合物的实测浓度与其各自限值的比值之和不超过1
1,1,1-三氯乙烷(mg/L)	2
三氯乙酸(mg/L)	0.1
三氯乙醛(mg/L)	0.01
2,4,6-三氯酚(mg/L)	0.2
三溴甲烷(mg/L)	0.1
七氯(mg/L)	0.000 4
马拉硫磷(mg/L)	0.25
五氯酚(mg/L)	0.009
六六六(总量)(mg/L)	0.005
六氯苯(mg/L)	0.001
乐果(mg/L)	0.08
对硫磷(mg/L)	0.003
灭草松(mg/L)	0.3
甲基对硫磷(mg/L)	0.02
百菌清(mg/L)	0.01
呋喃丹(mg/L)	0.007
林丹(mg/L)	0.002
毒死蜱(mg/L)	0.03
草甘膦(mg/L)	0.7
敌敌畏(mg/L)	0.001
莠去津(mg/L)	0.002
溴氰菊酯(mg/L)	0.02
2,4-滴(mg/L)	0.03
滴滴涕(mg/L)	0.001
乙苯(mg/L)	0.3
二甲苯(总量)(mg/L)	0.5

续表 1-3

指标	限值
1,1-二氯乙烯(mg/L)	0.03
1,2-二氯乙烯(mg/L)	0.05
1,2-二氯苯(mg/L)	1
1,4-二氯苯(mg/L)	0.3
三氯乙烯(mg/L)	0.07
三氯苯(总量)(mg/L)	0.02
六氯丁二烯(mg/L)	0.000 6
丙烯酰胺(mg/L)	0.000 5
四氯乙烯(mg/L)	0.04
甲苯(mg/L)	0.7
邻苯二甲酸二(2-乙基己基)酯(mg/L)	0.008
环氧氯丙烷(mg/L)	0.000 4
苯(mg/L)	0.01
苯乙烯(mg/L)	0.02
苯并(a)芘(mg/L)	0.000 01
氯乙烯(mg/L)	0.005
氯苯(mg/L)	0.3
微囊藻毒素-LR(mg/L)	0.001
3.感官性状和一般化学指标	
氨氮(以 N 计)(mg/L)	0.5
硫化物(mg/L)	0.02
钠(mg/L)	200

表 1-4　饮用水中消毒剂常规指标及要求

消毒剂	与水接触时间(min)	出厂水中限值(mg/L)	出厂水中余量(mg/L)	管网末梢水中余量(mg/L)
氯气及游离氯制剂(游离氯)	≥30	4	≥0.3	≥0.05
一氯胺(总氯)	≥120	3	≥0.5	≥0.05
臭氧(O_3)	≥12	0.3	—	0.02 如加氯,总氯≥0.05
二氧化氯(ClO_2)	≥30	0.8	≥0.1	≥0.02

表 1-5　农村小型集中式供水和分散式供水部分水质指标及限值

指标	限值
1. 微生物指标	
菌落总数(CFU/mL)	500
2. 毒理指标	
砷(mg/L)	0.05
氟化物(mg/L)	1.2
硝酸盐(以 N 计)(mg/L)	20
3. 感官性状和一般化学指标	
色度(铂钴色度单位)	20
浑浊度(散射浊度单位)(NTU)	3 水源与净水技术条件限制时为 5
pH	不小于 6.5 且不大于 9.5
溶解性总固体(mg/L)	1 500
总硬度(以 $CaCO_3$ 计)(mg/L)	550
耗氧量(COD_{Mn} 法,以 O_2 计)(mg/L)	5
铁(mg/L)	0.5
锰(mg/L)	0.3
氯化物(mg/L)	300
硫酸盐(mg/L)	300

另外,2001 年卫生部颁布了《生活饮用水水质卫生规范》,该规范共包含 96 项指标。其中,常规检验项目 34 项,非常规检验项目和限值 62 项,该规范对水源水质和监测方法均做了详细规定。

(四)农田灌溉用水水质标准

为贯彻执行《中华人民共和国环境保护法》,防止土壤、地下水和农产品污染,保障人体健康,维护生态平衡,促进经济发展,特制定《农田灌溉水质标准》(GB 5084—2005)。该标准适用于全国以地表水、地下水和处理后的养殖业废水及以农产品为原料加工的工业废水作为水源的农田灌溉用水。标准规定了农田灌溉水质要求、监测和分析方法。

向灌溉渠道排放处理后的养殖业废水及以农产品为原料加工的工业废水,应保证其下游最近灌溉取水点的水质符合本标准。当本标准不能满足当地环境保护需要或农业生产需要时,省、自治区、直辖市人民政府可以补充本标准中未规定的项目或制定严于本标准的相关项目，作为地方补充标准，并报国务院环境保护行政主管部门和农业行政主管部门备案。

三、我国污水排放标准

我国主要的污水排放标准有《污水综合排放标准》（GB 8978—1996）、《城镇污水处理厂污染物排放标准》（GB 18918—2002）、《医疗机构水污染物排放标准》（GB 18466—2005）、《制浆造纸工业水污染物排放标准》（GB 3544—2008）、《磷肥工业水污染物排放标准》（GB 15580—2011）、《柠檬酸工业水污染物排放标准》（GB 19430—2013）及《纺织染整工业水污染物排放标准》（GB 4287—2012）等。

（一）污水综合排放标准

国家环境保护局于1996年10月4日批准的《污水综合排放标准》（GB 8978—1996），1998年1月1日开始实施，该标准适用于现有单位水污染物的排放管理，以及建设项目的环境影响评价、建设项目环境保护设施设计、竣工验收及其投产后的排放管理。

本标准按照污水排放去向，分年限规定了69种水污染物最高允许排放浓度及部分行业最高允许排水量，按地面水域使用功能要求和污水排放去向，对地面水水域和城市下水道排放的污水分别执行一、二、三级标准。

（1）排入《地表水环境质量标准》（GB 3838）Ⅲ类水域（划定的保护区和游泳区除外）和排入《海水水质标准》（GB 3097）二类海域的污水，执行一级标准。

（2）排入《地表水环境质量标准》（GB 3838）Ⅳ、Ⅴ类水域和排入《海水水质标准》（GB 3097）中三类海域的污水，执行二级标准。

（3）排入设置二级污水处理厂的城镇排水系统的污水，执行三级标准。

（4）排入未设置二级污水处理厂的城镇排水系统的污水，必须根据排水系统出水受纳水域的功能要求，分别执行（1）或（2）的规定。

（5）《地表水环境质量标准》（GB 3838）中Ⅰ、Ⅱ类水域和Ⅲ类水域中划定的保护区，《海水水质标准》（GB 3097）中一类海域，禁止新建排污口，现有排污口应按水体功能要求，实行污染物总量控制，以保证受纳水体水质符合规定用途的水质标准。

本标准将排放的污染物按其性质及控制方式分为第一类污染物和第二类污染物。

第一类污染物，是指能在环境或动植物体内蓄积，对人体健康产生长远不良影响的污染物。含有此类有害污染物的污水，不分行业和污水排放方式，也不分受纳水体的功能类别，一律在车间或车间处理设施排放口采样，其最高允许排放浓度必须达到本标准要求（采矿行业的尾矿坝出水口不得视为车间排放口）。第一类污染物最高允许排放浓度见表1-6。

第二类污染物，是指第一类污染物之外的污染物。在排污单位排放口采样，其最高允许排放浓度必须达到本标准要求。第二类污染物最高允许排放浓度见表1-7、表1-8。

1997年12月31日之前建设（包括改、扩建）的单位，水污染物的排放必须同时执行表1-6、表1-7的规定。

1998年1月1日起建设（包括改、扩建）的单位，水污染物的排放必须同时执行表1-6、表1-8的规定。

表 1-6　第一类污染物最高允许排放浓度　　（单位：mg/L）

序号	污染物	最高允许排放浓度	序号	污染物	最高允许排放浓度
1	总汞	0.05	8	总镍	1.0
2	烷基汞	不得检出	9	苯并(a)芘	0.000 03
3	总镉	0.1	10	总铍	0.005
4	总铬	1.5	11	总银	0.5
5	六价铬	0.5	12	总 α 放射性	1 Bq/L
6	总砷	0.5	13	总 β 放射性	10 Bq/L
7	总铅	1.0			

表 1-7　第二类污染物最高允许排放浓度

（1997 年 12 月 31 日前建设的单位）　　（单位：mg/L）

序号	污染物	适用范围	一级标准	二级标准	三级标准
1	pH	一切排污单位	6~9	6~9	6~9
2	色度（稀释倍数）	染料工业	50	180	—
		其他排污单位	50	80	—
3	悬浮物（SS）	采矿、选矿、选煤工业	100	300	—
		脉金选矿	100	500	—
		边远地区砂金选矿	100	800	—
		城镇二级污水处理厂	20	30	—
		其他排污单位	70	200	400
4	五日生化需氧量（BOD_5）	甘蔗制糖、苎麻脱胶、湿法纤维板工业	30	100	600
		甜菜制糖、酒精、味精、皮革、化纤浆粕工业	30	150	600
		城镇二级污水处理厂	20	30	—
		其他排污单位	30	60	300
5	化学需氧量（COD）	甜菜制糖、焦化、合成脂肪酸、湿法纤维板、染料、洗毛、有机磷农药工业	100	200	1 000
		味精、酒精、医药原料药、生物制药、苎麻脱胶、皮革、化纤浆粕工业	100	300	1 000
		石油化工工业（包括石油炼制）	100	150	500
		城镇二级污水处理厂	60	120	—
		其他排污单位	100	150	500

续表 1-7

序号	污染物	适用范围	一级标准	二级标准	三级标准
6	石油类	一切排污单位	10	10	30
7	动植物油	一切排污单位	20	20	100
8	挥发酚	一切排污单位	0.5	0.5	2.0
9	总氰化物	电影洗片(铁氰化合物)	0.5	5.0	5.0
		其他排污单位	0.5	0.5	1.0
10	硫化物	一切排污单位	1.0	1.0	2.0
11	氨氮	医药原料药、染料、石油化工工业	15	50	—
		其他排污单位	15	25	—
12	氟化物	黄磷工业	10	20	20
		低氟地区(水体含氟量<0.5 mg/L)	10	20	30
		其他排污单位	10	10	20
13	磷酸盐(以P计)	一切排污单位	0.5	1.0	—
14	甲醛	一切排污单位	1.0	2.0	5.0
15	苯胺类	一切排污单位	1.0	2.0	5.0
16	硝基苯类	一切排污单位	2.0	3.0	5.0
17	阴离子表面活性剂(LAS)	合成洗涤剂工业	5.0	15	20
		其他排污单位	5.0	10	20
18	总铜	一切排污单位	0.5	1.0	2.0
19	总锌	一切排污单位	2.0	5.0	5.0
20	总锰	合成脂肪酸工业	2.0	5.0	5.0
		其他排污单位	2.0	2.0	5.0
21	彩色显影剂	电影洗片	2.0	3.0	5.0
22	显影剂及氧化物总量	电影洗片	3.0	6.0	6.0
23	元素磷	一切排污单位	0.1	0.3	0.3
24	有机磷农药(以P计)	一切排污单位	不得检出	0.5	0.5
25	粪大肠菌群数	医院①、兽医院及医疗机构含病原体污水	500个/L	1 000个/L	5 000个/L
		传染病、结核病医院污水	100个/L	500个/L	1 000个/L

续表 1-7

序号	污染物	适用范围	一级标准	二级标准	三级标准
26	总余氯(采用氯化消毒的医院污水)	医院①、兽医院及医疗机构含病原体污水	<0.5②	>3(接触时间≥1 h)	>2(接触时间≥1 h)
		传染病、结核病医院污水	<0.5②	>6.5(接触时间≥1.5 h)	>5(接触时间≥1.5 h)

注:①指 50 个床位以上的医院。

②加氯消毒后须进行脱氯处理,达到本标准。

表 1-8　第二类污染物最高允许排放浓度

(1998 年 1 月 1 日后建设的单位)　　(单位:mg/L)

序号	污染物	适用范围	一级标准	二级标准	三级标准
1	pH	一切排污单位	6~9	6~9	6~9
2	色度(稀释倍数)	一切排污单位	50	80	—
3	悬浮物(SS)	采矿、选矿、选煤工业	70	300	—
		脉金选矿	70	400	—
		边远地区砂金选矿	70	800	—
		城镇二级污水处理厂	20	30	—
		其他排污单位	70	150	400
4	五日生化需氧量(BOD_5)	甘蔗制糖、苎麻脱胶、湿法纤维板、染料、洗毛工业	20	60	600
		甜菜制糖、酒精、味精、皮革、化纤浆粕工业	20	100	600
		城镇二级污水处理厂	20	30	—
		其他排污单位	20	30	300
5	化学需氧量(COD)	甜菜制糖、合成脂肪酸、湿法纤维板、染料、洗毛、有机磷农药工业	100	200	1 000
		味精、酒精、医药原料药、生物制药、苎麻脱胶、皮革、化纤浆粕工业	100	300	1 000
		石油化工工业(包括石油炼制)	60	120	500
		城镇二级污水处理厂	60	120	—
		其他排污单位	100	150	500
6	石油类	一切排污单位	5	10	20

续表 1-8

序号	污染物	适用范围	一级标准	二级标准	三级标准
7	动植物油	一切排污单位	10	15	100
8	挥发酚	一切排污单位	0.5	0.5	2.0
9	总氰化物	一切排污单位	0.5	0.5	1.0
10	硫化物	一切排污单位	1.0	1.0	1.0
11	氨氮	医药原料药、染料、石油化工工业	15	50	—
		其他排污单位	15	25	—
12	氟化物	黄磷工业	10	15	20
		低氟地区(水体含氟量<0.5 mg/L)	10	20	30
		其他排污单位	10	10	20
13	磷酸盐(以 P 计)	一切排污单位	0.5	1.0	—
14	甲醛	一切排污单位	1.0	2.0	5.0
15	苯胺类	一切排污单位	1.0	2.0	5.0
16	硝基苯类	一切排污单位	2.0	3.0	5.0
17	阴离子表面活性剂(LAS)	一切排污单位	5.0	10	20
18	总铜	一切排污单位	0.5	1.0	2.0
19	总锌	一切排污单位	2.0	5.0	5.0
20	总锰	合成脂肪酸工业	2.0	5.0	5.0
		其他排污单位	2.0	2.0	5.0
21	彩色显影剂	电影洗片	1.0	2.0	3.0
22	显影剂及氧化物总量	电影洗片	3.0	3.0	6.0
23	元素磷	一切排污单位	0.1	0.1	0.3
24	有机磷农药(以 P 计)	一切排污单位	不得检出	0.5	0.5
25	乐果	一切排污单位	不得检出	1.0	2.0
26	对硫磷	一切排污单位	不得检出	1.0	2.0
27	甲基对硫磷	一切排污单位	不得检出	1.0	2.0
28	马拉硫磷	一切排污单位	不得检出	5.0	10
29	五氯酚及五氯酚钠(以五氯酚计)	一切排污单位	5.0	8.0	10

续表 1-8

序号	污染物	适用范围	一级标准	二级标准	三级标准
30	可吸附有机卤化物(AOX)(以 Cl 计)	一切排污单位	1.0	5.0	8.0
31	三氯甲烷	一切排污单位	0.3	0.6	1.0
32	四氯化碳	一切排污单位	0.03	0.06	0.5
33	三氯乙烯	一切排污单位	0.3	0.6	1.0
34	四氯乙烯	一切排污单位	0.1	0.2	0.5
35	苯	一切排污单位	0.1	0.2	0.5
36	甲苯	一切排污单位	0.1	0.2	0.5
37	乙苯	一切排污单位	0.4	0.6	1.0
38	邻-二甲苯	一切排污单位	0.4	0.6	1.0
39	对-二甲苯	一切排污单位	0.4	0.6	1.0
40	间-二甲苯	一切排污单位	0.4	0.6	1.0
41	氯苯	一切排污单位	0.2	0.4	1.0
42	邻-二氯苯	一切排污单位	0.4	0.6	1.0
43	对-二氯苯	一切排污单位	0.4	0.6	1.0
44	对-硝基氯苯	一切排污单位	0.5	1.0	5.0
45	2,4-二硝基氯苯	一切排污单位	0.5	1.0	5.0
46	苯酚	一切排污单位	0.3	0.4	1.0
47	间-甲酚	一切排污单位	0.1	0.2	0.5
48	2,4-二氯酚	一切排污单位	0.6	0.8	1.0
49	2,4,6-三氯酚	一切排污单位	0.6	0.8	1.0
50	邻苯二甲酸二丁酯	一切排污单位	0.2	0.4	2.0
51	邻苯二甲酸二辛酯	一切排污单位	0.3	0.6	2.0
52	丙烯腈	一切排污单位	2.0	5.0	5.0
53	总硒	一切排污单位	0.1	0.2	0.5
54	粪大肠菌群落	医院①、兽医院及医疗机构含病原体污水	500 个/L	1 000 个/L	5 000 个/L
		传染病、结核病医院污水	100 个/L	500 个/L	1 000 个/L

续表 1-8

序号	污染物	适用范围	一级标准	二级标准	三级标准
55	总余氯(采用氯化消毒的医院污水)	医院①、兽医院及医疗机构含病原体污水	<0.5②	>3(接触时间≥1 h)	>2(接触时间≥1 h)
		传染病、结核病医院污水	<0.5②	>6.5(接触时间≥1.5 h)	>5②(接触时间≥1.5 h)
56	总有机碳(TOC)	合成脂肪酸工业	20	40	—
		苎麻脱胶工业	20	60	—
		其他排污单位	20	30	—

注:①指 50 个床位以上的医院。

②加氯消毒后须进行脱氯处理,达到本标准。

其他排污单位:指除在该控制项目中所列行业以外的一切排污单位。

(二)城镇污水处理厂污染物排放标准

为了促进城镇污水处理厂的建设和管理,加强城镇污水处理厂污染物的排放控制和污水资源化利用,保障人体健康,维护良好的生态环境,我国发布了《城镇污水处理厂污染物排放标准》(GB 18918—2002)。该标准分年限规定了城镇污水处理厂出水、废气和污泥中污染物的控制项目与标准值。居民小区和工业企业内独立的生活污水处理设施污染物的排放管理,也按该标准执行。对于排入城镇污水处理厂的工业废水和医院污水,应达到《污水综合排放标准》(GB 8978—1996)、相应行业的国家排放标准、地方排放标准规定的限值及地方总量控制要求。

《城镇污水处理厂污染物排放标准》(GB 18918—2002)根据污染物的来源及性质,将污染物控制项目分为基本控制项目和选择控制项目两类。基本控制项目是必须执行的。选择控制项目由地方环境保护行政主管部门根据污水处理厂接纳的工业污染物的类别和水环境质量要求选择控制。

基本控制项目主要包括影响水环境和城镇污水处理厂一般处理工艺可以去除的常规污染物,以及部分一类污染物,共 19 项。选择控制项目包括对环境有较长期影响或毒性较大的污染物,其计 43 项。

根据城镇污水处理排入地表水地域环境功能和保护目标,以及污水处理厂的处理工艺,将基本控制项目的常规污染物标准值分为一级标准、二级标准和三级标准。一级标准分为 A 标准和 B 标准。一类重金属污染物和选择控制项目不分级。

一级标准的 A 标准是城镇污水处理厂出水作为回用水的基本要求。当污水处理厂出水引入稀释能力较小的河湖作为城镇景观用水和一般回用水等用途时,执行一级标准的 A 标准。

城镇污水处理厂出水排入《地表水环境质量标准》(GB 3838)地表水Ⅲ类功能水域(划定的饮用水水源保护区和游泳区除外)、《海水水质标准》(GB 3097)海水二类功能水域和湖、库等封闭或半封闭水域时,执行一级标准的 B 标准。

城镇污水处理厂出水排入《地表水环境质量标准》(GB 3838)地表水Ⅳ类、Ⅴ类功能水域或《海水水质标准》(GB 3097)海水三、四类功能海域,执行二级标准。

非重点控制流域和非水源保护区的建制镇的污水处理厂,根据当地经济条件和水污染控制要求,采用一级强化处理工艺时,执行三级标准。但必须预留二级处理设施的位置,分期达到二级标准。

城镇污水处理厂水污染物排放,基本控制项目执行表1-9和表1-10的规定,选择控制项目按表1-11的规定执行。

表1-9　基本控制项目最高允许排放浓度(日均值)　　(单位:mg/L)

序号	基本控制项目	一级标准		二级标准	三级标准
		A标准	B标准		
1	化学需氧量(COD)	50	60	100	120①
2	五日生化需氧量(BOD_5)	10	20	30	60①
3	悬浮物(SS)	10	20	30	50
4	动植物油	1	3	5	20
5	石油类	1	3	5	15
6	阴离子表面活性剂	0.5	1	2	5
7	总氮(以N计)	15	20	—	—
8	氨氮(以N计)②	5(8)	8(15)	25(30)	—
9	总磷(以P计)　2005年12月31日前建设的	1	1.5	3	5
	总磷(以P计)　2006年1月1日起建设的	0.5	1	3	5
10	色度(稀释倍数)	30	30	40	50
11	pH	6~9	6~9	6~9	6~9
12	粪大肠菌群数(个/L)	10^3	10^4	10^4	—

注:①下列情况下按去除率指标执行:当进水COD>350 mg/L时,去除率应大于60%;BOD_5>160 mg/L时,去除率应大于50%。

②括号外数值为水温>12 ℃时的控制指标,括号内数值为水温≤12 ℃时的控制指标。

表1-10　部分一类污染物最高允许排放浓度(日均值)　　(单位:mg/L)

序号	项目	标准值	序号	项目	标准值
1	总汞	0.001	5	六价铬	0.05
2	烷基汞	不得检出	6	总砷	0.1
3	总镉	0.01	7	总铅	0.1
4	总铬	0.1			

表 1-11　选择控制项目最高允许排放浓度(日均值)　(单位:mg/L)

序号	选择控制项目	标准值	序号	选择控制项目	标准值
1	总镍	0.05	23	三氯乙烯	0.3
2	总铍	0.002	24	四氯乙烯	0.1
3	总银	0.1	25	苯	0.1
4	总铜	0.5	26	甲苯	0.1
5	总锌	1.0	27	邻-二甲苯	0.4
6	总锰	2.0	28	对-二甲苯	0.4
7	总硒	0.1	29	间-二甲苯	0.4
8	苯并(a)芘	0.000 03	30	乙苯	0.4
9	挥发酚	0.5	31	氯苯	0.3
10	总氰化物	0.5	32	1,4-二氯苯	0.4
11	硫化物	1.0	33	1,2-二氯苯	1.0
12	甲醛	1.0	34	对硝基氯苯	0.5
13	苯胺类	0.5	35	2,4-二硝基氯苯	0.5
14	总硝基化合物	2.0	36	苯酚	0.3
15	有机磷农药(以P计)	0.5	37	间-甲酚	0.1
16	马拉硫磷	1.0	38	2,4-二氯酚	0.6
17	乐果	0.5	39	2,4,6-三氯酚	0.6
18	对硫磷	0.05	40	邻苯二甲酸二丁酯	0.1
19	甲基对硫磷	0.2	41	邻苯二甲酸二辛酯	0.1
20	五氯酚	0.5	42	丙烯腈	2.0
21	三氯甲烷	0.3	43	可吸附有机卤化物(AOX,以Cl计)	1.0
22	四氯化碳	0.03			

四、环境监测技术规范

依据《中华人民共和国环境保护法》第十条“国务院环境保护主管部门,对全国环境保护工作实施统一监督管理”的要求,我国颁布了一系列环境监测技术规范,常用的技术规范如表1-12所示,各监测技术规范规定了监测布点与采样、监测项目与相应监测分析方法、监测数据的处理与上报、水质监测质量保证和资料整编等内容。如2002年颁布、2003年1月1日实施的《地表水和污水监测技术规范》(HJ/T 91—2002),规定了地表水和污水监测的布点与采样、监测项目与相应监测分析方法、流域监测、监测数据的处理与上报、污水流量计量方法、水质监测的质量保证和资料整编等内容,规定了污染物总量控制监测、建设项目污水处理设施竣工环境保护验收监测和应急监测的基本方法。该规范适用于对江河、湖泊、水库和渠道的水质监测,包括向国家直接报送监测数据的国控网站、省级(自治区、直辖市)、市(地)级、县级控制断面(或垂线)的水质监测,以及污染源排放污水的监测。同样,《土壤环境监测技术规范》(HJ/T 166—2004)则规定了土壤污染监测的布点采样、分析方法、质量保证等基本要求,土壤环境监测必须按此规范的要求进行。

表 1-12　主要环境监测技术规范

	规范名称	代号	实施日期
总则	《环境监测管理办法》	环保总局令第 39 号	2007-09-01
	《环境监测 分析方法标准制修订技术导则》	HJ 168—2020	2021-04-01
	《全国环境监测仪器设备管理规定(暂行)》		1991-02-21
	《环境标准样品研复制技术规范》	HJ 173—2017	2018-04-01
	《污染源在线自动监控(监测)系统数据传输标准》	HJ 212—2017	2017-05-01
水	《水质 湖泊和水库采样技术指导》	GB/T 14581—1993	1993-05-01
	《地表水和污水监测技术规范》	HJ/T 91—2002	2003-01-01
	《地下水环境监测技术规范》	HJ 164—2020	2021-03-01
	《水污染物排放总量监测技术规范》	HJ/T 92—2002	2003-01-01
	《海洋监测规范 第 4 部分:海水分析》	GB/T 17378. 4—2007	2008-05-01
	《水质 采样技术指导》	HJ 494—2009	2009-11-01
	《食品安全国家标准中饮用天然矿泉水检验方法》	GB/T 8538—2016	2017-06-23
	《陆源入海排污口及邻近海域监测技术规程》	HY/T 076—2005	2005-10-01
	《环境中有机污染物遗传毒性检测的样品前处理规范》	GB/T 15440—1995	1995-08-01
辐射	《辐射环境监测技术规范》	HJ 61—2021	2021-05-01
	《核设施水质监测采样规定》	HJ/T 21—1998	1998-07-01

习　题

1. 环境标准的作用有哪些?
2. 我国的环境标准分为哪几类?
3. 什么是国家环境标准?
4. 我国的地表水环境标准是怎样划分的?
5. 生活饮用水卫生标准包括几类指标?
6. 污水综合排放标准中的二级标准具体怎样规定?
7.《地表水和污水监测技术规范》(HJ/T 91—2002)主要包括哪些内容?

习题解析

任务三 实验一——分析天平的使用

分析天平是定量分析最重要的仪器之一。目前普遍采用的是机械等臂光电分析天平或电子分析天平,通常其最大载荷量不超过 200 g,可精确称量到 0.1 mg。通过本次实验,可了解分析天平的基本构造、使用和称量方法。

一、实验目的

(1)了解分析天平的构造,学会正确的称量方法。

(2)初步掌握直接称量法和差减称量法。

(3)了解在称量中如何应用有效数字。

二、实验仪器

半自动分析天平;托盘天平;表面皿;称量瓶;药匙;小烧杯等。

三、实验试剂

固体试剂可用 Na_2CO_3 或 NaCl 等。

四、操作步骤

(一)直接称量法

适用于某些在空气中无吸湿性的试样或试剂,如金属、合金及称量用的空器皿等。

(1)在分析天平上准确称出干燥的表面皿的质量。

(2)在分析天平上再准确称出干燥的称量瓶的质量。

在托盘天平上称量时准确到 0.1 g,在分析天平上称量时精确到 0.1 mg,将读数记录于表 1-13 中。

表 1-13 直接称量法称量记录表

称量物	所加砝码质量(g)	所加砝码质量(mg)		微分标尺读数(mg)	称量物的质量(g)
		外圈砝码	内圈砝码		
表面皿					
称量瓶					

(二)差减称量法

适用于粉末状试样或易吸湿易氧化的试样。练习称量 0.25~0.3 g(准确至 0.1 mg)无水 Na_2CO_3。

(1)将干净、干燥的称量瓶中装入 2 g Na_2CO_3 放入干燥器待用。

(2)把已洗净的锥形瓶(或小烧杯)编号。

(3)按要求从干燥器中取出盛 Na_2CO_3 的称量瓶,在托盘天平上粗称其质量,再在分析天平上称出其准确质量,记作 W_1。

(4)从分析天平的左盘取下称量瓶,小心倾出 0.25~0.3 g 试样于已编号的锥形瓶(或小烧杯)中,再次准确称取称量瓶与剩余试样的质量,记作 W_2,则锥形瓶(或小烧杯)中试样的质量为(W_1-W_2)。

(5)按同样方法连续称取 3 份试样,每份试样质量精确至 0.1 mg,记录于表 1-14 中。

表 1-14　差减称量法称量记录表

称量瓶+试样(g)	编号	试样的质量(g)
W_1		
W_2	1	$W_1-W_2=$
W_3	2	$W_2-W_3=$
W_4	3	$W_3-W_4=$

(三)固定称量法

适用于直接称样法的试样,常用于实际工作的例行分析中。

称取某一固定试样的质量,如称 Na_2CO_3 试样 0.352 5 g,操作如下:

(1)将洁净、干燥的表面皿放入天平左盘,右边加入相应的砝码及环码与之平衡。

(2)在天平右边增加砝码质量 0.35 g。

(3)在表面皿中央用药匙加入 0.35 g 试样,观察微分标尺,用药匙缓慢将试样抖入表面皿中,直到试样质量为 0.352 5 g,将此试样转移到容器中。用此法称 2~3 份试样,记录于表 1-15 中。

表 1-15　固定称量法称量记录表

记录项目	编号		
	1	2	3
试样+表面皿质量(g)			
空表面皿质量(g)			
试样质量(g)			

五、注意问题

(1)分析天平是精密的计量工具。为了保持其灵敏度和稳定性,在使用中要特别注意保持玛瑙刀口不受冲击和减少磨损,取放物品、加减物品时,必须将天平横梁托起。观察天平两边是否平衡时,不要将升降枢旋钮完全打开,只要能看出指针偏移方向即可。

(2)禁止用手拿砝码,且用完后立即放回砝码盒原位。化学试剂及待测试样不得直接放在天平盘上,天平内洒落的药品应立即清理。

(3)不能使天平载重超过最大负荷 200 g。

(4)称量物品必须与天平内的温度一致,使天平内保持干燥(天平内放置干燥剂)。

(5)必须认真维护和严格遵守使用规则。

习　题

使用分析天平称量药品时应注意什么问题?

习题解析

【课程拓展】

“天更蓝、山更绿、水更清”
的气候环境你知道吗?

项目二　水样的采集、保存和预处理

【知识目标】

1. 了解水质监测的基本知识。
2. 能根据我国的最新标准和现场情况确定不同种类的监测指标。
3. 掌握如何进行现场调查、制订监测方案及实施方案。
4. 掌握不同水样的采集、保存和预处理的原理、目的及方法。

【技能目标】

1. 能根据不同的水样类型，制订不同的监测方案。
2. 能正确地对所采样品进行预处理。

任务一　水质监测项目、分析方法及方案的制订

一、水质监测项目

（一）监测对象和目的

水质监测分为环境水体监测和水污染源监测，主要通过影响水质的质量因素的代表值的测定，确定水污染程度及其变化趋势。环境水体包括地下水和地表水（江、河、湖、库、海水）；水污染源为生活污水、工业废水、医院污水，有时还包括农业废水、初级雨水和酸性矿山排水。对它们进行监测的目的可概括为以下几个方面：

（1）对江、海、水库、湖泊、海洋等地表水的污染因子进行经常性监测，以掌握水质现状及其变化趋势。

（2）对生产、生活等废（污）水排放源排放的废（污）水进行监视性监测，掌握废（污）水排放量及其污染物浓度和排放总量，评价是否符合排放标准，为污染源管理提供依据。

（3）对水环境污染事故进行应急监测，为分析判断事故原因、危害及制定对策提供依据。

（4）对水污染纠纷进行仲裁性监测，为准确判断纠纷原因和公正执法提供依据。

（5）为国家政府部门制定水环境保护标准、法规和规划提供有关数据和资料。

（6）为开展水环境质量评价和预测预报及进行环境科学研究提供基础数据和技术手段。

（二）监测项目

监测项目要根据水体被污染情况、水体功能和废（污）水中所含污染物及经济条件等因素确定。一般来说，符合以下情况的项目应纳入监测范围。一是选择国家和地方颁布的最新的地表水环境质量标准和水污染物综合排放标准中要求控制的监测项目；二是选择对人和生物危害大、影响范围广且已建立“标准分析方法”或“全国统一监测分析方法”的项目。目前，我国的水质标准和污水排放标准推行必测项目和选测项目的“双轨制”，标准中的必测项目是必须选择的，选测项目可根据监测项目、分析测定条件等酌情选择。

1. 地表水监测项目

在《地表水环境质量标准》(GB 3838—2002)中，为满足地表水各类使用功能和生态环境质量要求，将监测项目分为基本项目(必测项目)、集中式生活饮用水地表水源地补充项目和集中式生活饮用水地表水源地特定项目三类。我国《海水水质标准》(GB 3097—1997)按照海域的不同使用功能和保护目标，将水质分为四类。地表水监测项目见表 2-1。

表 2-1　地表水监测项目

水体	必测项目	选测项目
江河、湖泊、运河、渠道、水库	水温、pH、溶解氧、悬浮物、高锰酸钾指数、化学需氧量、BOD_5、氨氮、总氮、总磷、铜、锌、氟化物、硒、砷、汞、镉、铬(六价)、铅、氰化物、挥发酚、石油类、阴离子表面活性剂、硫化物和粪大肠杆菌群	硫酸盐、氯化物、硝酸盐、铁、锰及下栏选测项目由县级以上环境保护主管部门根据水质特点和环境管理需要进行选测
集中式生活饮用水地表水源地	水温、pH、溶解氧、悬浮物、高锰酸钾指数、化学需氧量、BOD_5、氨氮、总氮、总磷、铜、锌、铁、锰、氟化物、硒、砷、汞、镉、铬(六价)、铅、氰化物、挥发酚、石油类、阴离子表面活性剂、硫化物、硫酸盐、氯化物、硝酸盐和粪大肠菌群	三氯甲烷、四氯化碳、三溴甲烷、二氯甲烷、1,2-二氯乙烷、环氧氯丙烷、氯乙烯、1,1-二氯乙烯、1,2-二氯乙烯、三氯乙烯、四氯乙烯、氯丁二烯、六氯丁二烯、苯乙烯、甲醛、乙醛、丙烯醛、三氯乙醛、苯、甲苯、乙苯、二甲苯、异丙苯、氯苯、1,2-二氯苯、1,4-二氯苯、三氯苯、四氯苯、六氯苯、硝基苯、二硝基苯、2,4-二硝基甲苯、2,4,6-三硝基甲苯、硝基氯苯、2,4-二硝基氯苯、2,4-二氯苯酚、2,4,6-三氯苯酚、五氯酚、苯胺、联苯胺、丙烯酰胺、丙烯腈、邻苯二甲酸二丁酯、邻苯二甲酸二(2-乙基己基)酯、水合肼、四乙基铅、吡啶、松节油、苦味酸、丁基黄原酸、活性氯、滴滴涕、林丹、环氧七氯、对硫磷、甲基对硫磷、马拉硫磷、乐果、敌敌畏、敌百虫、内吸磷、百菌清、甲萘威、溴氰菊酯、阿特拉津、苯并(a)芘、甲基苯、多氯联苯、微囊藻毒素-LR、黄磷、钼、钴、铍、硼、锑、镍、钡、钒、钛、铊
近岸海域水质	水深、盐度、水温、悬浮物、pH、溶解氧、化学需氧量、生化需氧量、活性磷酸盐、无机氮(亚硝酸盐氮、硝酸盐氮、氨氮)、非离子氨、汞、镉、铅、铜、锌、砷、石油类	海况、风速、风向、气温、气压、天气现象、水色(臭和味)、粪大肠杆菌群、浑浊度、透明度、漂浮物质、硫化物、挥发酚、氰化物、六价铬、总铬、镍、硒、阴离子表面活性剂、六六六、滴滴涕、有机氯农药、苯并(a)芘、多氯联苯、狄氏剂、氯化物、活性硅酸盐、总有机碳、铁、锰
排污河(渠)	根据纳污情况，参考表 2-3 中工业废水监测项目	

注：监测项目中，有的项目监测结果低于检出限，并确认没有新的污染源增加时可减少监测频次。根据各地经济发展情况不同，在有监测能力(配置 GC-MS)的地区每年应监测 1 次选测项目。

2. 地下水监测项目

在我国《地下水环境质量标准》(GB/T 14848—2017)中,地下水监测项目分为常规水质项目和特殊项目选测两部分。地下水常规监测项目主要指标见表2-2。

表2-2 地下水常规监测项目

必测项目	选测项目
pH、总硬度、溶解性总固体、氨氮、硝酸盐氮、亚硝酸盐氮、挥发性酚、总氰化物、高锰酸钾指数、氟化物、砷、汞、镉、铬(六价)、锰、铁、大肠菌群	色、臭和味、浑浊度、氯化物、硫酸盐、碳酸氢盐、石油类、细菌总数、硒、铍、钡、镍、六六六、滴滴涕、总α放射性、总β放射性、铅、铜、锌、阴离子表面活性剂

3. 工业废水监测项目及污染源监测项目

不同行业的工业废水监测项目是不同的,监测项目的选择见表2-3。污染源监测项目执行《污水综合排放标准》(GB 8978—1996)及有关行业水污染物排放标准,见表2-4。

表2-3 工业废水监测项目

类型	必测项目	选测项目
黑色金属矿山(包括磷铁矿、赤铁矿、锰矿等)	pH、悬浮物、重金属	硫化物、锑、铋、锡、氯化物
钢铁工业(包括选矿、烧结、炼焦、炼铁、炼钢、连铸、轧钢等)	pH、悬浮物、COD、挥发酚、氰化物、油类、六价铬、锌、氨氮	硫化物、氟化物、BOD_5、铬
选矿药剂	COD、BOD_5、悬浮物、硫化物、重金属	
有色金属矿山及冶炼(包括选矿、烧结、电解、精炼等)	pH、COD、悬浮物、氰化物、重金属	硫化物、铍、铝、钒、钴、锑、铋
非金属矿物制品业	pH、悬浮物、COD、BOD_5、重金属	油类
煤气生产和供应业	pH、悬浮物、COD、BOD_5、油类、重金属、挥发酚、硫化物	多环芳烃、苯并(a)芘、挥发性卤代烃
火力发电(热电)	pH、悬浮物、硫化物、COD	BOD_5
电力、蒸汽、热水生产和供应业	pH、悬浮物、硫化物、COD、挥发酚、油类	BOD_5
煤炭采造业	pH、悬浮物、硫化物	砷、油类、汞、挥发酚、COD、BOD_5
焦化	COD、悬浮物、挥发酚、氨氮、氰化物、油类、苯并(a)芘	总有机碳

续表 2-3

类型		必测项目	选测项目
石油开采		COD、BOD_5、悬浮物、油类、硫化物、挥发性卤代烃、总有机碳	挥发酚、总铬
石油加工及炼焦业		COD、BOD_5、悬浮物、油类、硫化物、挥发酚、总有机碳、多环芳烃	苯并(a)芘、苯系物、铝、氯化物
化学矿开采	硫铁矿	pH、COD、BOD_5、硫化物、悬浮物、砷	
	磷矿	pH、氟化物、悬浮物、磷酸盐(P)、黄磷、总磷	
	汞矿	pH、悬浮物、汞	硫化物、砷
无机原料	硫酸	酸度(或 pH)、硫化物、重金属、悬浮物	砷、氟化物、氯化物、铝
	氯碱	碱度(或酸度或 pH)、COD、悬浮物	汞
	铬盐	酸度(或碱度或 pH)、六价铬、总铬、悬浮物	汞
有机原料		COD、挥发酚、氰化物、悬浮物、总有机碳	苯系物、硝基苯类、总有机碳、有机氯类、邻苯二甲酸酯等
塑料		COD、BOD_5、油类、总有机碳、硫化物、悬浮物	氯化物、铝
化学纤维		pH、COD、BOD_5、悬浮物、总有机碳、油类、色度	氯化物、铝
橡胶		COD、BOD_5、油类、总有机碳、硫化物、六价铬	苯系物、苯并(a)芘、重金属、邻苯二甲酸酯、氯化物等
医药生产		pH、COD、BOD_5、油类、总有机碳、悬浮物、挥发酚	苯胺类、硝基苯类、氯化物、铝
染料		COD、苯胺类、挥发酚、总有机碳、色度、悬浮物	硝基苯类、硫化物、氯化物
颜料		COD、硫化物、悬浮物、总有机碳、汞、六价铬	色度、重金属
油漆		COD、挥发酚、油类、总有机碳、六价铬、铅	苯系物、硝基苯类

续表 2-3

类型		必测项目	选测项目
合成洗涤剂		COD、阴离子合成洗涤剂、油类、总磷、黄磷、总有机碳	苯系物、氯化物、铝
合成脂肪酸		pH、COD、悬浮物、总有机碳	油类
聚氯乙烯		pH、COD、BOD_5、总有机碳、悬浮物、硫化物、总汞、氯乙烯	挥发酚
感光材料，广播电影电视业		COD、悬浮物、挥发酚、总有机碳、硫化物、银、氰化物	显影剂及其氧化物
其他有机化工		COD、BOD_5、悬浮物、油类、挥发酚、氰化物、总有机碳	pH、硝基苯类、氯化物
化肥	磷肥	pH、COD、BOD_5、悬浮物、磷酸盐、氟化物、总磷	砷、油类
	氮肥	COD、BOD_5、悬浮物、氨氮、挥发酚、总氮、总磷	砷、铜、氰化物、油类
合成氨工业		pH、COD、悬浮物、氨氮、总有机碳、挥发酚、硫化物、氰化物、石油类、总氮	镍
农药	有机磷	COD、BOD_5、悬浮物、挥发酚、硫化物、有机磷、总磷	总有机碳、油类
	有机氯	COD、BOD_5、悬浮物、硫化物、挥发酚、有机氯	总有机碳、油类
除草剂工业		pH、COD、悬浮物、总有机碳、百草枯、阿特拉津、吡啶	除草醚、五氯酚、五氯酚钠、2,4-D、丁草胺、绿麦隆、氯化物、铝、苯、二甲苯、氨、氯甲烷、联吡啶
电镀		pH、碱度、重金属、氰化物	钴、铝、氯化物、油类
烧碱		pH、悬浮物、汞、石棉、活性氯	COD、油类
电气机械及器材制造业		pH、COD、BOD_5、悬浮物、油类、重金属	总氮、总磷
普通机械制造		COD、BOD_5、悬浮物、油类、重金属	氰化物
电子仪器、仪表		pH、COD、BOD_5、氰化物、重金属	氟化物、油类
造纸及纸制品业		酸度(或碱度)、COD、BOD_5、可吸附有机卤化物(AOX)、pH、挥发酚、悬浮物、色度、硫化物	木质素、油类

续表 2-3

<table>
<tr><th colspan="2">类型</th><th>必测项目</th><th>选测项目</th></tr>
<tr><td colspan="2">纺织染整业</td><td>pH、色度、COD、BOD_5、悬浮物、总有机碳、苯胺类、硫化物、六价铬、铜、氨氮</td><td>总有机碳、氯化物、油类、二氧化氯</td></tr>
<tr><td colspan="2">皮革、毛皮、羽绒服及其制品</td><td>pH、COD、BOD_5、悬浮物、硫化物、总铬、六价铬、油类</td><td>总氮、总磷</td></tr>
<tr><td colspan="2">水泥</td><td>pH、悬浮物</td><td>油类</td></tr>
<tr><td colspan="2">油毡</td><td>COD、BOD_5、悬浮物、油类、挥发酚</td><td>硫化物、苯并(a)芘</td></tr>
<tr><td colspan="2">玻璃、玻璃纤维</td><td>COD、BOD_5、悬浮物、氰化物、挥发酚、氟化物</td><td>铅、油类</td></tr>
<tr><td colspan="2">陶瓷制造</td><td>pH、COD、BOD_5、悬浮物、重金属</td><td></td></tr>
<tr><td colspan="2">石棉(开采与加工)</td><td>pH、石棉、悬浮物</td><td>挥发酚、油类</td></tr>
<tr><td colspan="2">木材加工</td><td>COD、BOD_5、悬浮物、挥发酚、pH、甲醛</td><td>硫化物</td></tr>
<tr><td colspan="2">食品加工</td><td>pH、COD、BOD_5、悬浮物、氨氮、硝酸盐氮、动植物油</td><td>总有机碳、铝、氯化物、挥发酚、铅、锌、油类、总氮、总磷</td></tr>
<tr><td colspan="2">屠宰及肉类加工</td><td>pH、COD、BOD_5、悬浮物、动植物油、氨氮、大肠菌群</td><td>石油类、细菌总数、总有机碳</td></tr>
<tr><td colspan="2">饮料制造业</td><td>pH、COD、BOD_5、悬浮物、氨氮、粪大肠菌群</td><td>细菌总数、挥发酚、油类、总氮、总磷</td></tr>
<tr><td rowspan="3">兵器工业</td><td>弹药装药</td><td>pH、COD、BOD_5、悬浮物、梯恩梯(TNT)、地恩锑(DNT)、黑索今(RDX)</td><td>硫化物、重金属、硝基苯类、油类</td></tr>
<tr><td>火工品</td><td>pH、COD、BOD_5、悬浮物、铅、氰化物、硫氰化物、铁(Ⅰ、Ⅱ)氰络合物</td><td>肼和叠氮化物(叠氮化钠生产厂为必测)、油类</td></tr>
<tr><td>火炸药</td><td>pH、COD、BOD_5、悬浮物、色度、铅、TNT、DNT、硝化甘油(NG)、硝酸盐</td><td>油类、总有机碳、氨氮</td></tr>
<tr><td colspan="2">航天推进剂</td><td>pH、COD、BOD_5、悬浮物、氨氮、氰化物、甲醛、苯胺类、肼、一甲基肼、偏二甲基肼、三乙胺、二乙烯三胺</td><td>油类、总氮、总磷</td></tr>
<tr><td colspan="2">船舶工业</td><td>pH、COD、BOD_5、悬浮物、油类、氨氮、氰化物、六价铬</td><td>总氮、总磷、硝基苯类、挥发性卤代烃</td></tr>
</table>

续表 2-3

类型	必测项目	选测项目
制糖工业	pH、COD、BOD_5、色度、油类	硫化物、挥发酚
电池	pH、重金属、悬浮物	酸度、碱度、油类
发酵和酿造工业	pH、COD、BOD_5、悬浮物、色度、总氮、总磷	硫化物、挥发酚、油类、总有机碳
货车洗刷和洗车	pH、COD、BOD_5、悬浮物、油类、挥发酚	重金属、总氮、总磷
管道运输业	pH、COD、BOD_5、悬浮物、油类、氨氮	总氮、总磷、总有机碳
宾馆、饭店、游乐场所及公共服务业	pH、COD、BOD_5、悬浮物、油类、挥发酚、阴离子洗涤剂、氨氮、总氮、总磷	粪大肠菌群、总有机碳、硫化物
绝缘材料	pH、COD、BOD_5、挥发酚、悬浮物、油类	甲醛、多环芳烃、总有机碳、挥发性卤代烃
卫生用品制造业	pH、COD、悬浮物、油类、挥发酚、总氮、总磷	总有机碳、氨氮
生活污水	pH、COD、BOD_5、悬浮物、氨氮、挥发酚、油类、总氮、总磷、重金属	氯化物
医院污水	pH、COD、BOD_5、悬浮物、油类、挥发酚、总氮、总磷、汞、砷、粪大肠菌群、细菌总数	氟化物、氯化物、醛类、总有机碳

表 2-4　工业废水排放标准

序号	行业	国标名称
1	船舶水污染物排放控制标准	GB 3552—2018
2	石油炼制工业污染物排放标准	GB 31570—2015
3	再生铜、铝、铅、锌工业污染物排放标准	GB 31574—2015
4	合成树脂工业污染物排放标准	GB 31572—2015
5	无机化学工业污染物排放标准	GB 31573—2015
6	电池工业污染物排放标准	GB 30484—2013
7	制革及皮毛加工工业水污染物排放标准	GB 30486—2013
8	合成氨工业水污染物排放标准	GB 13458—2013
9	柠檬酸工业水污染物排放标准	GB 19430—2013
10	麻纺工业水污染物排放标准	GB 28938—2012
11	毛纺工业水污染物排放标准	GB 28937—2012

续表 2-4

序号	行业	国标名称
12	缫丝工业水污染物排放标准	GB 28936—2012
13	纺织染整工业水污染物排放标准	GB 4287—2012
14	炼焦化学工业污染物排放标准	GB 16171—2012
15	铁合金工业污染物排放标准	GB 28666—2012
16	钢铁工业水污染物排放标准	GB 13456—2012
17	铁矿采选工业污染物排放标准	GB 28661—2012
18	橡胶制品工业污染物排放标准	GB 27632—2011
19	发酵酒精和白酒工业水污染物排放标准	GB 27631—2011
20	汽车维修业水污染物排放标准	GB 26877—2011
21	弹药装药行业水污染物排放标准	GB 14470. 3—2011
22	钒工业污染物排放标准	GB 26452—2011
23	磷肥工业水污染物排放标准	GB 15580—2011
24	稀土工业污染物排放标准	GB 26451—2011
25	硫酸工业污染物排放标准	GB 26132—2010
26	硝酸工业污染物排放标准	GB 26131—2010
27	镁、钛工业污染物排放标准	GB 25468—2010
28	铜、镍、钴工业污染物排放标准	GB 25467—2010
29	铅、锌工业污染物排放标准	GB 25466—2010
30	铝工业污染物排放标准	GB 25465—2010
31	陶瓷工业污染物排放标准	GB 25464—2010
32	油墨工业水污染物排放标准	GB 25463—2010
33	酵母工业水污染物排放标准	GB 25462—2010
34	淀粉工业水污染物排放标准	GB 25461—2010
35	制糖工业水污染物排放标准	GB 21909—2008
36	混装制剂类制药工业水污染物排放标准	GB 21908—2008
37	中药类制药工业水污染物排放标准	GB 21906—2008
38	生物工程类制药工业水污染物排放标准	GB 21907—2008
39	提取类制药工业水污染物排放标准	GB 21905—2008
40	化学合成类制药工业水污染物排放标准	GB 21904—2008
41	发酵类制药工业水污染物排放标准	GB 21903—2008
42	合成革与人造革工业污染物排放标准	GB 21902—2008
43	电镀污染物排放标准	GB 21900—2008
44	羽绒工业水污染物排放标准	GB 21901—2008

续表 2-4

序号	行业	国标名称
45	制浆造纸工业水污染物排放标准	GB 3544—2008
46	杂环类农药工业水污染物排放标准	GB 21523—2008
47	煤炭工业污染物排放标准	GB 20426—2006
48	皂素工业水污染物排放标准	GB 20425—2006
49	医疗机构水污染物排放标准	GB 18466—2005
50	啤酒工业污染物排放标准	GB 19821—2005
51	味精工业污染物排放标准	GB 19431—2004
52	兵器工业水污染物排放标准 火炸药	GB 14470. 1—2002
53	兵器工业水污染物排放标准 火工药剂	GB 14470. 2—2002
54	城镇污水处理厂污染物排放标准	GB 18918—2002
55	畜禽养殖业污染物排放标准	GB 18596—2001
56	污水海洋处置工程污染控制标准	GB 18486—2001
57	污水综合排放标准	GB 8978—1996
58	烧碱、聚氯乙烯工业污染物排放标准	GB 15581—2016
59	航天推进剂水污染物排放与分析方法标准	GB 14374—1993
60	肉类加工工业水污染物排放标准	GB 13457—1992
61	海洋石油勘探开发污染物排放浓度限值	GB 4914—2008
62	船舶工业污染物排放标准	GB 4286—1984

4. 生活污水监测项目

生活污水的必测项目包括 pH、COD、BOD_5、悬浮物、氨氮、挥发酚、油类、总氮、总磷和重金属；选测项目为氯化物。

5. 医院污水监测项目

医院污水的必测项目为 pH、COD、BOD_5、悬浮物、油类、挥发酚、总氮、总磷、汞、砷、粪大肠菌群和细菌总数；选测项目为氟化物、氯化物、醛类和总有机碳。

6. 底质监测项目

底质监测的必测项目为砷、汞、烷基汞、铬、六价铬、铅、镉、铜、锌、硫化物和有机质；选测项目为有机氯农药、有机磷农药、除草剂、多氯联苯、烷基汞、苯系物、多环芳烃和邻苯二甲酸酯类。

二、水质监测分析方法

正确选择监测分析方法是获得准确结果的重要因素之一，选择原则应遵循：方法成熟；灵敏度和准确度能满足要求；抗干扰能力好；操作简便。按照指定主体等级的不同，我国的监测分析方法分为 A、B、C 三类；按照水质监测分析方法的原理，分为化学法、仪器法、生物法等。目前，化学法和仪器法在水质检测中测定的项目比例超过 50%，其中排在前三位的分别是分光光度法、容量法和原子吸收法。常见水质监测方法及其测定项目见表 2-5。

表 2-5　常见水质测定方法及其测定项目

监测方法	部分测定项目
重量法	SS、可滤残渣、矿化度、SO_4^{2-}、油类、矿化度等
容量法	酸度、碱度、溶解氧、总硬度、CO_2、Ca^{2+}、Mg^{2+}、氨氮、Cl^-、CN^-、S^{2-}、COD、BOD_5、高锰酸盐指数、游离氯和总氯、挥发酚、SO_4^{2-}等
分光光度法	Ag、As、Be、Ba、Cd、Co、Cr、Cu、Hg、Mn、Ni、Pb、Fe、Sb、Se、Zn、Th、U、氨氮、NO_2^-、NO_3^-、凯氏氮、PO_4^{3-}、F^-、SO_4^{2-}、S^{2-}、SiO_3^{2-}、挥发酚、甲醛、三氯乙醛、苯胺类、硝基苯类、阴离子表面活性剂等
原子吸收法	Ag、Al、Ba、K、Na、Be、Bi、Ca、Mg、Ni、Pb、Sb、Se、Sn、Te 等
等离子体发射光谱法	K、Na、Ca、Mg、Ba、Be、Pb、Zn、Ni、Cd、Co、Fe、Cr、Mn、V、Al、As 等
荧光分光光度法	Se、Be、U、油类、苯并(a)芘等
氢化物及冷原子吸收法	As、Sb、Bi、Ge、Sn、Pb、Se、Te、Hg 等
火焰光度法	Li、Na、K、Sr、Ba 等
电化学法	电导率、Eh、pH、DO、总碱度、F^-、Cl^-、Pb、Ni、可吸收有机卤素、总有机卤化物等
离子色谱法	F^-、Cl^-、NO_2^-、SO_4^{2-}、HPO_4^{2-}、K^+、Na^+、NH_4^+ 等
气相色谱法	苯系物、挥发性卤代烃、挥发性有机化合物、三氯乙醛、有机氯农药、有机磷农药类、多氯联苯、硝基苯类等
液相色谱类	多环芳烃等
比色法、比浊法	I^-、色度、浊度等
生物监测法	浮游生物测定、着生生物测定、底栖动物测定、鱼类生物调查、初级生产力测定、细菌总数测定、总大肠菌群测定等
非色散红外吸收法	总有机碳、石油类等
原子荧光法	As、Sb、Bi、Se、Hg 等

三、水质监测方案的制订

监测方案是完成一项监测任务的总体构思和设计，内容包括采样方案、分析测定方案和数据处理方案。监测方案制订时必须首先明确监测目的，然后在调查研究的基础上确定监测目的，布设监测点，合理安排采样频率和采样时间，选定采样方法和分析测定技术，提出监测报告要求，制订质量控制和保证措施及实施计划等，确保监测任务的顺利完成。水质监测的一般工作程序见图 2-1。

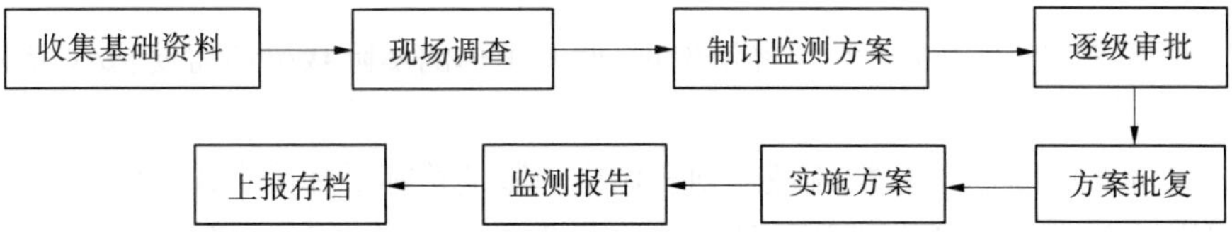

图 2-1　水质监测的一般工作程序

(一)地表水监测方案的制订

地表水指地球表面的江、河、湖、海、运河、渠道和水库水。目前世界上许多国家对地表水的采样、测定等均有具体的规范化要求，我国也于 2009 年 11 月颁布了《水质 采样技术指导》(HJ 494—2009)，以确保监测数据的代表性、完整性、可比性和有效性。关于近岸海域的环境监测，国家环境保护部于 2008 年 11 月颁布了《近岸海域环境监测规范》(HJ 442—2008)。

1. 基础资料的收集

为了合理地确定采样断面和采样点，取得有代表性的样品，在制订监测方案之前，应尽可能完备地收集欲监测水体及所在区域的有关资料。内容如下：

(1)该地区环境保护方面的相关法律、法规、标准和规范。

(2)水体的水文、气候、地质和地貌等资料。如水位、水量、流速及流向的变化；降雨量、蒸发量及其历史上的水情；河流的宽度、深度、河床结构及地质状况；湖泊沉积物的特性、间温层分布、等深线等。

(3)水体沿岸城市分布、工业布局、污染源及其排污情况、城市给排水情况等。

(4)水体沿岸的资源现状和水资源的用途；饮用水源分布和重点水源保护区；水体流域土地功能及近期使用计划等。

(5)历年水质监测资料。

(6)地面径流、雨污分流情况，农田灌溉排水、农药和化肥的使用情况等。

(7)目标水体作为当地的饮用水源时，应开展一定数量的公众调查，必要时进行流行病学的调查，并与历史数据和文献资料信息进行综合分析。

2. 监测断面和采样点的设置

(1)河流断面的设置原则。

监测断面在总体和宏观上须能反映水系或所在区域的水环境质量状况。各断面的具体位置须能反映所在区域环境的污染特征；尽可能以最少的断面获取足够的有代表性的环境信息；同时还须考虑实际采样时的可行性和方便性。

①对流域或水系要设立背景断面、控制断面(若干)和入海河口断面。对行政区域可设背景断面(水系源头)、入境断面(过境河流)、对照断面、控制断面(若干)、入海口断面、出境断面。在各控制断面下游，如果河段有足够长度(>10 km)，还需设立消减断面。

②根据水体功能区设置控制监测断面，同一水体功能区至少要设置 1 个监测断面。

③监测断面的位置要避开死水区、回水区、排污口处，尽量选择水流平稳、水面宽阔、无浅滩的顺直河段。

④监测断面力求与水文测流断面一致，以便利用其水文参数，实现水质监测与水量监测的结合。

⑤监测断面的布设应考虑社会经济发展、监测工作的实际状况和需要，要具有相对的长远性。

⑥流域同步监测中，要根据流域规划和污染源限期达标目标确定监测断面。

⑦河道局部整治中，须监视整治效果的监测断面，由所在地区环境保护行政主管部门确定。

⑧饮用水源地和流经主要风景游览区、自然保护区，以及与水质有关的地方病发病区、严重水土流失区及地球化学异常区的水域或河段，应设置监测断面。

⑨入海河口断面要设置在能反映入海河水水质并临近入海的位置。

(2)河流监测断面的布设。

为评价完整江河水系的水质，需要设置背景断面、对照断面、控制断面和消减断面；对于某一河段，只需设置对照、控制和消减(或过境)三种断面，如图 2-2 所示。监测断面的设置数量，应根据掌握水环境质量状况的实际需要，考虑对污染物时空分布和变化规律的了解、优化的基础上，以最少的断面、垂线和测点取得代表性最好的监测数据。

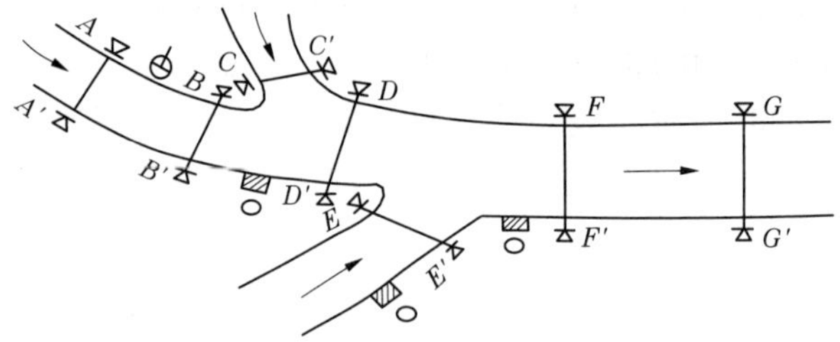

→ ——水流方向；⊕ ——自来水取水点；○ ——污染源；▭ ——排污口；

A—A′ ——对照断面；G—G′ ——消减断面；其余为控制断面

图 2-2　河流监测断面设置示意图

①背景断面：须能反映水系未受污染时的背景值的断面。要求基本上不受人类活动的影响，远离城市居民区、工业区、农药化肥施放区及主要交通路线。这种断面原则上应设置在水系源头处或未受污染的上游河段，如选定断面处于地球化学异常区，则要在异常区的上、下游分别设置；如有较严重的水土流失情况，则设置在水土流失区的上游。

②对照断面：指具体判断某一区域水环境污染程度时，位于该区域所有污染源上游处，能够提供这一区域水环境本底值的断面。

这种断面一般设置在基本上未受人类活动影响的河段，位于监测区域第一个污染源上游 100~500 m 处。一个河段一般只设一个对照断面，有主要支流时可酌情增加。

③控制断面：为评价监测河段两岸污染源对水体水质影响而设置的断面。控制断面的数量、控制断面与排污区(口)的距离可根据以下因素决定：主要污染区的数量及其间

的距离、各污染源的实际情况、主要污染物的迁移转化规律和其他水文特征等。此外,还应考虑对纳污量的控制程度,即由各控制断面所控制的纳污量不应小于该河段总纳污量的80%。如某河段的各控制断面均有五年以上的监测资料,可用这些资料进行优化,用优化结论来确定控制断面的位置和数量。

一般来说,控制断面设在排污口下游500~1 000 m处,较大支流汇合口上游和汇合后与干流充分混合处,河流入海口处,湖泊、水库出入河口处,国际河流出入国境交界处。另外,在流经特殊要求地区(如饮用水源地、风景游览区等)的河段上也应设置控制断面。

④消减断面:指工业废水或生活污水在水体内流经一定距离而达到最大程度混合,污染物受到稀释、降解,其主要污染物浓度有明显降低的断面。通常设置在距城市或工业区最后一个排污口下游1 500 m以外的河段上,水量小的小河流则视具体情况而定。另外,有时为特定的环境管理需要,如定量化考核、监视饮用水源和流域污染源限期达标排放等,还要设管理断面。

⑤潮汐河流监测断面:布设原则与其他河流相同,设有防潮桥闸的潮汐河流,根据需要在桥闸的上、下游分别设置断面。根据潮汐河流的水文特征,潮汐河流的对照断面一般设在潮区界以上。若感潮河段潮区界在该城市管辖的区域外,则在城市河段的上游设置一个对照断面。潮汐河流的消减断面,一般应设在近入海口处。若入海口处于城市管辖区域外,则设在城市河段的下游。潮汐河流的断面位置,尽可能与水文断面一致或靠近,以便取得有关的水文数据。

(3)湖泊、水库监测垂线的布设。

①湖泊、水库通常只设监测垂线,如有特殊情况可参照河流的有关规定设置监测断面。

②湖(库)区的不同水域,如进水区、出水区、深水区、浅水区、湖心区、岸边区,按水体类别设置监测垂线。

③湖(库)区若无明显功能区别,可用网格法均匀设置监测垂线。

(4)地表水采样点位的确定。

设置监测断面后,应根据水面的宽度确定断面上的采样垂线,再根据采样垂线处水深确定采样点的数目和位置,见表2-6和表2-7。

表2-6　采样垂线数的设置

<table>
<tr><th>水面宽(m)</th><th>垂线数</th><th>说明</th></tr>
<tr><td>≤50</td><td>1条(中泓)</td><td rowspan="4">1. 确能证明该断面水质均匀时,可仅设中泓垂线;
2. 垂线布设应避开污染带,要测污染带应另加垂线;
3. 凡在该断面要计算污染物通量时,必须按本表设置垂线</td></tr>
<tr><td>50~100</td><td>2条(近左、右岸有明显水流处)</td></tr>
<tr><td>100~1 000</td><td>3条(左、中、右)</td></tr>
<tr><td>>1 500</td><td>至少设5条等距离垂线</td></tr>
</table>

表 2-7 采样垂线上的采样点数的设置

<table>
<tr><th>水深(m)</th><th>采样点数</th><th>说明</th></tr>
<tr><td>≤5</td><td>上层一点</td><td rowspan="4">1. 上层指水面下 0.5 m 处,水深不到 0.5 m 时,在水深 1/2 处;
2. 下层指河流以上 0.5 m 处;
3. 中层指 1/2 水深处;
4. 封冻时在冰下 0.5 m 处采样,水深不到 0.5 m 时,在水深 1/2 处采样;
5. 凡在该断面要计算污染物通量时,必须按本表设置采样点</td></tr>
<tr><td>5~10</td><td>上、下层两点</td></tr>
<tr><td>10~50</td><td>上、中、下三层三点</td></tr>
<tr><td>>50</td><td>酌情增加</td></tr>
</table>

湖泊、水库监测垂线上采样点的布设与河流相同,但如果存在温度分层现象,应先测定不同水深处的水温、溶解氧等参数,确定分层情况后,再决定垂线上采样点位和数目。一般来说,湖(库)监测垂线上的采样点的布设应符合表 2-8。

表 2-8 湖(库)监测垂线采样点的设置

<table>
<tr><th>水深(m)</th><th>分层情况</th><th>采样点数</th><th>说明</th></tr>
<tr><td>≤5</td><td></td><td>1 点(水面下 0.5 m)</td><td rowspan="4">1. 分层是指湖水温度分层状况;
2. 水深不足 1 m,在 1/2 水深处设置测点;
3. 在充分数据证实垂线时,可酌情减少测点</td></tr>
<tr><td>5~10</td><td>不分层</td><td>2 点(水面下 0.5 m,水底上 0.5 m)</td></tr>
<tr><td>5~10</td><td rowspan="2">分层</td><td>3 点(水面下 0.5 m,1/2 斜温层,水底上 0.5 m 处)</td></tr>
<tr><td>>10</td><td>斜水面下 0.5 m,水底上 0.5 m 处外,按每一斜温分层 1/2 处设置</td></tr>
</table>

3. 采样频次和采样时间的确定

(1)确定采样频次的原则。

依据不同的水体功能、水文要素和污染源、污染物排放等实际情况,力求以最低的采样频次,取得最有时间代表性的样品,既能反映水质状况的要求,又要切实可行。

(2)采样频次与采样时间。

①饮用水源地、省(自治区、直辖市)交界断面中需要重点控制的监测断面每月至少采样 1 次。

②国控水系、河流、湖、库上的监测断面,逢单月采样 1 次,全年 6 次。

③水系的背景断面每年采样 1 次。

④受潮汐影响的监测断面的采样,分别在大潮期和小潮期进行。每次采集涨潮、退潮水样分别测定。涨潮水样应在断面处水面涨平时采样,退潮水样应在水面退平时采样。

⑤如某必测项目连续三年均未检出,且在断面附近确定无新增排放源,而现有污染源排污量未增的情况下,每年可采样 1 次进行测定。一旦检出,或在断面附近有新的排放源或现有污染源有新增排污量时,即恢复正常采样。

⑥国控监测断面(或垂线)每月采样一次,在每月 5~10 日内进行采样。

⑦遇有特殊自然情况,或发生污染事故时,要随时增加采样频次。

⑧在流域污染源限期治理、限期达标排放的计划中和流域受纳污染物的总量削减规划中,常规监测为每月一次。具体实施时间由中国环境监测总站与流域网点单位及相关省(直辖市、自治市)协商确定,根据需要确定为此进行同步监测的频率。

⑨为配合局部水流域的河道整治,及时反映整治的效果,应在一定时期内增加采样频次,具体由整治工程所在地方环境保护行政主管部门制定。

(二)地下水监测方案的制订

储存在土壤和岩石空隙(孔隙、裂隙、溶隙)中的水统称为地下水。地下水埋藏在地层的不同深度,相对地面水而言,其流动性和水质参数的变化比较缓慢。我国于 2004 年发布了《地下水环境监测技术规范》(HJ/T 164—2004),该规范规定了地下水环境监测点网的布设与采样、样品管理、监测项目和监测方法。

1. 监测点网的布设原则

(1)在总体和宏观上应能控制不同的水文地质单元,须能反映所在区域地下水系的环境质量状况和地下水质量空间变化。

(2)监测重点为供水目的的供水层。

(3)监测地下水重点污染区及可能产生污染的地区,监视污染源对地下水的污染程度及动态变化,以反映所在区域地下水的污染特征。

(4)能反映地下水补给源和地下水与地表水的水力联系。

(5)监控地下水水位下降的漏斗区、地面沉降及本区域的特殊水文地质问题。

(6)考虑工业建设项目、矿山开发、水利工程、石油开发及农业活动等对地下水的影响。

(7)监测点网布设密度的原则为:主要供水区密,一般地区稀;城区密,农村稀;地下水污染严重地区密,非污染区稀。尽可能以最少的监测点获取足够的有代表性的环境信息。

(8)考虑监测结果的代表性和实际采样的可行性、方便性,尽可能从经常使用的民井、生产井及泉水中选择布设监测点。

(9)监测点网不要轻易变动,尽量保持单井地下水监测工作的连续性。

2. 资料收集

(1)收集地质图、剖面图、现有水井的有关参数。

(2)收集作为当地地下水补给水源的江、河、湖、海的地理分布及其水文特征(水位、水深、流速、流量),水利工程设施,地表水的利用情况及其水质状况。

(3)调查监测区域内城市发展、工业分布、资源开发和土地利用情况,尤其是地下工程规模、应用等;了解化肥和农药的施用面积和施用量;查清污水灌溉、排污、纳污和地面水污染现状。

(4)测量或查知地下水的水位、水深,以确定采水器和泵的类型、所需费用和采样程序。

(5)对泉水出露位置,了解泉的成因类型、补给来源、流量、水温、水质和利用情况。

在完成以上调查的基础上，确定主要污染源和污染物，并根据地区特点与地下水的主要类型把地下水分成若干个水文地质单元。

3. 采样点的布设

国控地下水监测点网密度一般不少于每 100 km^2 0. 1 眼井，每个县至少应有 1～2 眼井，平原(含盆地)地区一般为每 100 km^2 0. 2 眼井，重要水源地或污染严重地区适当加密，沙漠区、山丘区、岩溶山区等可根据需要选择典型代表区布设监测点。

在下列地区应布设监测点(监测井)：以地下水为主要供水水源的地区；饮水型地方病(如高氟病)高发地区；对区域地下水构成影响较大的地区，如污水灌溉区、垃圾堆积处理场地区、地下水回灌区及大型矿山排水地区等。

4. 监测点(监测井)设置方法

(1)背景值监测井的布设。

为了解地下水体未受人为影响条件下的水质状况，需在研究区域的非污染地段设置地下水背景值监测井(对照井)。

根据区域水文地质单元状况和地下水主要补给来源，在污染区外围地下水水流上方垂直水流方向，设置一个或数个背景值监测井。背景值监测井应尽量远离城市居民区、工业区、农药化肥施放区、农灌区及交通要道。

(2)污染控制监测井的布设。

污染源的分布和污染物在地下水中扩散形式是布设污染控制监测井的首要考虑因素。各地可根据当地地下水流向、污染源分布状况和污染物在地下水中的扩散形式，采取点面结合的方法布设污染控制监测井，监测重点是供水水源地保护区。

①渗坑、渗井和固体废物堆放区的污染物在含水层渗透性小的地区以点状污染扩散，可在污染源附近按十字形布设监测线进行控制。

②渗坑、渗井和固体废物堆放区的污染物在含水层渗透性大的地区以条带状污染扩散，监测井应沿地下水流向布设，以平行及垂直的监测线进行控制。

③当工业废水、生活污水等污染物沿河渠排放或渗漏以带状污染扩散时，应根据河渠的状态、地下水流向和所处的地质条件，采用网格布点法设垂直于河渠的监测线。

④污灌区和缺乏卫生设施的居民区生活污水易对周围环境造成大面积垂直的块状污染，应以平行和垂直于地下水流向的方式布设监测点。

⑤地下水位下降的漏斗区，主要形成开采漏斗附近的侧向污染扩散，应在漏斗中心布设监控测点，必要时可穿过漏斗中心按十字形或放射状向外围布设监测线。

⑥透水性好的强扩散区或年限已久的老污染源，污染范围可能较大，监测线可适当延长；反之，可在污染源附近布点。

⑦区域内的代表性泉、自流井、地下长河出口应布设监测点。为了解地下水与地表水体之间的补(给)排(泄)关系，可根据地下水流向在已设置地表水监测断面的地表水体设置垂直于岸边线的地下水监测线。选定的监测点(井)应经环境保护行政主管部门审查确认。一经确认不准任意变动，确需变动时，须征得环境保护行政主管部门同意，并重新进行审查确认。

5. 采样频次和采样时间

根据不同的水文地质条件和地下水监测井使用功能，结合当地污染源、污染物排放实际情况，力求以最低的采样频次，取得最有时间代表性的样品，达到全面反应区域地下水质状况、污染原因和规律的目的。为反映地表水和地下水的水力联系，地下水采样频次与时间尽可能与地表水相一致。

（1）背景值监测井和区域性控制的孔隙承压水井每年枯水期采样 1 次。

（2）污染控制监测井逢单月采样 1 次，全年 6 次。

（3）作为生活饮用水集中供水的地下水监测井，每月采样 1 次。

（4）污染控制监测井的某一监测项目如果连续两年低于控制标准值的 1/5，且在监测井附近确实无新增污染源，而现有污染源排污量未增的情况下，该项目可每年在枯水期采样 1 次进行监测。一旦监测结果大于控制标准值的 1/5，或在监测井附近有新的污染源或现有污染源新增排污量时，即恢复正常采样频次。

（5）同一水文地质单元的监测井采样时间尽量相对集中，日期跨度不宜过大。

（6）遇到特殊的情况或发生污染事故，可能影响地下水水质时，应随时增加采样频次。

（三）底质（沉积物）样品采样点的布设

底质采样点位通常设置在水质采样垂线的正下方。当正下方无法采样时，可略作移动，移动的情况应在采样记录表上详细注明。底质采样点应避开河床冲刷、底质沉积不稳定及水草茂盛、表层底质易受搅动之处。湖（库）底质采样点一般应设在主要河流及污染源排放口与湖（库）水混合均匀处。

（四）污染源监测方案的制订

水污染源包括工业废水、城市污水、医院废水等。在制订监测方案时，首先要进行调查研究，收集有关资料，查清用水情况，废水或污水的类型，主要污染物及排污去向和排放量，车间、工厂或地区的排污口数量及位置，废水处理情况，是否排入江、河、湖、海，流经区域是否有渗坑等。然后进行综合分析，确定监测项目、监测点位，选定采样时间、采样频率、采样和监测方法及技术，制订质量保证程序、措施和实施计划等。

1. 采样点位的布设

我国污水综合排放标准中将排放的污染物按其性质及控制方式分成两类，具体指标和最高允许排放浓度均已标明。第一类污染物指能在环境或动植物体内蓄积，对人体健康产生长远不良影响的物质。第二类污染物指长远影响小于第一类的污染物质。

（1）第一类污染物采样点位一律设在车间或车间处理设施的排放口或专门处理此类污染物设施的排放口。

（2）第二类污染物采样点位一律设在排污单位的外排放口。

（3）进入集中式污水处理厂和进入城市污水管网的污水采样点位应根据地方环境保护行政主管部门的要求确定。

（4）污水处理设施效率监测采样点的布设分为两种情况：对整体污水处理设施效率监测时，在各种进入污水处理设施污水的入口和污水设施的总排放口设置采样点；对各污水处理单元效率监测时，在各种进入处理设施单元污水的入口和设施单元的出口设置采样点。

2. 采样点位的确定

地方环境监测站在全面掌握与污染源污水排放有关的工艺流程、污水类型、排放规律、污水管网走向等情况的基础上，确定、核对采样点位。排污单位需定期向地方环境监测站提供废水监测基本信息登记表，见表 2-9。

表 2-9 废水监测基本信息登记表

污染源名称：	行业类型：
联系地址：	主要产品：
(1) 总用水量(m^3/a)：　新鲜水量(m^3/a)：　回用水量(m^3/a)： 其中：生产用水(m^3/a)：　生活用水(m^3/a)：　水平衡图(另附图)	
(2) 主要原辅材料： 生产工艺： 排污情况：	
(3) 厂区平面布置图及排水管网布置图(另附图)	
(4) 废水处理设施情况： 设计处理量(m^3/a)：　实际处理量(m^3/a)：　年运行小时数(h/a)： 废水处理基本工艺方框图(另附图) 废水性质： 排放规律： 排放去向：	

废水处理设施处理效果

污染因子	原始废水(mg/L)	处理后出水(mg/L)	去除率(%)
备注			

3. 采样频次

(1) 监督性监测。地方环境监测站对污染源的监督性监测每年不少于 1 次，如被国家或地方环境保护行政主管部门列为年度监测的重点排污单位，应增加到每年 2~4 次；因管理或执法的需要所进行的抽查性监测或对企业的加密监测由各级环境保护行政主管部门确定。

(2) 企业自我监测。工业废水按生产周期和生产特点确定监测频率，一般每个生产日至少 3 次。

(3) 对于污染治理、环境科研、污染源调查和评价等工作中的污水监测，其采样频次可以根据工作方案的要求另行确定。

(4)排污单位为了确认自行监测的采样频次,应在正常生产条件下的一个生产周期内进行加密监测:周期在 8 h 以内的,每小时采 1 次样;周期大于 8 h 的,每 2 h 采 1 次样,但每个生产周期采样次数不少于 3 次。采样的同时测定流量。根据加密监测结果,绘制污水污染物排放曲线(浓度-时间、流量-时间、总量-时间曲线),并与所掌握资料对照,如基本一致,即可据此确定企业自行监测的采样频次。另外,根据管理需要进行污染源调查性监测时,也按此频次采样。

(5)排污单位如有污水处理设施并能正常运转使污水能稳定排放,则污染物排放曲线比较平稳,监督监测可以采瞬时样;对于排放曲线有明显变化的不稳定排放污水,要根据曲线情况分时间单元采样,再组成混合样品。正常情况下,混合样品的单元采样不得少于 2 次。

如排放污水的流量、浓度甚至组分都有明显变化,则在各单元采样时的采样量应与当时的污水流量成比例,以使混合样品更有代表性。

习　题

1. 水质监测的对象是什么?
2. 水质监测项目的确定依据是什么?
3. 水质监测的方案主要包括哪几部分?
4. 对一条完整的河流和某一河段进行水质监测,需要设置哪些断面? 每种断面设置的目的分别是什么?
5. 简述污染源污水监测点位的布设原则。

习题解析

任务二　水样的采集

一、水样采集的类型

采样的类型应当根据监测项目现场的实际情况和监测目的来确定。

(一)瞬时水样

瞬时水样是指在某一时间和地点从水体中随机采集的分散水样。当水体水质稳定,或其组分在相当长的时间或相当大的空间范围内变化不大时,瞬时水样具有很好的代表性。

(二)混合水样

混合水样包括等时混合水样和平均比例混合水样。多支流河流、多个废水排放口的工业企业等经常需要采集平均比例混合水样。一般采用与流量计相连的连续自动采样器采样。

等时混合水样是指在同一采样点按照相等时间间隔采集等体积的多个水样,将所有样品混合后所得水样。这种水样适合于采集排放污水的流量比较稳定(变化小于 20%),

但水中污染物浓度变化较大的废水。

平均比例混合水样也称为流量比例混合水样，分为连续比例混合水样和间隔比例混合水样。当水流量不稳定时，连续比例混合水样是在选定采样时段内，根据废水排放流量，按一定比例连续采集的混合水样。间隔比例混合水样是根据一定的排放量间隔，分别采集与排放量有一定比例关系的水样混合而成。

(三)综合水样

综合水样是指在不同采样点同时采集瞬时水样混合后得到的水样。适用于在河流的干流、多个支流和多个排污点处同时采样，或在工业企业内各个车间排放口同时采样。以综合水样得到的水质参数对水处理工艺的设计有重大意义，如当为几条排污河、渠建立综合处理厂时。

(四)单独水样

单独水样是指为分析测定某些单项指标而单独存放的水样。在某些水体中，存在某些成分的分布不均匀、某些成分在放置过程中很容易发生变化、某些成分的现场固定方式会相互影响等情况时，则不能从采样大瓶中取出部分水样直接测定，必须单独采集和现场固定，如油类、SS、氰化物、余氯、DO、COD 等指标。

二、采样前准备

(一)确定采样负责人

采样负责人负责制订采样计划并组织实施。采样负责人在制订计划前要充分了解监测任务目的和要求，并了解采样监测区域周围的情况，熟悉采样方法、采样容器的洗涤和样品保存技术。当有现场监测项目和任务时，还应了解有关现场监测技术。

(二)制订采样计划

采样计划应包括：采样目的、监测井位(地下水)、采样垂线、采样点位、监测项目、采样数量、采样时间和路线、采样人员及分工、采样质量保证措施、采样器材和交通工具、需要现场监测的项目和安全保证等。

(三)采样器材的准备

采样前，要根据监测项目的性质和采样方法的要求，选择适宜材质的盛水容器和采样器，并清洗干净。一般来说，对采样器具的材质要求为化学性能稳定，大小和形状适宜，不吸附欲测组分，容易清洗并可反复使用。

盛装水样的容器有很多种，包括聚四氟乙烯玻璃容器、聚乙烯塑料容器、硼硅玻璃容器和石英玻璃容器等。当用此类容器运贮水样时，其相互作用主要有三方面，分别为溶解作用、吸附作用(玻璃吸附金属元素等)和化学作用。对每种监测项目要使用的容器材质及洗涤方法在我国新颁布的《水质 样品的保存和管理技术规定》(HJ 493—2009)中都做了具体规定，见表 2-10。

容器的封口塞材质要尽量与容器材质一致，当特殊情况下玻璃容器需要用木塞或橡皮塞时，必须用稳定的金属箔包裹。有机物和某些细菌监测样的样品容器不能用橡皮塞；碱性的液体样品不能用玻璃塞；纸和不稳定金属不能用作瓶塞。

表 2-10　水样采集和容器的洗涤

项目	采样容器	保存剂及用量	保存期	采样量(mL)[①]	容器洗涤
浊度*	G,P		12 h	250	Ⅰ
色度*	G,P		12 h	250	Ⅰ
pH*	G,P		12 h	250	Ⅰ
电导*	G,P		12 h	250	Ⅰ
悬浮物**	G,P		14 h	500	Ⅰ
碱度**	G,P		12 h	500	Ⅰ
酸度**	G,P		30 d	500	Ⅰ
COD	G	加 H_2SO_4,pH≤2	2 d	500	Ⅰ
高锰酸盐指数**	G		2 d	500	Ⅰ
DO*	溶解氧瓶	加入硫酸锰,碱性 KI 叠氮化钠溶液,现场固定	24 h	250	Ⅰ
BOD_5**	溶解氧瓶		12 h	250	Ⅰ
TOC	G	加 H_2SO_4,pH≤2	7 d	250	Ⅰ
F^-**	P		14 d	250	Ⅰ
Cl^-**	G,P		30 d	250	Ⅰ
Br^-**	G,P		14 h	250	Ⅰ
I^-	G,P	NaOH,pH=12	14 h	250	Ⅰ
SO_4^{2-}**	G,P		30 d	250	Ⅰ
PO_4^{3-}	G,P	NaOH,H_2SO_4 调 pH=7,$CHCl_3$0.5%	7 d	250	Ⅳ
总磷	G,P	HCl,H_2SO_4,pH≤2	24 h	250	Ⅳ
氨氮	G,P	H_2SO_4,pH≤2	24 h	250	Ⅰ
NO_2^--N**	G,P		24 h	250	Ⅰ
NO_3^--N**	G,P		24 h	250	Ⅰ
总氮	G,P	H_2SO_4,pH≤2	7 d	250	Ⅰ
硫化物	G,P	1 L 水样加 NaOH 至 pH=9,加入 5%抗坏血酸 5 mL,饱和 EDTA 3 mL,滴加饱和 Zn(AC)2 至胶体产生,常温避光	24 h	250	Ⅰ
总氰	G,P	NaOH,pH≥9	12 h	250	Ⅰ
Be	G,P	HNO_3,1 L 水样中加浓 HNO_2 10 mL	14 d	250	Ⅱ
B	P	HNO_3,1 L 水样中加浓 HNO_3 10 mL	14 d	250	Ⅰ

续表 2-10

项目	采样容器	保存剂及用量	保存期	采样量(mL)①	容器洗涤
Na	P	HNO_3,1 L 水样中加浓 HNO_3 10 mL	14 d	250	Ⅱ
Mg	G,P	HNO_3,1 L 水样中加浓 HNO_3 10 mL	14 d	250	Ⅱ
K	P	HNO_3,1 L 水样中加浓 HNO_3 10 mL	14 d	250	Ⅱ
Ca	G,P	HNO_3,1 L 水样中加浓 HNO_3 10 mL	14 d	250	Ⅱ
Cr(Ⅵ)	G,P	NaOH,pH=8~9	14 d	250	Ⅲ
Mn	G,P	HNO_3,1 L 水样中加浓 HNO_3 10 mL	14 d	250	Ⅲ
Fe	G,P	HNO_3,1 L 水样中加浓 HNO_3 10 mL	14 d	250	Ⅲ
Ni	G,P	HNO_3,1 L 水样中加浓 HNO_3 10 mL	14 d	250	Ⅲ
Cu	P	HNO_3,1 L 水样中加浓 HNO_3 10 mL②	14 d	250	Ⅲ
Zn	P	HNO_3,1 L 水样中加浓 HNO_3 10 mL②	14 d	250	Ⅲ
As	G,P	HNO_3,1 L 水样中加浓 HNO_3 10 mL,DDTC 法,HCl 2 mL	14 d	250	Ⅰ
Se	G,P	HCl,1 L 水样中加浓 HNO_3 2 mL	14 d	250	Ⅲ
Ag	G,P	HNO_3,1 L 水样中加浓 HNO_3 2 mL	14 d	250	Ⅲ
Cd	G,P	HNO_3,1 L 水样中加浓 HNO_3 10 mL②	14 d	250	Ⅲ
Sb	G,P	HCl,0.2%(氢化物法)	14 d	250	Ⅲ
Hg	G,P	HCl,1%,如水样为中性,1 L 水样中加浓 HCl 10 mL	14 d	250	Ⅲ
Pb	G,P	HNO_3,1%,如水样为中性,1 L 水样中加浓 HNO_3 10 mL②	14 d	250	Ⅲ
油类	G	加入 HCl 至 pH≤2	7 d	250	Ⅱ
农药类**	G	加入抗坏血酸 0.01~0.02 g 除去残余氯	24 h	1 000	Ⅰ
除草剂类**	G	加入抗坏血酸 0.01~0.02 g 除去残余氯	24 h	1 000	Ⅰ
邻苯二甲酸酯类	G	加入抗坏血酸 0.01~0.02 g 除去残余氯	24 h	1 000	Ⅰ
挥发性有机物**	G	用 1+10HCl 调至 pH=2,加入 0.01~0.02 g 抗坏血酸除去残余氯	12 h	1 000	Ⅰ
甲醛**	G	加入 0.2~0.5 g/L 硫代硫酸钠除去残余氯	24 h	250	Ⅰ

续表 2-10

项目	采样容器	保存剂及用量	保存期	采样量(mL)①	容器洗涤
酚类＊＊	G	用 H_3PO_4 调至 pH=2,用 0.01~0.02 g 抗坏血酸除去残余氯	24 h	1 000	Ⅰ
阴离子表面活性剂	G,P		24 h	250	Ⅳ
微生物＊＊	G	加入硫代硫酸钠 0.2~0.5 g/L 除去残余物,4 ℃保存	12 h	250	Ⅰ
生物＊＊	G,P	不能现场测定时用甲醛固定	12 h	250	Ⅰ

注:(1)＊表示应尽量作现场测定;＊＊表示低温(0~4 ℃)避光保存。

(2)G 为硬质玻璃瓶;P 为聚乙烯瓶(桶)。

(3)①为单项样品的最少采样量;②如用溶出伏安法测定,可改用 1 L 水样中加 19 mL 浓 $HClO_4$。

(4)Ⅰ,Ⅱ,Ⅲ,Ⅳ表示四种洗涤方法,如下:

Ⅰ:洗涤剂洗一次,自来水洗三次,蒸馏水洗一次;

Ⅱ:洗涤剂洗一次,自来水洗二次,1+3 HNO_3 荡洗一次,自来水洗三次,蒸馏水洗一次;

Ⅲ:洗涤剂洗一次,自来水洗二次,1+3 HNO_3 荡洗一次,自来水洗三次,去离子水洗一次;

Ⅳ:铬酸洗液洗一次,自来水洗三次,蒸馏水洗一次。

如果采集污水样品可省去用蒸馏水、去离子水清洗的步骤。

(5)经 160 ℃干热灭菌 2 h 的微生物、生物采样容器,必须在两周内使用,否则应重新灭菌;经 121 ℃高压蒸气灭菌 15 min 的采样容器,如不立即使用,应于 60 ℃将瓶内冷凝水烘干,两周内使用。细菌监测项目采样时不能用水样冲洗采样容器,不能采混合水样,应单独采样后 2 h 内送实验室分析。

三、地表水样的采集

(一)采样方式及其他用品、用具的准备

在河流、湖泊、水库、海洋中采样常乘监测船或采样船、手划船等交通工具到采样点采集样品,船只停在采样点下游,逆流采样。采样方式除船只采样外,还包括以下三种:较浅河流和靠近岸边水浅的可以用涉水采样法采样;有桥梁存在的地方,在确定采样断面后应尽量利用桥梁来频繁采样,桥梁采样能准确控制采样点位置;对于险要、偏僻的采样点应尽量利用已有索道采集水样,称为索道采样。

另外,采样时常常还要用到以下用品、用具:整理箱、标签、现场监测仪器、各种试剂、米绳、盒尺、卷尺、剪刀、吸耳球、吸量管、滤纸、胶带、采样记录单、救生圈、救生衣等。

(二)采样器

采样器的类型多种多样,有简易的、专用的、自动的、手动的等,具体选用哪种根据现场情况、采样项目等因素综合决定。

(1)表层水水样采集。可用适当的容器如塑料筒、瓶等容器直接采集。水深一般为水面下 0.3~0.5 m。

(2)深层水水样采集。采集深层水时,可用专用采水器采样,主要包括简易采水器、

急流采水器、双瓶采水器、桶式采水器、采水泵、自动采水器等。

图 2-3 为简易采水器。将其沉降至所需深度(可从提绳上的标度看出),上提提绳打开瓶塞,待采样时间到后提起。

图 2-4 为急流采水器。当采样河段流速大、水很深时,应选用此类采水器。它是将一长钢管固定在铁框上,钢管内装一橡皮管,橡皮管上部用夹子夹紧,橡皮管下部与橡皮塞上的短玻璃管相接,橡皮塞上另有一长玻璃管(进水口)直通至采样瓶底部。采集水样前将采样瓶的橡皮塞塞紧,然后沿船身垂直方向伸入预定深度,打开橡皮管上部的夹子,水样即沿长玻璃管流入采样瓶中,瓶内空气由短玻璃管沿橡胶管排除。此类采样器是隔绝空气采样,因此可以用于测定水样中的溶解性气体。

图 2-5 为双瓶采样器,常用来测定溶解性气体,如溶解氧。将采样器沉入要求水深后,打开橡皮管上部的夹子,水样进入小瓶(采样瓶)并将空气经塑料管驱入大瓶,再从大瓶橡皮塞上的短玻璃管排出,直到大瓶中充满水样,提出水面后快速密封。

此外,还有各种深层采水器和自动采水器;图 2-6 为适合采集一定深度水样的桶式采样器;全自动水质采样器 ETC-1000 如图 2-7 所示,采用微电脑技术和高精度的蠕动泵,可以按设定时间间隔准时、自动、等比例地将水样采入 1～12 瓶中,方便分析测定;图 2-8 为电动深水采水器,采样垂直高度达 4 m,有调速显示、微电脑控制、带程序软件,可记忆存储多组数据,采样时间和间隔可以任意设定,可在室内或室外采集水样。

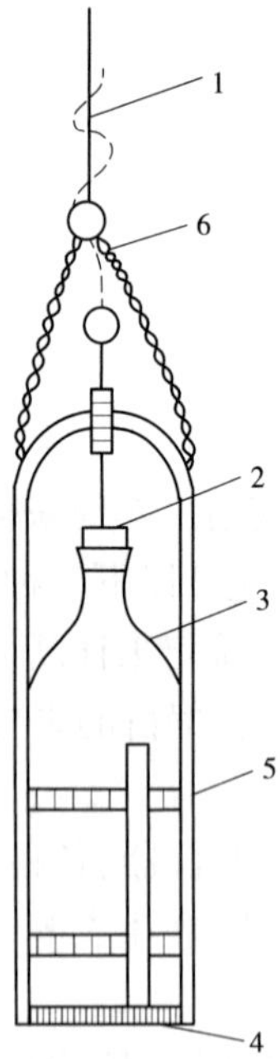

1—绳子;2—带细绳的橡皮塞;
3—采样瓶;4—铅锤;
5—铁框;6—挂钩

图 2-3　简易采水器

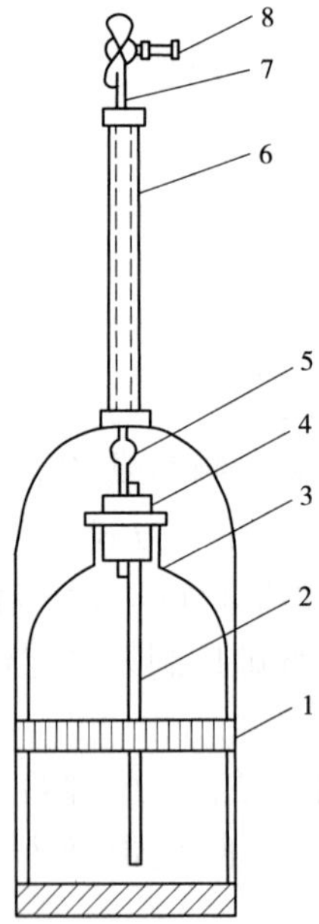

1—铁框;2—长玻璃管;
3—采样瓶;4—橡皮塞;
5—短玻璃管;6—钢管;
7—橡皮管;8—夹子

图 2-4　急流采水器

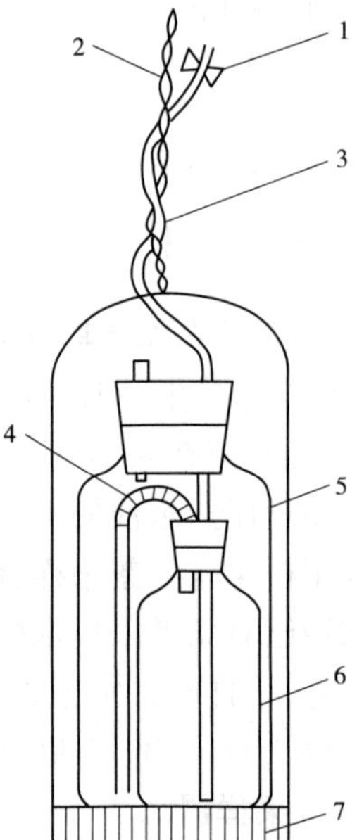

1—夹子;2—绳子;3—橡胶管;
4—塑料瓶;5—大瓶;
6—小瓶;7—重锤

图 2-5　双瓶采样器

图 2-6　桶式采水器

图 2-7　全自动水质采样器 ETC-1000

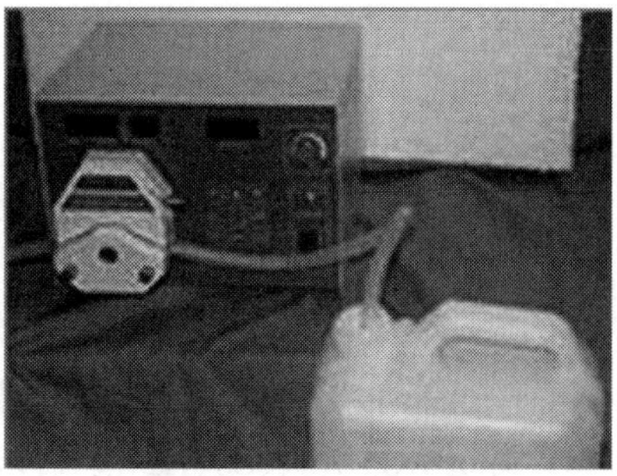

图 2-8　电动深水采水器

四、污水样品的采集

污水样品的采集

污水一般有固定的排放口，根据排放口位置的不同，所选择的采样方法也不同。采样方法包括浅层水采样、深层水采样和自动采样三种。

浅层水采样：用采样容器直接采集，排水口、沟道等距离地面很近也可用塑料长把勺采集。

深层水采样：与浅层水相反，排水口、沟道距水面较深，可用深层采水器采样，也可将一般采水器负重沉入要求水深采样。

自动采样：自动采水器可自动根据水样性质特点按需采集瞬时水样或混合水样。

五、地下水样的采集

地下水水质监测通常采集瞬时水样。对需测水位的井水，在采样前应先测地下水位。

从井中采集水样，必须在充分抽汲后进行，抽汲水量不得少于井水体积的 2 倍，采样深度应在地下水水面 0.5 m 以下，以保证水样能代表地下水水质。对封闭的生产井可在抽水时从泵房出水管放水阀处采样，采样前应将抽水管中存水放净。

对于自喷的泉水，可在涌口处出水水流的中心采样。采集不自喷泉水时，将停滞在抽水管的水汲出，新水更替之后，再进行采样。

六、底质(沉积物)样品的采集

底质采样量通常为 1～2 kg，一次的采样量不够时，可在周围采集几次，并将样品混匀。样品中的砾石、贝壳、动植物残体等杂物应予剔除；样品在尽量沥干水分后，用塑料袋包装或用玻璃瓶盛装；供测定有机物的样品，用金属器具采样，置于棕色磨口玻璃瓶中。瓶口不要沾污，以保证磨口塞能塞紧。

在较深水域一般常用掘式采泥器采样。在浅水区或干涸河段用塑料勺或金属铲等即可采样。

习　题

习题解析

1. 简述水样采集的类型、特点，并举出相应的例子。

2. 选择采样容器的原则有哪些？

3. 污水的采样方法有哪些？

4. 必须采集单独水样的测定项目有哪些？为什么？

5. 简述 DO、氨氮、SS、Hg^{2+}如何采集和保存。

6. 测定 COD 的水样，采样时水样中加入________，保持 pH________。

【课程思政】

党的二十大报告指出，"中国人民愿同世界人民携手开创人类更加美好的未来"，再次充分展现了中国作为负责任大国的担当与作为。美好的未来离不开美丽的生态，在世界整体面临气候变化等全球性问题时，党的二十大在相关方面所做出的承诺及部署，为世界人民应对全球性生态问题注入了信心。

任务三　水样的运输和保存

一、水样的运输

水样采集后，根据采样点的地理位置和测定项目最长可保存时间，选用适当的运输方式，尽快妥善运送回实验室。在此过程中需要注意以下几点：

(1) 做好记录，贴好标签。同一采样点的样品瓶尽量装在同一箱内，与采样记录逐件核对，检查所采水样是否已全部装箱。

(2) 水样装箱前应将水样容器内外盖盖紧，对装有水样的玻璃磨口瓶应用聚乙烯薄膜覆盖瓶口，并用细绳将瓶塞与瓶颈系紧。

(3) 装箱时应用泡沫塑料或波纹纸板垫底和间隔防振。有盖的样品箱应有"切勿倒置"等明显标志。

(4) 样品运输过程中应避免日光照射，气温异常偏高或偏低时还应采取适当保温措施。

(5) 运输时应有押运人员，防止样品损坏或受沾污。

(6) 需冷藏的样品，应采取制冷保存措施。

二、水样的保存

各种水质的水样，从采集到分析测定这段时间内，由于环境条件的改变，微生物新陈代谢活动和化学作用的影响，会引起水样某些物理参数及化学组分的变化。若不能及时运输或尽快分析时，则应根据不同监测项目的要求，采取适宜的保存措施将各种变化降到最低程度后，放在性能稳定的材料制作的容器中。不过，有些项目必须在现场测定。

水样加入保存剂后不仅能减缓水样的生物、物理和化学等反应，还能避免被测组分的挥发损失或变化。根据清洁程度,水样的保存时间有三种:清洁水样 72 h;轻度污染水样 48 h;严重污染水样 12 h。

(一)冷藏法或冷冻法

冷藏或冷冻的作用是抑制微生物活动,减缓物理挥发和化学反应速度。冷藏的温度一般控制在 2~5 ℃,冷冻温度控制在-20 ℃。

(二)加入化学试剂保存

(1)加入生物抑制剂。如在测定氨氮、硝酸盐氮、化学需氧量的水样中加入 $HgCl_2$,可抑制生物的氧化还原作用;对测定酚的水样,用 H_2PO_3 调至 pH=4 时,加入适量 $CuSO_4$,即可抑制苯酚菌的分解活动。

(2)调节 pH。测定金属离子的水样常用 HNO_3 酸化至 pH 为 1~2,既可防止重金属离子水解沉淀,又可避免金属被器壁吸附;测定氰化物或挥发性酚的水样加入 NaOH 调至 pH 为 12 时,使之生成稳定的酚盐等。

(3)加入氧化剂或还原剂。测定汞的水样需加入 HNO_3(至 pH<1)和 $K_2Cr_2O_7$(0.05%),使汞保持高价态;测定硫化物的水样,加入抗坏血酸,可以防止被氧化;测定溶解氧的水样则需加入少量硫酸锰和碘化钾固定溶解氧(还原)等。

需要注意的是:加入的保存剂纯度最好是优级纯,做相应的空白实验,对测定结果进行校正,对结果的干扰降到最低;水样的保存期限与多种因素有关,如组分的稳定性、浓度、水样的污染程度等。

三、水样的过滤或离心分离

如果要测定水样中某组分的全量,采样后立即加入保存剂,分析测定时充分摇匀后再取样。如果测定可滤(溶解)态组分含量,所采水样应用 0.45 μm 微孔滤膜过滤,除去藻类和细菌,提高水样的稳定性,有利于保存。测定不可过滤的金属时,应保留过滤水样用的滤膜备用。对于泥沙型水样可用离心方法处理。含有机质多的水样,可用滤纸或砂芯漏斗过滤。用自然沉降后取上清液测定可滤态组分是不恰当的。

习　题

习题解析

1. 水样加保存剂的原因有哪些?
2. 水样的保存时间分为几类?
3. 水样运输时需要注意什么?
4. 保存水样,防止水样变质的措施有哪些?

任务四　水样的预处理

环境水样所含组分复杂,多数污染组分含量低且存在形态各异,所以在分析测定之前,往往需要对其进行预处理,以得到欲测组分适合测定方法要求的形态、浓度和消除共存组分干扰的试样体系。常用的预处理方法有消解、富集和分离等。

一、水样的消解

当测定含有机物水样中的无机元素时，需进行消解处理。消解水样的方法有湿式消解法和干式消解法（干灰化法）。

消解处理的目的是破坏有机物，溶解悬浮性固体，将各种价态的欲测元素氧化成单一高价态或转变成易于分离的无机化合物。消解后的水样应清澈、透明、无沉淀。

（一）湿式消解法

1. 硝酸消解法

消解对象：较清洁的水样。

消解要点：取混匀的水样50～200 mL于烧杯中，加入5～10 mL浓硝酸，在电热板上加热煮沸，蒸发至试液清澈透明，呈浅色或无色；否则，应补加硝酸继续消解。蒸至近干，取下烧杯，稍冷后加2% HNO_3（或HCl）溶液20 mL，温热溶解可溶盐。若有沉淀应过滤，滤液冷至室温后于50 mL容量瓶中定容，备用。

2. 硝酸-高氯酸消解法

消解对象：含难氧化有机物的水样。

消解要点：取适量水样于烧杯或锥形瓶中，加5～10 mL硝酸，在电热板上加热、消解至大部分有机物被分解。取下烧杯，稍冷，加2～5 mL高氯酸，继续加热至开始冒白烟，如试液呈深色，再补加硝酸，继续加热至冒浓厚白烟将尽（不可蒸至干涸）。取下烧杯冷却，用2% HNO_3 溶解，如有沉淀，应过滤，滤液冷至室温定容备用。因为高氯酸能与羟基化合物反应生成不稳定的高氯酸酯，有发生爆炸的危险，故先加入硝酸，氧化水样中的羟基化合物，稍冷后再加高氯酸处理。

3. 硝酸-硫酸消解法

两种酸都有较强的氧化能力，其中硝酸沸点低，而硫酸沸点高，二者结合使用，可提高消解温度和消解效果。常用的硝酸与硫酸的比例为5∶2。

消解要点：消解时，先将硝酸加入水样中，加热蒸发至小体积，稍冷，再加入硫酸、硝酸，继续加热蒸发至冒大量白烟，冷却，加适量水，温热溶解可溶盐，若有沉淀，应过滤。为提高消解效果，常加入少量过氧化氢。

4. 硫酸-磷酸消解法

两种酸的沸点都比较高，其中硫酸氧化性较强，磷酸能与一些金属离子如 Fe^{3+} 等络合，故二者结合消解水样，有利于测定时消除 Fe^{3+} 等离子的干扰。

5. 硫酸-高锰酸钾消解法

消解对象：该方法常用于消解测定汞的水样。高锰酸钾是强氧化剂，在中性、碱性、酸性条件下都可以氧化有机物。

消解要点：取适量水样，加适量硫酸和5%高锰酸钾溶液，混匀后加热煮沸，冷却，滴加盐酸羟胺溶液破坏过量的高锰酸钾。

6. 多元消解法

为提高消解效果，在某些情况下需要采用三元以上酸或氧化剂消解体系。例如，处理测总铬的水样时，用硫酸、磷酸和高锰酸钾消解。

7. 碱分解法

当用酸体系消解水样造成易挥发组分损失时，可改用碱分解法，即在水样中加入氢氧化钠和过氧化氢溶液，或者氨水和过氧化氢溶液，加热煮沸至近干，用水或稀碱溶液温热溶解。

（二）干灰化法

干灰化法又称高温分解法。其处理过程是：取适量水样于白瓷或石英蒸发皿中，置于水浴上或用红外灯蒸干，移入马福炉内，于450~550 ℃灼烧到残渣呈灰白色，使有机物完全分解除去。取出蒸发皿，冷却，用适量2% HNO_3（或HCl）溶解样品灰分，过滤，滤液定容后供测定。

本方法不适用于处理测定易挥发组分（如砷、汞、镉、硒、锡等）的水样。

二、水样的富集和分离

当水样中的待测组分含量低于测定方法的测定下限时，就必须对其进行富集或浓集；当有干扰组分共存时，就必须采取分离或掩蔽措施。富集和分离过程往往是同时进行的。常用的方法有过滤、汽提、蒸馏、离子交换、溶剂萃取、共沉淀等，要根据具体情况选择使用。

（一）汽提法和蒸馏法

1. 汽提法

该方法是把惰性气体通入调制好的水样中，将欲测组分吹出，直接送入仪器测定，或导入吸收液吸收富集后再测定。用分光光度测定水样中的硫化物时，先使之在磷酸介质中生成硫化氢，再用惰性气体载入乙酸锌-乙酸钠溶液吸收，达到与母液分离和富集的目的，其分离装置见图2-9。

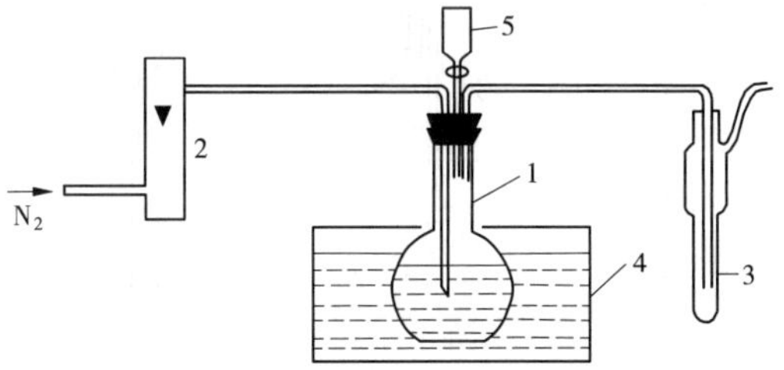

1—500 mL平底烧瓶（内装水样）；2—流量计；3—吸收管（内装洗手液）；4—50~60 ℃恒温水浴；5—分液漏斗

图2-9　测定硫化物的吹气分离装置示意图

2. 蒸馏法

蒸馏法是利用水样中各污染组分具有不同的沸点而使其彼此分离的方法，分为常压蒸馏、减压蒸馏、水蒸气蒸馏、分馏法等。测定水样中的挥发酚、氰化物、氟化物时，均需在酸性介质中进行常压蒸馏分离；测定水样中的氨氮时，需在微碱性介质中常压蒸馏分离。蒸馏同时具有消解、分离和富集三种作用。图2-10为挥发酚和氰化物蒸馏装置；图2-11为氟化物水蒸气蒸馏装置。

（二）溶剂萃取法

溶剂萃取法是基于物质在互不相溶的两种溶剂中分配系数不同，进行组分的分离和富集。欲分离组分，在水相有机相中的分配系数 K 用下式表示：

$$K=\frac{\text{有机相中欲萃取物浓度}}{\text{水相中欲萃取物浓度}} \tag{2-1}$$

当水相中某组分的 K 值大时，表明易进入有机相，而 K 值很小的组分仍留在水相中。在恒定温度时，K 值为常数。分配系数 K 中所指欲分离组分在两相中的存在形式相同，而实际并非如此，故常用分配比 D 表示萃取效果，即：

$$D=\frac{\sum[A]_{\text{有机相}}}{\sum[A]_{\text{水相}}} \tag{2-2}$$

式中　$\sum[A]_{\text{有机相}}$——欲分离组分 A 在有机相中各种存在形式的总浓度；

$\sum[A]_{\text{水相}}$——组分 A 在水相中的各种形式的总浓度。

分配比随萃取组分的浓度、溶液的酸度、萃取剂的浓度及萃取温度等条件变化。只有在简单的萃取体系中，欲萃取组分在两相中存在形式相同时，K 才等于 D。分配比反映萃取体系达到平衡时的实际分配情况，具有较大的实用价值。

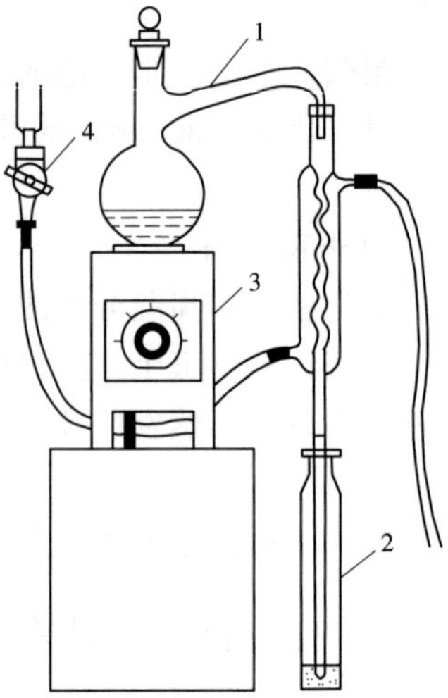

1—250 mL 全玻璃蒸馏器；2—接收瓶；3—电炉；4—水龙头

图 2-10　挥发酚和氰化物蒸馏装置示意图

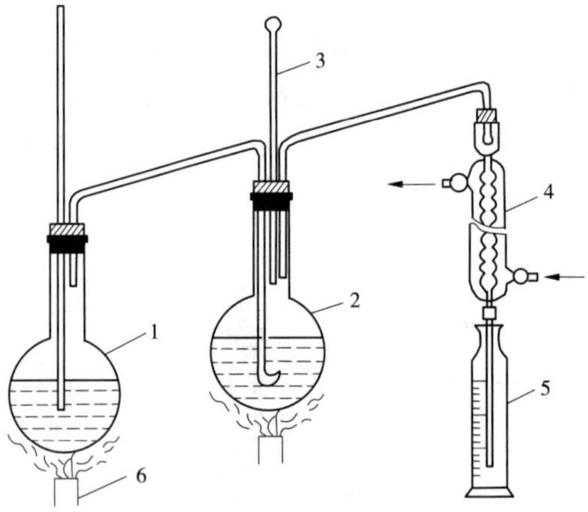

1—水蒸气发生瓶；2—烧瓶（内装水样）；3—温度计；4—冷凝器；5—接收瓶；6—热源

图 2-11　氰化物水蒸气蒸馏装置示意图

被萃取组分在两相中的分配情况还可以用萃取率 E 表示，其表达式为

$$E(\%)=\frac{\text{有机相中被萃取组分的量}}{\text{水相和有机相中被萃取组分的总量}}\times 100\% \tag{2-3}$$

分配比 D 和萃取率 E 的关系如下：

$$E(\%) = \frac{100D}{D + \frac{V_{水}}{V_{有机}}} \quad (2\text{-}4)$$

式中　$V_{水}$——水相体积；

$V_{有机}$——有机相体积。

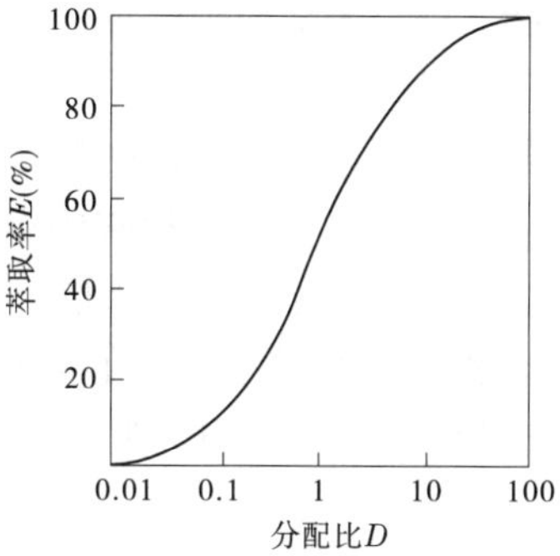

图 2-12　D 与 E 的关系

当水相和有机相的体积相同时，D 和 E 的关系如图 2-12 所示。从图中可分析出，当 $D=\infty$ 时，$E=100\%$，一次即可萃取完全；当 $D=100$ 时，$E=99\%$，一次萃取不完全；当 $D=10$，$E=90\%$，需连续多次萃取才趋于萃取完全；当 $D=1$ 时，$E=50\%$，要萃取完全相当困难。

有机溶剂只能萃取水相中以非离子状态存在的物质（主要是有机物质），而多数无机物质在水相中以水合离子状态存在，则无法用有机溶剂直接萃取。在进行有机溶剂萃取前，需先加入一种试剂，使有机溶剂与水相中的离子态组分结合，生成一种不带电、易溶于有机溶剂的物质。该试剂与有机相、水相共同构成萃取体系。根据生成可萃取物类型不同，可分为螯合物萃取体系、离子缔合物萃取体系、三元络合物萃取体系和协同萃取体系等。

在环境监测中，螯合物萃取体系应用最多。螯合物萃取体系是指在水中加入螯合剂，与被测金属离子生成易溶于有机剂的中性螯合物，从而被有机溶剂萃取出来。例如，用分光光度法测定水中的 Bi^{2+}、Zn^{2+}、Hg^{2+}、Cd^{2+} 等时，加入螯合剂双硫腙与上述离子生成难溶于水的螯合物，再用三氯甲烷（或四氯化碳）从水中萃取后测定，三者构成双硫腙三氯甲烷水萃取体系。

（三）吸附法

吸附法是利用多孔性的固体吸附剂将水样中一种或数种组分吸附于表面，再用适宜溶剂加热或吹气等方法将欲测组分解吸，达到分离和富集的目的。

按照吸附机制可分为物理吸附和化学吸附。物理吸附的吸附力是范德华引力；化学吸附是在吸附过程中发生了化学反应，如氧化、还原、化合、络合等反应。常用于水样预处理的吸附剂有活性炭、氧化铝、多孔高分子聚合物和巯基棉等。

（四）离子交换法

离子交换法是利用离子交换剂上可交换离子与溶液中的离子发生交换反应进行分离的方法。离子交换剂分为无机离子交换剂和有机离子交换剂两大类，广泛应用的是有机离子交换剂，即离子交换树脂。

根据官能团不同，离子交换树脂又分为阳离子交换树脂、阴离子交换树脂和特殊离子交换树脂。其中，阳离子交换树脂按照所含活性基团酸性强弱，又分为强酸型和弱酸型阳离子交换树脂，强酸型阳离子交换树脂一般用于富集金属阳离子；阴离子交换树脂按其所含活性基团碱性强弱，又分为强碱型和弱碱型阴离子交换树脂。特殊离子交换树脂含有螯合、氧化还原等活性基团，能与水样中的离子发生螯合或氧化、还原反应，具有良好的选择性吸附能力。在水样预处理中，最常用的是强酸型阳离子交换树脂和强碱型阴离子交换树脂。用离子交换树脂进行分离的操作程序如下。

1. 交换柱的制备

若分离阳离子，则选择强酸型阳离子交换树脂。为除去杂质并使之溶胀和完全转变成 H 型，首先将其在稀盐酸中浸泡，然后用蒸馏水洗至中性，装入充满蒸馏水的交换柱中；注意防止气泡进入树脂层。若需其他类型的树脂，均可用相应的溶液处理。如用 NaCl 溶液处理强酸型阳离子交换树脂，可转变成 Na 型；用 NaOH 溶液处理强碱型阳离子交换树脂，可转变成 OH 型等。

2. 交换

将试液以适宜的流速倾入交换柱，则欲分离离子从上到下与交换离子一层层地发生交换过程，这样水中欲交换离子一层层地被分离在交换剂的不同柱层。交换完毕，用蒸馏水洗涤，洗下残留的溶液及交换过程中形成的酸、碱或盐类等。

3. 洗脱

将洗脱溶液以适宜速度倾入洗净的交换柱，洗下交换在树脂上的离子，达到分离的目的。对阳离子交换树脂，常用盐酸溶液作为洗脱液；对阴离子交换树脂，常用盐酸溶液、氯化钠溶液或氢氧化钠溶液作为洗脱液。对于分配系数相近的离子，可用含有机络合剂或有机溶剂的洗脱液，以提高洗脱过程的选择性。

离子交换技术在富集和分离微量或痕量元素方面得到较广泛的应用。例如，测定天然水中 K^+、Na^+、Ca^{2+}、Mg^{2+}、$SO_4{}^{2-}$等组分时，取数升水样，让其流过阳离子交换柱，再流过阴离子交换柱，则各组分分别交换到树脂上。用几十毫升至一百毫升的稀盐酸溶液洗脱阳离子，用稀氨液洗脱阴离子，这些组分的浓度能增加数十倍至百倍。又如废水中 Cr^{3+} 以阳离子形式存在，Cr^{6+} 以阴离子形式（CrO_4^{2-} 或 $Cr_2O_7^{2-}$）存在，用阳离子交换树脂分离 Cr^{3+}，而 Cr^{6+} 不能进行交换，留在流出液中，可测定不同形态的铬。再比如，若分离 Ni^{2+}、Mn^{2+}、Co^{2+}、Cu^{2+}、Fe^{3+}、Zn^{2+}，可加入盐酸将它们转变为配阴离子，让其通过强碱型阴离子交换树脂，交换到树脂上，再用不同浓度的盐酸溶液洗脱，即可达到彼此分离的目的。Ni^{2+} 不生成配阴离子，不发生交换，在用 12 mol/L HCl 溶液洗脱时，最先流出；接着用 6 mol/L HCl 溶液洗脱 Mn^{2+}；用 4 mol/L HCl 溶液洗脱 Co^{2+}；用 2.5 mol/L HCl 溶液洗脱 Cu^{2+}；用 0.5 mol/L HCl 溶液洗脱 Fe^{3+}；最后，用 0.05 mol/L HCl 溶液洗脱 Zn^{2+}。

此外，共沉淀法也常常用于实验室样品的处理中。

习　题

习题解析

1. 水样的预处理怎样分类？具体有哪些内容？

2. 水样消解的目的是什么？印染废水水样可以用硝酸消解吗？为什么有些水样需要多元消解法？

3. 洗脱反应和交换反应的原理是什么？两者有什么样的关系？

4. 现有含有微量 Mn^{2+}、Cu^{2+}、Zn^{2+} 的水样，若用离子交换法富集各组分后进行含量测定，交换柱中要装填什么样的交换剂？

任务五 实验二——盐酸标准溶液的配置与标定

一、实验目的

(1)练习滴定操作、掌握终点的判断。

(2)掌握酸式滴定管的使用方法,熟悉甲基红-溴甲酚绿混合指示剂的配制和终点的变化。

(3)掌握定量配制和转移操作的基本要点。

(4)掌握盐酸标准溶液的配制。

(5)掌握盐酸标准溶液的标定方法。

二、实验原理

(1)0.1 mol/L 盐酸标准溶液的配制:用密度为 1.19 g/mL 的盐酸稀释。

(2)HCl 溶液浓度的标定:$Na_2CO_3+2HCl=2NaCl+H_2O+CO_2\uparrow$

三、实验仪器

烧杯、称量瓶、试剂瓶(1 000 mL、100 mL)、酸式滴定管(50 mL)、量筒(50 mL)、锥形瓶(250mL)、电子天平。

四、实验试剂

(1)盐酸(相对密度 1.19,分析纯)。

(2)甲基红-溴甲酚绿混合指示剂:25 mL 0.2%甲基红乙醇溶液与 75 mL 0.1%溴甲酚绿乙醇溶液,混匀,转移入试剂瓶中,贴上标签。

(3)基准物质,无水碳酸钠,于 270~300 ℃高温炉中灼烧至恒重。

五、操作步骤

(一)0.1 mol/L 盐酸标准溶液的配制

用量筒量取约 9 mL 浓盐酸,倒入 500 mL 的烧杯中,加入 200 mL 蒸馏水,搅匀后移入 1 000 mL 试剂瓶中,加水稀释至刻度线,摇匀贴上标签,待标定。

(二)0.1 mol/L 盐酸标准溶液的标定

准确称取已烘干的基准物质无水碳酸钠 0.15~0.20 g 放入 250 mL 锥形瓶中,加入 50 mL 蒸馏水溶解,加 10 滴甲基红-溴甲酚绿混合指示剂,用待标定的 0.1 mol/L 的 HCl 溶液滴定至溶液变为暗红色,煮沸 2 min,冷却后继续滴定至溶液呈暗红色即为终点。记录所消耗 HCl 标准滴定溶液的体积,平行滴定 3 次,同时做空白实验。

(三)数据记录

实验数据记录于表 2-11 中。

表 2-11　实验数据记录表

样品名称	空白样	平行样 1	平行样 2	平行样 3
HCl 标准溶液消耗量				
HCl 标准溶液浓度	—			

(四) HCl 标准滴定溶液浓度的计算

$$C_{HCl} = \frac{m(Na_2CO_3) \times 1\,000}{(V_1 - V_0) \times 52.99} \tag{2-5}$$

式中　m——基准无水碳酸钠的质量,g;

V_1——盐酸溶液的用量,mL;

V_0——空白实验中盐酸溶液的用量,mL;

52.99——1/2 Na_2CO_3 摩尔质量,g/moL;

C_{HCl}——盐酸标准溶液的浓度,mol/L。

六、注意问题

(1)配制标准滴定的 HCl 溶液时,因浓盐酸易挥发,应在通风处操作。

(2)无水碳酸钠标定 HCl 溶液,在接近滴定终点时,应剧烈摇动锥形瓶以加速 H_2CO_3 分解,或将溶液加热至沸,以赶出 CO_2,冷却后再滴定至终点。

习　题

习题解析

1. 配制盐酸标准滴定溶液能否用直接法配制? 为什么?
2. 为什么无水碳酸钠要灼烧至恒重?
3. 除用基准物质标定盐酸外,还可用什么方法标定盐酸?

项目三　水质监测

【知识目标】

1. 了解水质监测项目的物理性质、金属化合物、非金属化合物、有机化合物及生物监测的含义。

2. 理解各类水质监测项目测定方法的基本原理。

3. 熟悉数据的记录、处理及对结果的评价。

【技能目标】

1. 能够根据监测目的,制订切实可行的监测方案。

2. 能够依据标准方法,完成物理性指标项目的测定。

3. 能够选用合适的测定方法,测定水中金属及其化合物元素的含量。

4. 能够选用合适的测定方法,测定水中非金属无机物及有机化合物的含量。

5. 能够正确处理数据,依照地表水环境质量标准对监测河流水质进行简单评价。

任务一　物理性指标的测定

一、水温

地下水水温比较稳定,常为 8~12 ℃;地表水水温变化较大,为 0~30 ℃。

测定水温常用温度计或颠倒温度计测定法。在采样现场,利用专门的水银温度计,直接测量并读取水温,该方法适用于井水、江河水、湖泊和水库水及海水水温的测定。

(一)监测分析仪器

(1)水银温度计。安装在特制金属套管内,套管开有可供温度计读数的窗孔,套管有一提环,供系住绳索,套管下端旋紧一只有孔的盛水金属圆筒,装有水银的球部位于金属圆筒的中央,如图 3-1 所示。测量范围为-6~+40 ℃,分度值为 0.2 ℃。

(2)深水温度计。适用于水深 40 m 以内的水温测量,其结构与水银温度计相似。盛水圆筒较大,并有上、下活门,利用其放入水中和提升时的自动开启和关闭,使筒内装满所测温度的水样,如图 3-2 所示。测量范围为-6~+40 ℃,分度值为 0.2 ℃。

(3)闭式颠倒温度计。适用于测量水深 40 m 以上的各层水温。闭式颠倒温度计由主温计和辅温计组装在厚壁玻璃套管内构成,套管两端完全封闭,如图 3-3 所示。主温计测量范围为-2~32 ℃,分度值为 0.1 ℃;辅温计测量范围为-20~50 ℃,分度值为 0.5 ℃。颠倒温度计需装在颠倒采水器上使用。

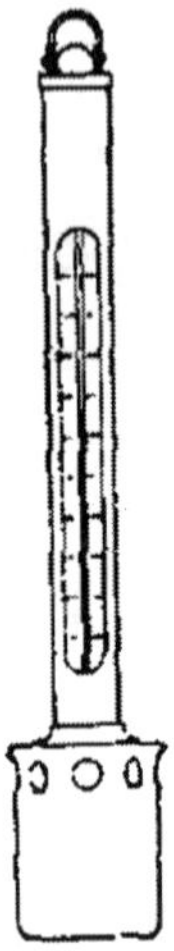

图 3-1　水银温度计

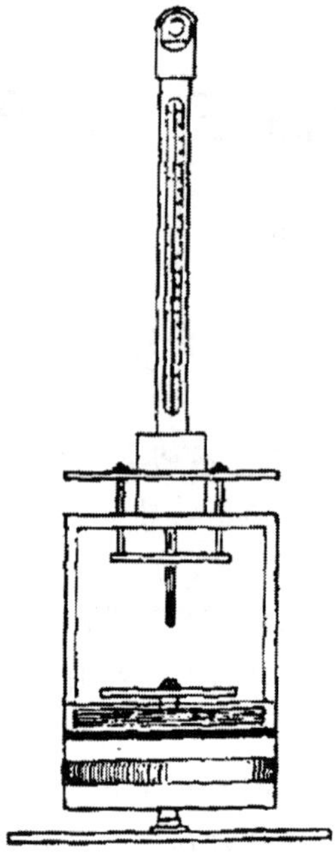

图 3-2　深水温度计

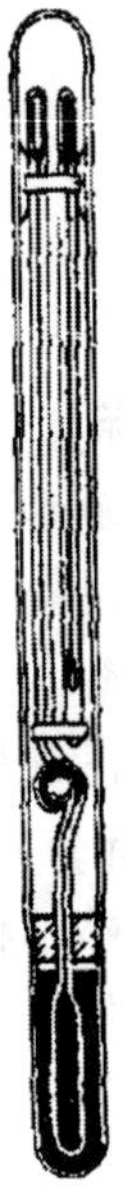

图 3-3　闭式颠倒温度计

（二）表层水温的测定

将水银温度计投入水中至待测深度，感温 5 min 后，迅速上提并立即读数。从水温计离开水面至读数完毕应不超过 20 s；读数完毕后，将筒内水倒净。

（三）水深 40 m 以内水温的测定

将深水温度计投入水中，测定步骤与表层水温的测定相同。

（四）水深 40 m 以上水温的测定

将安装有闭式颠倒温度计的颠倒采水器投入水中至待测深度，感温 10 min 后，由"使锤"作用，打击采水器的"撞击开关"，使采水器完成颠倒动作。感温时，主温计的贮泡向下，断点以上的水银柱高度取决于现场温度，当温度计颠倒时，水银在断点断开，分成上、下两部分，此时接受泡一端的水银柱示度即为所测温度。上提采水器，立即读取主、辅温计上的温度，辅温读至一位小数，主温读至两位小数。

根据主、辅温计的读数，分别查主、辅温计的器差表（由温度计检定证书中的检定值线性内插作成）得相应的校正值 T_0、t_0。颠倒温度计的还原校正值 k 按公式(3-1)计算：

$$k = \frac{(T_0 - t_0)(T_0 + v_0)}{n}\left(1 + \frac{T_0 + v_0}{n}\right) \tag{3-1}$$

式中　T_0——主温计经器差校正后的读数，℃；

t_0——辅温计经器差校正后的读数，℃；

v_0——主温计自接受泡至刻度 0 ℃处的水银容积，以温度度数表示；

$1/n$——水银与温度计玻璃的相对膨胀系数，n 通常取值为 630。

主温计经器差校正后的读数加还原校正值，即为实际水温 T，按下式计算：

$$T = T_0 + k \tag{3-2}$$

（五）注意事项

（1）当水温测量不需要十分精确时，主温计的校正值即可作为水温的测量值。如需要精确测量值，应对颠倒温度计测量值进行校正。

（2）当现场气温高于 35 ℃或低于 -30 ℃时，水温计在水中的停留时间要适当延长，以达到温度平衡。

（3）在冬季的东北地区读数应在 3 s 内完成，否则水温计表面形成一层薄冰，影响读数的准确性。

二、色度

色度是水样颜色深浅的度量。纯净的水是无色透明的，天然水中由于存在泥沙、浮游生物、植物、金属离子及矿物质等，从而显示不同的颜色。饮用水的色度大于 15 度时多数人即可察觉，大于 30 度时令人感到厌恶。标准中规定饮用水的色度不应超过 15 度。

（一）分类

（1）真色。去除悬浮物后水的颜色（溶解性物质引起的颜色）。

（2）表色。没有去除悬浮物水的颜色。

（二）测定方法

1. 铂钴标准比色法

适用于清洁的、带有黄色色调的天然水和饮用水的色度测定。

用 K_2PtCl_6 和 $CoCl_2$ 配制成标准系列，规定每升水中会有 1 mg Pt（以 $PtCl_6^{2-}$ 存在）和 0.5 mg Co 时所产生的颜色为 1 度。

2. 稀释倍数法

适用于受工业废水污染的地面水和工业废水颜色的测定。

测定时，首先用文字描述水样的颜色种类和深浅程度，如深蓝色、棕黄色、暗黑色等。然后取一定量水样，用蒸馏水稀释到刚好看不到颜色，以稀释倍数表示该水样的色度。

所取水样应无树叶、枯枝等杂物；取样后应尽快测定，否则应冷藏保存。

3. 分光光度法

由国际照明委员会（CIE）制定的分光光度法测定水样的色度，其结果可定量地描述颜色的特征。

天然和轻度污染水可用铂钴比色法测定色度，对工业有色废水常用稀释倍数法辅以文字描述。

三、浊度

浊度是指水中悬浮物对光线透过时所发生的阻碍程度。水中的悬浮物一般是泥土、砂粒、微细的有机物和无机物、浮游生物、微生物和胶体物质等。水的浊度不仅与水中悬浮物质的含量有关，而且与它们的大小、形状及折射系数等有关。

浊度为水样光学性质的一种表达语，用以表示水的清澈和浑浊的程度，是衡量水质良好程度的最重要指标之一,也是考核水处理设备净化效率和评价水处理技术状态的重要依据。

浊度的测定方法通常有分光光度法、目视比浊法、浊度仪测定法。通常浊度仪用于天然水和饮用水的测定,而污水和废水中不溶物质含量高,一般要求测定悬浮物。浊度单位为“度”。

(一)分光光度法

以聚合物(由硫酸肼和六次甲基四胺反应而成)配制标准浊度溶液,用分光光度计于680 nm 波长处测其吸光度,与在同样条件下测定水样的吸光度比较,得知其浊度。

原理:在适当温度下,硫酸肼与六次甲基四胺聚合,形成白色高分子聚合物,以此稀释成系列浊度标准液,在一定条件下与水样浊度相比较。于 680 nm 波长下,用分光光度计测定系列浊度标准液的吸光度,绘标准曲线。同样条件下测定水样吸光度,从标准曲线上查得水样浑浊度。

(二)目视比浊法

与精制的硅藻土(白陶土)配制的系列浊度标准溶液进行比较,来确定水样的浊度。1 mg 一定粒度的硅藻土(白陶土)在 1 000 ml 水中所产生的浊度,称为 1 度。

(三)浊度仪测定法

浊度仪是通过测量水样对一定波长光的透射或散射强度而实现浊度测定的专用仪器,有透射光式浊度仪、散射光式浊度仪和透射光-散射光式浊度仪。

四、透明度

水的透明度是指水样的澄清程度,是由颜色和浊度共同作用引起的。水中悬浮物和胶体颗粒物越多,其透明度越低,则浊度越高。其测定方法有以下几种:

(1)铅字法:该方法用透明度计测定。透明度计是一种长 33 cm、内径 25 cm,并具有刻度的无色玻璃圆筒,筒底有一磨光玻璃片和放水侧管。测定时,将摇匀的水样倒入筒内,从筒口向下观察,并缓慢由放水口放水,直至刚好能看清放在底部的标准铅字印刷符号,则筒中水柱高度(以 cm 计)即为被测水样的透明度,读数估计至 0. 5 cm。水位超过 30 cm 时为透明水样。

用铅字法测水的透明度,透明度计应设在光线充足的实验室内,并离直射阳光窗户约 1 m 的地点。

(2)塞氏盘法:这是一种现场测定透明度的方法。塞氏圆盘又称透明度盘,是用较厚的白铁皮剪成直径 200 mm 的圆板,在板的一面从中心平分为 4 个部分,以黑白漆相间涂布制成。将其沉入水中,以刚好看不到它时的水深(cm)表示透明度。

(3)十字法:在内径为 30 mm、长为 0. 5 m 或 10 m、具刻度的玻璃筒底部放一白瓷片,上有宽度为 1 mm 黑色十字和四个直径为 1 mm 的黑点,将混匀的水样倒入筒内,从筒下部徐徐放水,直至明显看到十字,而看不到黑点为止。水柱高度超出 1 m 以上的水样为透明水样。

透明度与浊度相比较,有以下不同点:

(1)含义不同。透明度表示水的澄清程度;浊度表示水的混浊程度。

(2)产生的原因不同。透明度是由颜色和浊度共同作用产生的水质指标引起的;浊度是由悬浮物对光线产生阻碍引起的不溶物质产生的。

(3)测定方法不同。透明度的测定方法有铅字法、十字法、塞氏盘法;浊度的测定方法有分光光度法、目视比浊法、浊度仪测定法。

五、电导率

水的电导率是指以数字表示溶液传导电流的能力,间接推测离子成分的总浓度。其大小与其所含无机酸、碱、盐的量有一定的关系。当它们的浓度较低时,电导率随浓度的增大而增加,因此该指标常用于推测水中离子的总浓度或含盐量。电导率的影响因素有离子性质、浓度、温度、黏度等。

六、残渣

残渣分为总残渣、总可滤残渣和总不可滤残渣三种。它们是表征水中溶解性物质和不溶性物质含量的指标。三者的关系为

总残渣量 = 总可滤残渣量 + 总不可滤残渣量

(一)总残渣

总残渣是水样在一定的温度下蒸发、烘干后残留的物质,包括总可滤残渣和总不可滤残渣。其测定方法是取适量振荡摇匀的水样于恒重(m_1)的蒸发皿中,蒸汽浴或水浴上蒸干,移入103~105 ℃烘干箱内烘至恒重(m_2),增加的质量即为总残渣量,计算公式为

$$\text{总残渣量(mg/L)} = \frac{(m_2 - m_1) \times 10^6}{V} \tag{3-3}$$

式中　m_1——蒸发皿的质量,g;

m_2——总残渣和蒸发皿的质量,g;

V——水样的体积, mL。

(二)总可滤残渣

总可滤残渣是指将过滤后的水样在称至恒重的蒸发皿内蒸干,再在一定温度下烘干至恒重时增加的质量。一般测定103~105 ℃烘干的总可滤残渣,但有时也测定(180±2)℃烘干的总可滤残渣。水样在此温度下烘干,所得结果与化学分析结果所计算的总矿物质含量比较接近。

(三)总不可滤残渣(悬浮固体,SS)

水样经过滤后留在过滤器上的固体物质,在103~105 ℃烘干至恒重得到的物质量称为总不可滤残渣。总不可滤残渣包括不溶于水的泥沙、各种污染物、微生物及难溶的无机物等物质。常用的过滤器有滤纸、滤膜、石棉坩埚,由于其滤孔大小不一致,因此在测定时应注明。

地表水中的悬浮物,会使水体浑浊,透明度降低,影响水生生物的呼吸和代谢,工业废水和生活污水中含有大量的无机和有机悬浮物,容易堵塞管道,污染环境,因此,总不可滤残渣为必测指标。

七、臭

水臭的产生主要是有有机物的存在，可能是生物活性增加的表现或工业污染所致。公共供水正常臭味的改变可能是原水水质改变或水处理不充分的信号。臭是检验原水和处理水质量的必测项目之一，也是用于评价水处理效果、控制处理过程中的投药量和追踪污染源的一种手段。

测定臭常用的方法有定性描述法和臭阈值法。

(一)定性描述法

取 100 mL 水样于 250 mL 锥形瓶中，检验人员依靠自己的嗅觉，分别在 20 ℃左右(利用热水或冷水在瓶外调节水温)和煮沸后闻其臭，用适当的文字描述其臭的特征，并按表 3-1 划分的等级确定臭的强度。

表 3-1　臭的强度等级

等级	强度	说明
0	无	无任何气味
1	微弱	一般难以察觉，嗅觉灵敏者可以察觉
2	弱	一般刚能察觉
3	明显	已能明显察觉
4	强	有显著的臭味
5	很强	有强烈的恶臭或异味

(二)臭阈值法

用无臭水稀释水样，当稀释到刚能闻出臭味时的稀释倍数称为“臭阈值”。计算公式为

$$\text{臭阈值}(TON)=\frac{\text{水样样体}+\text{无臭水体积}}{\text{水样样体}} \tag{3-4}$$

用臭阈值法检测水的臭时应注意的问题：

(1)水样存在余氯时，可在脱氯前、后各检验一次。

(2)臭阈值随温度而变，报告中必须注明检验时的水温，检验全过程试样保持(60±1)℃，有时也可用 40 ℃作为检臭温度。

(3)检验的全过程中，检验人员身体和手不能有异味。

(4)于水浴中取出锥形瓶时，不要触及瓶颈。

(5)均匀振荡 2~3 s 后去塞闻臭气。

(6)闻臭气时从最低浓度开始渐增。

八、矿化度

矿化度是水化学成分测定的重要指标，用于评价水中总含盐量，是农田灌溉用水适用性评价的主要指标之一。该指标一般只用于天然水。

矿化度的测定方法有重量法、电导法、阴阳离子加和法、离子交换法、比重计法等。重量法含义明确,是较简单、通用的方法。

习　题

1. 为什么浊度不能用悬浮物的含量表示?

2. 浊度与透明度有何区别?

3. 什么叫水样的真色和表色?如何根据水质污染情况选择适宜的测定颜色的方法?

习题解析

任务二　实验三——污水中悬浮物的测定

一、实验目的及原理

(一)实验目的

(1)学习使用分析天平和烘箱。

(2)掌握称量法测定污水悬浮物的原理及操作。

(二)实验原理

悬浮物(悬浮固体 SS)能使水体浑浊,透明度降低,影响水生生物的呼吸和代谢,造成水质恶化,污染环境。因此,在水和废水处理中,测定悬浮物具有特定的意义。悬浮物是指不能通过滤料,并于 103~105 ℃烘至恒重的固体物。一定体积的水样用定量滤纸过滤后,经烘干称量,得出水中悬浮物的含量(mg/L)。

二、实验仪器

(1)烘箱。

(2)分析天平。

(3)干燥器。

(4)孔径为 0.45 μm 的滤膜及相应的滤器(如吸滤瓶)或中速定量滤纸。

(5)玻璃漏斗。

(6)内径为 30~50 mm 的称量瓶。

(7)扁嘴无齿镊子。

三、操作步骤

(一)采样

先用洗涤剂将所用聚乙烯瓶或硬质玻璃瓶洗净,再依次用自来水和蒸馏水冲洗干净。在采样前,用要采集的水样清洗聚乙烯瓶或硬质玻璃瓶 3 次,然后采集具有代表性的水样 500~1 000 mL。

(二)滤膜准备

用扁嘴无齿镊子夹取滤膜放于事先恒重的称量瓶里,移入烘箱中在 103~105 ℃烘干 0.5 h 后取出,置于干燥器内冷却至室温,称其质量。反复烘干、冷却、称量,直至两次称量的质量差≤0.2 mg。将恒重的滤膜正确地放在滤膜过滤器的滤膜托盘上,加盖配套的漏斗,并用夹子固定好。再以蒸馏水湿润滤膜,并不断地吸滤。

(三)测定

量取充分混合均匀的样品 100 mL 抽吸过滤,使水样全部通过滤膜。再以每次 10 mL 蒸馏水连续洗涤 3 次,继续吸滤以除去痕量水分。停止吸滤后,仔细取出载有悬浮物的滤膜放在原恒重的称量瓶里,移入烘箱中在 103~105 ℃烘干 1 h 后移入干燥器中,使其冷却至室温,称量。反复烘干、冷却、称量,直至两次称量的质量差≤0.4 mg。

四、计算

$$\text{悬浮物含量(mg/L)} = \frac{(m_A - m_B) \times 10^6}{V} \tag{3-5}$$

式中　m_A——悬浮物+滤膜及称量瓶质量,g;

m_B——滤膜及称量瓶质量,g;

V——样品体积,mL。

五、注意问题

污水悬浮物的测定注意事项如下:

(1)漂浮或浸没的不均匀固体物质不属于悬浮物质,应从采集的水样中除去。

(2)若滤膜上截留过多的悬浮物,则可能挟带过多的水分,除延长干燥时间外,还可能造成过滤困难,遇到这种情况,可酌情少取样品。若滤膜上悬浮物过少,则会增大称量误差,影响测定精度,必要时,可增大样品体积。一般以 5~100 mg 悬浮物量作为量取样品体积的适用范围。

习　题

1. 测定悬浮物时滤膜应怎样准备?
2. 测定悬浮物时的注意事项有哪些?
3. 试分析实验中产生误差的原因。

习题解析

任务三　实验四——色度的测定

一、实验目的及原理

(一)实验目的

(1)明确水体物理指标对水质评价的意义。

(2)掌握色度的测定方法。

(二)实验原理

用氯铂酸钾与氯化钴配成标准色列,与水样进行目视比色。每升水中含有 1 mg 铂和 0.5 mg 钴时所具有的颜色,称为 1 度,作为标准色度单位。

如果水样浑浊,则放置澄清,亦可用离心法或用孔径为 0.45 μm 滤膜过滤以去除悬浮物,但不能用滤纸过滤,因滤纸可吸附部分溶解于水的颜色。

二、实验仪器

(1)50 mL 具塞比色管,其刻度线高度要一致。

(2)实验室其他常用仪器。

三、实验试剂

铂钴标准溶液:称取 1.246 g 氯铂酸钾(K_2PtC_{16})(相当于 5 000 mg 铂)及 1.000 g 六水氯化钴($CoCl_2 \cdot 6H_2O$)(相当于 250 mg 钴),溶于 100 mL 水中,加入 100 mL 盐酸,用水定容至 1 000 mL。此溶液色度为 500 度,保存在密塞玻璃瓶中,存放在暗处。

四、操作步骤

(1)标准色列的配制。向一系列 50 mL 比色管中加入 0 mL、0.50 mL、1.00 mL、1.50 mL、2.00 mL、2.50 mL、3.00 mL、3.50 mL、4.00 mL、4.50 mL、5.00 mL、6.00 mL 及 7.00 mL 铂钴标准溶液,用蒸馏水稀释至刻度,混匀。各比色管的色度依次为 0 度、5 度、10 度、15 度、20 度、25 度、30 度、35 度、40 度、45 度、50 度、60 度、70 度,密封保存。

(2)分别取 50.0 mL 澄清透明水样于比色管中,如果水样色度较大,可以酌情少取水样,用水稀释至 50.0 mL。

(3)将水样与标准色列水样进行目视比对。观察时,可用白瓷板或白纸做比色管的背景,使光线管底向上透过液体,目光自管口垂直向下观察,将与水样色度相同的铂钴标准色列的色度记录下来。

五、计算

测得的色度按下面公式计算:

$$色度 = \frac{A \times 50\ \text{mL}}{V} \tag{3-6}$$

式中　A——水样的色度;

　　V——原水样的体积, mL。

六、注意事项

(1)用铂钴比色法测定色度时,可用重铬酸钾代替氯铂酸钾配置标准色列。具体方法是:称取 0.043 7 g 重铬酸钾和 1.000 g 七水硫酸钴($CoSO_4 \cdot 7H_2O$),溶于少量水中,加入 0.50 mL 硫酸,加水稀释至 500 mL,该溶液的色度为 500 度,但不宜久存。

(2) 如果水样中有泥土或其他细小的悬浮物，虽然经过预处理，仍然得不到透明的水样，则只能测其表色。

(3) 此方法适用于测定较清洁的、带有黄色色调的天然水和饮用水。

习　题

1. 在色度测定时，为何不能用滤纸过滤溶液？

2. 色度是指真色还是表色？

习题解析

【课程思政】

中国式现代化是体现"绿色""可持续发展"的现代化，是将生态文明建设融入全局发展中的现代化。党的二十大对中国实现碳达峰碳中和目标做出了既具有全局性又具有针对性的规划与部署，"推进美丽中国建设，坚持山水林田湖草沙一体化保护和系统治理，统筹产业结构调整、污染治理、生态保护、应对气候变化，协同推进降碳、减污、扩绿、增长，推进生态优先、节约集约、绿色低碳发展"。

进入新时代以来，在中国共产党坚强领导下，中国生态文明建设取得了举世瞩目的成就。十年来，74 个重点城市的 PM2.5 平均浓度下降了 56%，重污染天数减少了 87%；煤炭在一次能源消费中的占比下降近 13 个百分点……这都构成了中国生态文明建设的华美篇章。

任务四　实验五——浊度的测定

一、实验目的及原理

(一) 实验目的

(1) 了解浊度的影响因素。

(2) 掌握利用分光光度法测定水样的浊度。

(二) 实验原理

在适当温度下，一定量的硫酸肼与六次甲基四胺聚合，形成白色高分子聚合物。以此作为测定浊度的标准液，在一定条件下与水样浊度相比较。这种方法适用于天然水、饮用水、高浊度水中浊度的测定，最低检测度为 3 度。现国家标准规定使用的方法是分光光度法和目视比浊法。

二、实验仪器

50 mL 比色管；可见分光光度计等。

三、实验试剂

(1) 无浊度水：将蒸馏水通过 0.2 μm 滤膜过滤，收集于用滤过水荡洗两次的烧瓶中。

(2) 浊度贮备液。

(3)硫酸肼溶液:称取 1.000 g 硫酸肼溶于水中,定容至 100 mL。

(4)六次甲基四胺溶液:称取 10.000 g 六次甲基四胺溶于水中,定容至 100 mL。

(5)浊度标准溶液:吸取 5.00 mL 硫酸肼溶液与 5.00 mL 六次甲基四胺溶液于 100 mL 容量瓶中,混匀。于(25±3)℃下静置反应 24 h,冷却后用水稀释至 100 mL,混匀。此溶液浊度为 400 度,可保存一个月。

四、操作步骤

(一)标准曲线的绘制

吸取浊度标准溶液 0 mL、0.50 mL、1.25 mL、2.50 mL、5.00 mL、10.00 mL 和 12.50 mL,分别置于 50 mL 比色管中,加无浊度水至标线。摇匀后即得浊度为 0 度、4 度、10 度、20 度、40 度、80 度和 100 度的标准系列。在 680 nm 波长下,用 3 cm 比色皿,测定吸光度,绘制浊度校准曲线。

(二)水样的测定

取 50 mL 摇匀水样(无气泡,如浊度超过 100 度可酌情少取,用无浊度水稀释至 50 mL),于 50 mL 比色管中,按绘制校准曲线步骤测定吸光度,由校准曲线上即可查得水样浊度。

五、计算

$$浊度 = \frac{A(B + C)}{V} \tag{3-7}$$

式中　A——稀释后水样的浊度,度;

B——稀释水体积,mL;

V——原水样体积,mL。

不同浊度范围测试结果的精度要求见表 3-2。

表 3-2　不同浊度范围测试结果的精度要求　(单位:度)

浊度范围	精度	浊度范围	精度
1~10	1	400~1 000	50
10~100	5	大于 1 000	100
100~400	10		

六、注意问题

(1)水样应无碎屑及易沉降的颗粒。器皿不清洁及水中溶解的空气泡会影响测定结果。如在 680 nm 波长下测定,天然水中存在的淡黄色、淡绿色无干扰。

(2)水样采集在具塞玻璃瓶内,要尽快分析。如需保存,可在 4 ℃下冷藏、暗处保存 24 h,测试前要激烈振摇水样并恢复至室温。

(3) 硫酸肼毒性较强,属致癌物质,取用时注意。

习　题

1. 测定水样的浊度时国家标准规定使用的方法是什么?
2. 测定水样的浊度要注意哪些问题?

习题解析

任务五　金属及其化合物的测定

水体中含有大量的金属化合物,这些金属化合物一般都以离子形式存在。有些金属元素是人体健康必需的,如铁、锰、铜、锌等;有些则是对人体健康有害的,如汞、镉、铬、铅等。特别是当水中的金属离子浓度超过一定的限值时,其毒害作用更大。即便是人体必需的那些金属元素,当其含量超过一定的范围时,也会对人体和水生生物造成危害。

由于金属以不同形态存在时其毒性大小不同,所以可分别测定可过滤金属、不可过滤金属和金属总量。可过滤金属是指能通过孔径 0.45 μm 滤膜的部分。不可过滤金属是指不能通过孔径 0.45 μm 滤膜的部分。金属总量是指未经过滤的样品经消解后测得的金属浓度,是可过滤金属与不可过滤金属之和。

测定金属元素的方法有分光光度法、原子吸收分光光度法、阳极溶出伏安法及容量滴定法等。下面介绍几种代表性金属元素的测定。

一、汞

汞及其化合物属于剧毒物质,特别是有机汞化合物。主要来源于金属冶炼、仪器仪表制造、颜料、塑料、食盐电解及军工等废水。天然水中汞含量一般不超过 0.1 μg/L;我国饮用水标准限值为 0.001 mg/L,工业废水中汞的最高允许排放浓度为 0.05 mg/L。汞是唯一一种常温下呈液态的金属,汞蒸气可由呼吸道进入人体,液体汞也可被皮肤吸收,汞盐可以粉尘状态经呼吸道或消化道进入人体。进入水体中的无机汞离子可转变为毒性更大的有机汞,经食物链进入人体,引起中毒,如发生在日本的水俣病就是甲基汞中毒引起的。

汞的测定方法有冷原子吸收分光光度法、冷原子荧光法、双硫腙分光光度法、称量法、气相色谱法等。

(一) 冷原子荧光法

适用于地表水、地下水及氯离子含量较低的水样。方法最低检出浓度为 0.001 5 μg/L,测定下限为 0.006 0 μg/L ,测定上限为 1.0 μg/L。

其原理为水样中的汞离子被还原剂还原为单质汞,形成汞蒸气。其基态汞原子受到波长 253.7 mm 的紫外光激发,当激发态汞原子去激发时便辐射出相同波长的荧光。在给定的条件下和较低的质量浓度范围内,荧光强度与汞的质量浓度成正比。工作原理图如图 3-4 所示。

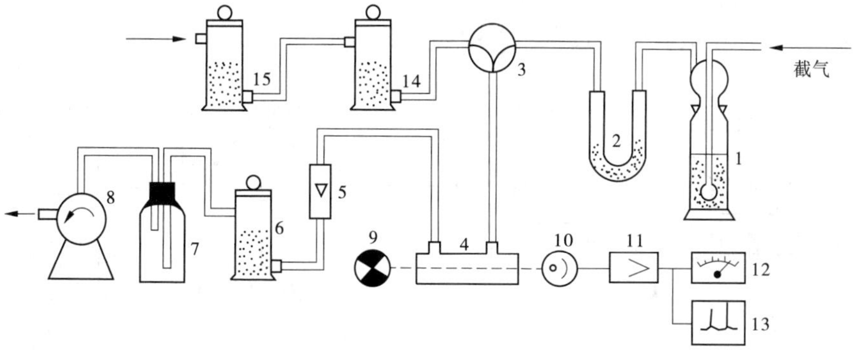

1—汞还原瓶；2—硅胶管；3—三通阀；4—吸收池；5—流量计；6、14—汞吸收瓶；7—缓冲瓶；8—抽气泵；9—汞灯；10—光电倍增管；11—放大器；12—指示表；13—记录仪；15—水蒸气吸收瓶

图 3-4　冷原子吸收测汞仪工作原理

（二）双硫腙分光光度法

其测定原理为在温度 95 ℃用高锰酸钾和过硫酸钾消解试样，将所含的汞全部转化为二价汞，用盐酸羟胺还原过剩的氧化剂，在酸性条件下，汞离子与加入的双硫腙溶液反应生成橙色螯合物，用有机溶剂萃取，再用碱溶液洗去过量的双硫腙，于 485 nm 波长处测定吸光度，用标准曲线法计算水中的汞含量。分光光度计基本组成示意图如图 3-5 所示。

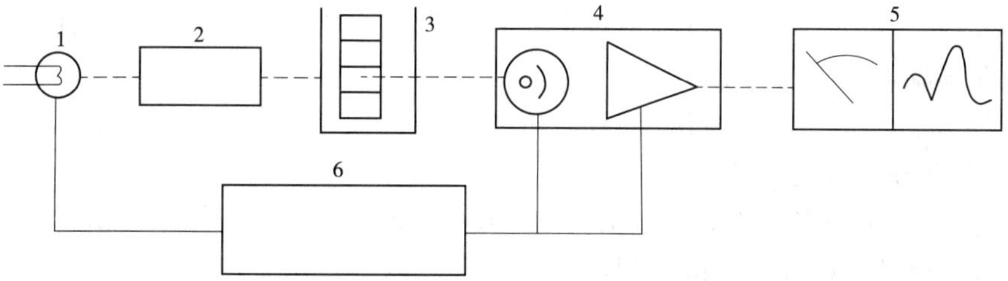

1—光源；2—分光系统；3—比色皿架；4—光电检测及放大装置；5—指示、记录仪表；6—稳压电源

图 3-5　分光光度计基本组成示意图

具体测定过程可参见任务五。

二、镉

镉属剧毒金属，可在人体的肝、肾等组织中蓄积，造成脏器组织损伤，尤以对肾脏损害最为明显。还会导致骨质疏松，诱发癌症。水中含镉 0.1 mg/L 时，可轻度抑制地表水的自净作用。我国生活饮用水卫生标准规定镉的浓度不能超过 0.005 mg/L。镉的主要污染源是电镀、采矿、冶炼、染料、电池和化学工业等排放的废水。

其测定方法有原子吸收分光光度法、双硫腙分光光度法、阳极溶出伏安法等。

（一）原子吸收分光光度法

1. 火焰原子吸收法

其测定原理为将样品或消解处理过的样品直接吸入火焰，在火焰中形成的原子对特征电磁辐射产生吸收，将测得的样品吸光度和标准溶液的吸光度进行比较，确定样品中被测元素的浓度。原子吸收分析过程示意图如图 3-6 所示。

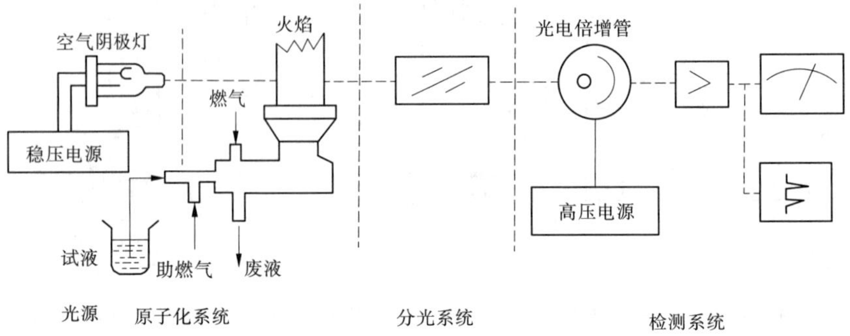

图 3-6　原子吸收分析过程示意图

用火焰原子吸收法测定时，试样被燃气、助燃气高倍稀释，助燃气对被测元素的解离和原子化效率有不利的影响，造成火焰原子吸收法测定低浓度铜、铅、镉水样时，存在灵敏度不够高的缺点。

2. 石墨炉原子吸收法

石墨炉原子吸收法也叫电热原子吸收法，采用电流加热石墨炉原子化器，使之达到 2 000 ℃以上的高温，从而使样品达到原子化的技术。石墨炉升温程序按干燥—灰化—原子化—清除 4 步完成，整个过程中除原子化阶段外，石墨炉管在惰性气体氩的保护下工作，以免在高温下被空气氧化。

石墨炉原子吸收分光光度法，具有样品用量少、简便、快速、灵敏度高的特点。

（二）双硫腙分光光度法

本方法适用于测定镉的浓度范围为 0. 001～0. 05 mg/L，当镉的浓度高于 0. 05 mg/L 时，可对样品做适当稀释后再进行测定。

在强碱性溶液中铅离子与双硫腙生成红色络合物，用氯仿萃取后，于 518 nm 波长处进行分光光度测定，从而得出镉的含量。

（三）阳极溶出伏安法

1. 经典极谱分析法原理

极谱分析是一种在特殊电解条件下，根据被测物质在电极上进行氧化还原反应得到的电流-电压关系曲线进行定性、定量分析的方法。其基本装置如图 3-7 所示，E 为直流电源，AB 为均匀滑线电阻，加于电解池（极化池）两电极上的电压可借助移动触点 C 来调节，V 为伏特计，G 为检流计。

2. 阳极溶出伏安法测定要点

（1）水样预处理。当水样酸度或碱度较大时，应将水样调至中性。比较清洁的水可以直接取样分析，含有机质较多的地表水应用硝酸-高氯酸法消解。

（2）标准曲线的绘制。分别取一定体积的镉、铜、铅、锌标准液于 10 mL 比色管中，加 1 mL 支持电解质（高氯酸），用水稀释至标线，混匀。倒入电解池中，将扫描电压范围选择在-1. 30～+0. 05 V。通氮气除氧，在-1. 30 V 极化电压下于悬汞电极上富集 3 min，则试

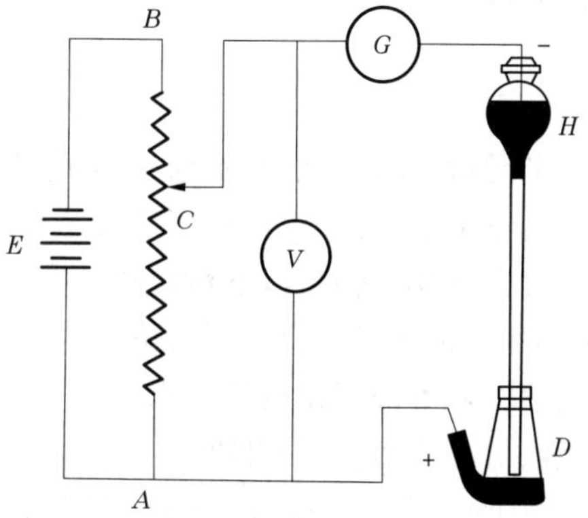

图 3-7　极谱分析基本装置示意图

液中部分上述离子被还原富集并结合成汞齐。静置 30 s 后,将极化电压均匀地由负方向向正方向扫描。富集时间可以根据浓度水平选择,记录伏安曲线。以相同的方法配置并测定其他系列浓度标准溶液的溶出伏安曲线,对峰高分别做空白校正后,绘制标准曲线,如图 3-8 所示。

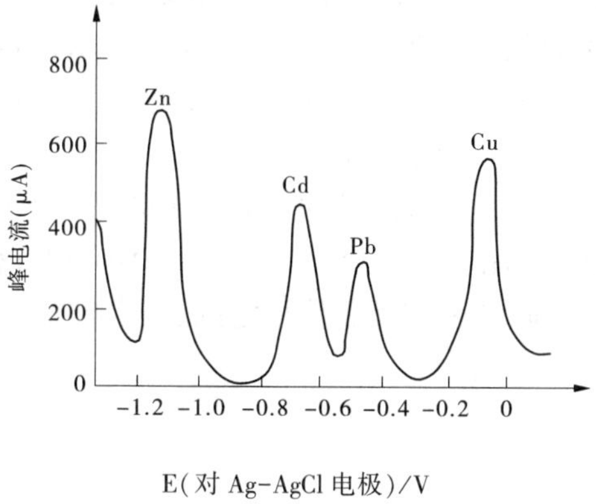

图 3-8　阳极溶出伏安曲线

(3)样品测定。取一定体积的水样加入 1 mL 同种支持电解质,加水稀释至 10 mL ,按与标准溶液相同的操作测定伏安曲线。根据经空白校正后各被测离子峰电流高度,从标准曲线上查出其浓度值。

具体测定过程可参见任务六。

三、铅

铅是可在人体和动植物中蓄积的有毒金属,其主要毒性效应是导致贫血、神经机能失调和肾损伤等。铅对水生生物的安全浓度为 0. 16 mg/L。铅不能被生物代谢所分解,在环境中属于持久性污染物。铅污染主要来源于铅矿的开采、含铅金属冶炼、橡胶生产、蓄电池、五金、机械、涂料和电镀等工业所排放的污水。

其测定方法有原子吸收分光光度法、双硫腙分光光度法、阳极溶出伏安法、示波极谱法、电感耦合等离子体发射光谱法等。

具体测定过程可参见任务六。

四、铜

铜是人体必不可少的微量元素,缺铜会引发贫血、腹泻等病症,但过量摄入也会对人体产生危害。铜对水生生物的毒害很大,其毒性与铜的形态有关,游离铜离子的毒性比配合物大得多。一般认为水体含铜 0.01 mg/L 以下对鱼类是安全的。当水中铜的含量达到 0.01 mg/L 时,对水体自净有明显的抑制作用。铜污染的主要来源是电镀、冶炼、五金加工、矿山开采、石油化工和化学工业等部门排放的废水。

铜的测定方法有原子吸收分光光度法(标准加入法)、配位滴定法、沉淀滴定法、碘量法等。为贯彻《中华人民共和国环境保护法》和《中华人民共和国水污染防治法》,保护环境,保障人体健康,规范水中铜的测定方法,制定铜的测定——二乙基二硫代氨基甲酸钠分光光度法,适用于地表水、地下水、生活污水和工业废水中总铜和可溶性铜的测定(HJ 485—2009 代替 GB 7474—87,2009-11-01 实施)。

二乙基二硫代氨基甲酸钠分光光度法的基本原理为在氨性溶液中(pH 为 9~10),铜与二乙胺基二硫代甲酸钠(铜试剂,简写为 DDTC)作用,生成摩尔比为 1∶2的黄棕色络合物,该络合物可被四氯化碳或氯仿萃取,其最大的吸收波长为 440 nm,在测定条件下有色络合物可稳定 1 h,其摩尔吸收系数为 1.4,用标准曲线法求出铜含量。本方法的测定范围为 0.02~0.60 mg/L,最低检出浓度为 0.01 mg/L,经适当稀释和浓缩,测定上限可达 2.0 mg/L。用于地面水及各种工业废水中铜的测定。

测定时应注意:水样中的铁、锰、镍、钴和铋等离子会与 DDTC 生成有色配合物干扰测定;铋干扰可通过加入氰化钠消除,其他离子均可用 EDTA 和柠檬酸铵掩蔽消除;当水样中含铜较高时,可加入明胶、阿拉伯胶等胶体稳定剂,在水样中直接进行分光光度法测定。

具体测定过程可参见任务六。

五、锌

锌也是人体必不可少的有益元素,每升水含数毫克锌对人体和温血动物无害,但对鱼类和其他水生生物影响较大。锌对鱼类的安全浓度约为 0.1 mg/L,水中含锌 1.0 mg/L 时,对水体的生物氧化过程有一定的抑制作用。其主要污染源是电镀、冶金、颜料及化工等部门排放的废水。

锌的测定方法有原子吸收分光光度法、双硫腙分光光度法、阳极溶出伏安法或示波极谱法。

具体测定过程可参见任务六。

六、铬

铬也是生物体所必需的微量元素之一。铬的毒性与其存在价态有关,铬化合物的常见价态有三价和六价,受水体 pH、温度、氧化还原物质、有机物等因素影响,三价铬和六价铬的化合物可以相互转化。六价铬具有强毒性,为致癌物质,并易被人体吸收而在体内蓄积。通常认为六价铬的毒性比三价铬几乎大 100 倍,但对鱼类来说,三价铬化合物的毒性比六价铬大。当水中六价铬的质量浓度达 1 mg/L 时，水呈淡黄色并有涩味。当三价铬的质量浓度达 1 mg/L 时，水的浊度明显增加。天然水中一般不含铬，海水中铬的平均质量浓度为 0.05 μg/L，饮用水中更低。铬的污染主要来自铬矿石加工、金属表面处理、皮革鞣制、印染等行业排放的废水。

铬的测定方法有：二苯碳酰二肼分光光度法（六价铬、总铬）、火焰原子吸收法（总铬）、硫酸亚铁铵滴定法等。

（一）二苯碳酰二肼分光光度法

基本原理：在酸性溶液中，六价铬与二苯碳酰二肼反应生成紫红色化合物，于波长 540 nm 处进行分光光度测定。其流程如图 3-9 所示。

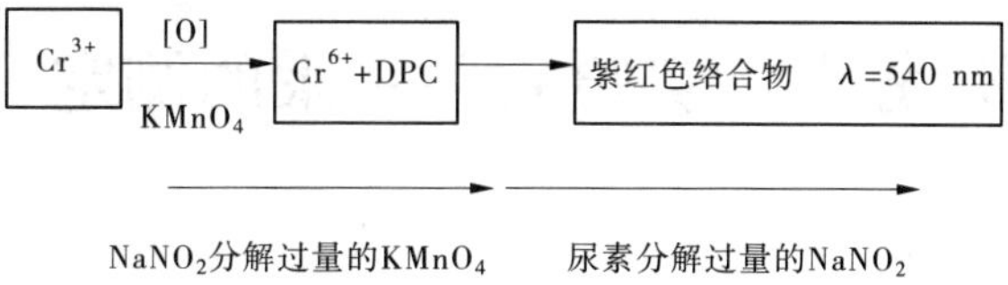

图 3-9　二苯碳酰二肼分光光度法测定铬的流程

化妆品中的三价铬用高锰酸钾氧化为六价铬，过量高锰酸钾用亚硝酸钠分解，剩余的亚硝酸钠被尿素分解。澄清溶液在酸性条件下加二苯碳酰二肼显色，测定铬的含量。

（二）硫酸亚铁铵滴定法

适于 Cr^{6+}>1 mg/L 水样的测定。适用于固体废物浸出液中六价铬的测定，也可用于测定水和废水中的六价铬。

（三）火焰原子吸收法

一般用于测定水和废水中高浓度可溶性铬和总铬。

具体测定过程可参见任务七。

七、砷

元素砷毒性极低，而砷的化合物均有剧毒，三价砷化合物比其他砷化物毒性更强。砷化物容易在人体内积累，造成急性或慢性中毒。砷在饮用水中的最高允许质量浓度为 0.05 mg/L，口服 As_2O_3（俗称砒霜）5～10 mg 可造成急性中毒，口服 60～200 mg 可致死。砷污染主要来源于采矿、冶金、化工、化学制药、农药生产、玻璃制造、制革等行业排放的废水。

其测定方法有新银盐分光光度法、二乙氨基二硫代甲酸银分光光度法、氢化物发生-原子吸收法、原子荧光法（测定砷、硒、锑、铋）。

具体测定过程可参见任务八。

八、其他金属化合物的测定

根据水和废水污染类型及对用水水质的要求不同，有时还需要测定其他金属元素，详细内容可查阅《水和废水监测分析方法》和其他水质监测资料。

习 题

1. 双硫腙分光光度法可以测定哪些金属化合物?

2. 用冷原子荧光法或原子吸收分光光度法测定汞,汞蒸气尾气应采取什么处理措施处理?

3. 简述分光光度法、原子吸收分光光度法的原理。结合实例说明在水质监测中是如何运用这两种方法的。

习题解析

任务六 实验六——汞的测定

一、实验目的及原理

(一)实验目的

掌握用冷原子荧光法测定汞的原理和测定方法,分析干扰测定的因素和消除方法。

(二)实验原理

水样中的汞离子被还原剂还原为单质汞,再汽化成汞蒸气。其基态汞原子受到波长253.7 nm的紫外光激发,当激发态汞原子去激发时便辐射出相同波长的荧光。在给定的条件下和较低的浓度范围以内,荧光强度与汞的浓度成正比。

二、实验仪器

QM201荧光测汞仪;远红外辐射干燥箱(烘箱,该烘箱体积小,适用于含汞水样的消化);2 mL和1 mL移液管。

三、实验试剂

(1)去离子水:测试中凡是涉及水的地方均用去离子水。

(2)硫酸:密度为1.84 g/mL,优级纯。

(3)硝酸:密度为1.42 g/mL,优级纯。

(4)盐酸:密度为1.18 g/mL,优级纯。

(5)洗涤溶液:将2 g优级纯的高锰酸钾溶解于950 mL水中,加入50 mL硫酸。

(6)5%硝酸-0.05%重铬酸钾溶液(固定溶液):称取0.25 g重铬酸钾,用水溶解,加入25 mL硝酸,用水稀释到500 mL。

(7)5%高锰酸钾溶液:将50 g优级纯的高锰酸钾溶解于水中,并用水稀释至1 000 mL。

(8)10%盐酸羟胺溶液:称取10 g盐酸羟胺($NH_2OH \cdot HCl$),溶于水中并稀释至100 mL。以2.5 L/min的流速通氮气或干净空气30 min,以驱除微量汞。

(9)10%氯化亚锡溶液:将10 g分析纯的氯化亚锡,在无汞污染的通风橱内加入

20 mL 盐酸，微微加热溶剂，溶解后继续加热几分钟除汞。或者将此溶液用经洗涤溶液洗涤的空气以 2.5 L/min 流速曝气约 1 h 除汞，然后用水稀释至 100 mL。

(10)汞标准贮备溶液：称取在硅胶干燥器中放置过夜的氯化汞 0.135 4 g，用固定溶液溶解，移入 1 000 mL 容量瓶中，再用固定液稀释至刻度，摇匀。此溶液每毫升含 100 μg 汞。

(11)汞的中间溶液：吸取汞标准贮备溶液适当体积，用固定溶液稀释至每毫升含 10 μg 汞，摇匀。

(12)汞标准使用溶液，吸取汞的中间溶液，用固定溶液逐级稀释至每毫升含 10 ng 汞。

(13)测汞所用的玻璃器皿，均应用洗涤溶液浸泡煮沸 1 h。为避免玻璃壁有可能出现褪色二氧化锰斑点，须趁热取出玻璃器皿，用水冲洗干净备用。

四、操作步骤

(一)仪器工作条件

表 3-3 列出的仪器工作条件供参考。

表 3-3　仪器工作条件

元素	光电管负压(V)	载气 N_2 流程(mL/min)	屏蔽 N_2 流量(mL/min)	仪器测量(档)	进样量(mL)
Hg	500	300	600	×1	2.0

(二)水样消解

分别取 10 mL 水样于 10 mL 比色管中，加入 0.1 mL 硫酸(用滴管加 4 滴)、0.1 mL 5%高锰酸钾溶液(用滴管加 1~2 滴，以能保持水样呈紫红色为准)，加塞摇匀。排列于金属架上，放于烘箱内，在比色管上加一个瓷盘盖，防止水样受热管塞跳出，于 105 ℃消解 1 h，取出冷却。向消解水样加入 10%盐酸羟胺溶液(做一细长塑料滴管，用其加 1 滴)经摇动使高锰酸钾刚好褪色。

(三)汞的测定

具体操作过程为：

(1)按表 3-3 工作条件调好仪器，预热 30 min。将显示屏切换到峰值状态，按测量键，测量指示灯亮，此时以氮气连续吹扫反应瓶，清除其中残余的汞蒸气。测量结束时，峰值显示应在“10”以下。如果峰值在“10”以上，多做几次纯水样品的测量，如果该值稳定，也属正常之列，可继续下一步测试。

(2)用移液管吸取 2 mL 试样，将其从注液口注入反应瓶。再吸取 0.4 mL 氯化亚锡溶液，也从该口注入。

(3)确定显示屏在峰值状态，按测量键测量，此时氮气通入反应瓶的溶液中，使试样和氯化亚锡溶液得到充分搅拌，并将生成的汞蒸气载入荧光池发生荧光反应。显示屏显示的数据不断攀升，达到最大峰值时将该数值记录下来以做计算用。待测量过程结束，打开反应瓶的排液钮将废液排出。

(4)排尽废液后，用蒸馏水或 5%硝酸溶液注入反应瓶，按测量键清洗反应瓶。重复操作 3 次，以减少下一次测量误差。

(5)按上述方法测试完所有样品后，绘制汞的标准曲线，计算水样中汞的含量。

(四)绘制标准曲线

取 6 个 100 mL 容量瓶，用移液管分别加入 10 ng/mL 汞标准使用溶液 0 mL、1 mL、2 mL、3 mL、4 mL、5 mL，稀释至 100 mL，摇匀后测定。

五、注意事项

(1)测定 ng/L 量级汞，要求实验用的水和试剂的纯度较高，而且其用量应尽可能地少，以降低空白值。

(2)水样在消解过程中，高锰酸钾的紫红色若褪至红褐色，应适当补加高锰酸钾溶液至紫红色不褪。

(3)滴加盐酸羟胺溶液时，应小心勿过量。因过量的盐酸羟胺会还原汞离子，导致汞的损失。

(4)实验室环境及通风橱和消解水样的烘箱应无汞污染。

(5)测定汞的废气应通到酸性高锰酸钾吸收液内，以防污染环境。

(6)测定试样时，一般应按照从低浓度至高浓度的顺序进行。测定较高浓度样品后，最好用还原剂 $SnC1_2$清洗 1~2 次，以便清除剩余汞。

习　题

习题解析

1. 汞的测定原理是什么？

2. 测定水样时应注意哪些问题？

【课程思政】

原子荧光光谱仪(AFS)是我国少数具有自主知识产权的分析仪器之一。20 世纪 70 年代末，西北有色地质研究院郭小伟教授课题组完成了氢化物发生原子荧光光谱仪技术的研发，之后，为了拓展检测元素，郭小伟教授带领科研人员克服种种困难，先后又研发出了火焰法原子荧光光谱仪、连续流动氢化物发生原子荧光光谱仪、火焰法-氢化法联用原子荧光光谱仪，并取得了多项发明专利，为我国原子荧光光谱仪的发展做出了杰出贡献。

任务七　实验七——原子吸收法测定铜、锌、铅、镉

铅的测定

一、实验目的及原理

(一)实验目的

掌握原子吸收分光光度计的测定原理与操作过程。

（二）实验原理

将样品或消解处理过的样品直接吸入火焰，在火焰中形成的原子对特征电磁辐射产生吸收，将测得的样品吸光度和标准溶液的吸光度进行比较，确定样品中被测元素的浓度。

二、实验仪器

实验室常用仪器和原子吸收分光光度计及相应的辅助设备，配有乙炔-空气燃烧器；光源选用空心阴极灯或无极放电灯。仪器操作参数可参照厂家的说明进行选择。

三、实验试剂

（1）除非另有说明，分析时均使用符合国家标准的分析纯试剂；实验用水，《分析实验室用水规格和试验方法》（GB/T 6682—2008），二级。

（2）硝酸：密度为 1.42 g/mL，优级纯。

（3）硝酸：密度为 1.42 g/mL，分析纯。

（4）高氯酸：密度为 1.67 g/mL，优级纯。

（5）燃料：乙炔，用钢瓶气或由乙炔发生器供给，纯度不低于 99.6%。

（6）氧化剂：空气，一般由气体压缩机供给，进入燃烧器以前应经过适当过滤，以除去其中的水、油和其他杂质。

（7）硝酸溶液：1+1 硝酸溶液，用硝酸（3）配制。

（8）硝酸溶液：1+499 硝酸溶液，用硝酸（2）配制。

（9）1.000 g/L 金属储备液：称取 1.000 g 光谱纯金属，准确到 0.001 g，用硝酸（2）溶解，必要时加热，直至溶解完全，然后用水稀释定容至 1 000 mL。

（10）中间标准溶液：用硝酸溶液（8）稀释金属贮备液（9）配制，此溶液中铜、锌、铅、镉的浓度分别为 50.00 mg/L、10.00 mg/L、100.00 mg/L、10.00 mg/L。

四、操作步骤

（一）采样和试样制备

1. 用聚乙烯塑料瓶采集样品

采样瓶先用洗涤剂洗净，再在硝酸溶液（7）中浸泡，使用前用水冲洗干净。分析金属总量的样品，采集后立即加硝酸（2）酸化至 pH 为 1～2，正常情况下，每 1 000 mL 样品加 2 mL 硝酸（2）。

2. 试样的制备

分析溶解的金属时，样品采集后立即通过 0.45 μm 滤膜过滤，得到的滤液再按上述要求酸化。

（二）校准

（1）参照表 3-4，在 100 mL 容量瓶中，用硝酸溶液（8）稀释中间标准溶液（10），配制至少 4 个工作标准溶液，其浓度范围应包括样品中被测元素的浓度。

表 3-4　各标准溶液用量及浓度值

中间标准溶液加入体积(mL)		0.50	1.00	3.00	5.00	10.00
工作标准溶液浓度(mg/L)	铜	0.25	0.50	1.50	2.50	5.00
	锌	0.05	0.10	0.30	0.50	1.00
	铅	0.50	1.00	3.00	5.00	10.00
	镉	0.05	0.10	0.30	0.50	1.00

注:定容体积为 100 mL。

(2)测定金属总量时,如果样品需要消解,则工作标准溶液也按下列测定(3)中的步骤进行消解。

(3)选择波长和调节火焰,按下列测定(4)的步骤测定。

①装有内部存储的仪器,输入 1~3 个工作标准曲线,测定样品时可直接读出浓度。②在测定过程中,要定期地复测空白和工作标准溶液,以检查基线的稳定性和仪器的灵敏度是否发生了变化。

(三)试份

测定金属总量时,如果样品需要消解,混匀后取 100.0 mL 实验室样品置于 200 mL 烧杯中,接下列测定(3)继续分析。

(四)空白实验

在测定样品的同时,测定空白。取 100.0 mL 硝酸溶液(8)代替样品。置于 200 mL 烧杯中,接下列测定(3)继续分析。

(五)测定

(1)测定溶解的金属时,用采样和试样制备上述步骤(2. 试样的制备)制备的试样,按下列测定(4)进行测定。

(2)测定金属总量时,如果样品不需要消解,用实验室样品,按下列测定(4)进行测定。如果需要消解,用试样[测定(3)处理的试样]进行分析。

(3)加入 5 mL 硝酸(2),在电热板上加热消解,确保样品不沸腾,蒸至 10 mL 左右;加入 5 mL 硝酸(2)和 2 mL 高氯酸(4),继续消解,蒸至 1 mL 左右;如果消解不完全,再加入 5 mL 硝酸(2)和 2 mL 高氯酸(4),再蒸至 1 mL 左右。取下冷却,加水溶解残渣,通过中速滤纸(预先用酸洗)过滤于 100 mL 容量瓶中,用水稀释至标线。

消解中使用高氯酸有爆炸危险,整个消解要在通风橱中进行。

(4)根据表 3-5 选择波长和调节火焰,吸入硝酸溶液(8),将仪器调零。吸入空白、工作标准溶液或样品,记录吸光度。

表 3-5　不同元素对应的特征谱波长及火焰类型

元素	特征谱波长(nm)	火焰类型
铜	324.7	乙炔、空气、氧化性
锌	213.8	乙炔、空气、氧化性
铅	283.3	乙炔、空气、氧化性
镉	228.8	乙炔、空气、氧化性

(5)根据扣除空白吸光度后的样品吸光度，在校准曲线上查出样品中的金属浓度。

五、计算

$$待测金属离子质量浓度(mg/L)=\frac{m}{V} \quad (3\text{-}8)$$

式中　m——标准曲线上查得或仪器直接读出的待测金属离子质量，μg；

V——水样体积，mL。

六、注意问题

实验用的玻璃或塑料器皿用洗涤剂洗净后，在硝酸溶液(7)（详见实验试剂表述）中浸泡，使用前用水冲洗干净。

习　题

习题解析

1. 简述原子吸收分光光度计的组成部分。
2. 消解时应注意什么问题？

任务八　实验八——六价铬的测定

一、实验目的及原理

六价铬的测定

（一）实验目的

(1)掌握六价铬测定的原理及操作过程。

(2)掌握水样预处理的方法。

（二）实验原理

在酸性溶液中，六价铬离子与二苯碳酰二肼反应，生成紫红色化合物，其最大吸收波长 540 nm，吸光度与浓度的关系符合比尔定律。

二、实验仪器

分光光度计；比色皿(1 cm、3 cm)；2.50 mL 比色管；移液管；容量瓶等。

三、实验试剂

(1)丙酮。

(2)(1+1)硫酸：将浓度为 1.84 g/mL（优级纯）的硫酸缓缓加入同体积的水中，混合均匀。

(3)(1+1)磷酸：将浓度为 1.69 g/mL（优级纯）的磷酸与等体积的水混合均匀。

(4)0.2%(m/V)的氢氧化钠溶液：将 1 g 氢氧化钠，溶于 500 mL 新煮沸并放冷的水中。

(5)氢氧化锌共沉淀剂:称取硫酸锌($ZnSO_4 \cdot 7H_2O$)8 g,溶于 100 mL 水中;称取氢氧化钠 2.4 g,溶于 120 mL 水中。将以上两溶液混合。

(6)4%(m/V)高锰酸钾溶液:称量 4 g 高锰酸钾,在加热并搅拌条件下溶于水中,稀释至 100 mL。

(7)铬标准贮备液:称取于 120 ℃干燥 2 h 的重铬酸钾(优级纯)0.282 9 g,用水溶解,移入 1 000 mL 容量瓶中,用水稀释至标线,摇匀。每毫升贮备液含 0.100 μg 六价铬。

(8)铬标准使用液:吸取 5.00 mL 铬标准贮备液于 500 mL 容量瓶中,用水稀释至标线,摇匀。每毫升标准使用液含 1.00 μg 六价铬。使用当天配制。

(9)20%(m/V)尿素溶液:将 20 g 尿素溶于水中并稀释至 100 mL。

(10)2%(m/V)亚硝酸钠溶液:将 2 g 亚硝酸钠溶于水中并稀释至 100 mL。

(11)二苯碳酰二肼溶液:称取二苯碳酰二肼(简称 DPC,$C_{13}H_{14}N_4O$)0.2 g,溶于 50 mL 丙酮中,加水稀释至 100 mL,摇匀,贮于棕色瓶中,置于冰箱中保存。颜色变深后不能再用。

四、操作步骤

(一)水样预处理

(1)对不含悬浮物、低色度的清洁地面水,可直接进行测定。

(2)如果水样有色但不深,可进行色度校正。具体操作为:另取一份试样,加入除显色剂以外的各种试剂,以 2 mL 丙酮代替显色剂,用此溶液为测定试样溶液吸光度的参比溶液。

(3)对浑浊、色度较深的水样,应加入氢氧化锌共沉淀剂进行过滤处理。

(4)水样中存在次氯酸盐等氧化性物质时,会干扰测定,可加入尿素和亚硝酸钠消除。

(5)水样中存在低价铁、亚硫酸盐、硫化物等还原性物质时,可将 Cr^{6+} 还原为 Cr^{3+},此时调节水样 pH 至 8,加入显色剂溶液,放置 5 min 后再酸化显色,并以同法做标准曲线。

(二)标准曲线的绘制

取 9 支 50 mL 比色管,依次加入 0 mL、0.20 mL、0.50 mL、1.00 mL、2.00 mL、4.00 mL、6.00 mL、8.00 mL 和 10.00 mL 铬标准使用液,用水稀释至标线,加入 1+1 硫酸 0.5 mL 和 1+1 磷酸 0.5 mL,摇匀。再加入 2 mL 显色剂溶液,摇匀。5~10 min 后,于 540 nm 波长处,用 1 cm 或 3 cm 比色皿,以水为参比,测定吸光度并做空白校正。以吸光度为纵坐标,相应六价铬含量为横坐标,绘出标准曲线。

(三)水样的测定

取适量(含 Cr^{6+} 少于 50 μg)无色透明或经预处理的水样于 50 mL 比色管中,用水稀释至标线,测定方法同标准溶液。进行空白校正后,根据所测吸光度,从标准曲线上查得 Cr^{6+} 的含量。

五、计算

$$Cr^{6+}\text{的质量浓度(mg/L)}=\frac{m}{V} \tag{3-9}$$

式中　m——从标准曲线上查得的 Cr^{6+}的质量，μg；

V——水样的体积，mL。

六、注意问题

(1)用于测定铬的玻璃器皿不应用重铬酸钾洗液洗涤。

(2)Cr^{6+}与显色剂的显色反应一般控制酸度为 0.05～0.3 mol/L($1/2H_2SO_4$)，以 0.2 mol/L 时显色最好。显色前，水样应调至中性。显色温度和放置时间对显色有影响，在 15 ℃时，5～15 min 颜色即可稳定。

习　题

习题解析

1. 测定总铬时应如何处理水样？

2. 用 10 mm 比色皿和 30 mm 比色皿测出的吸光度数值是否会一致？

任务九　实验九——总砷的测定

一、实验目的及原理

在酸性条件下，三价砷与硼氢化钾反应生成砷化氢，由载气(氩气)带入石英管原子化器，砷化氢分解为原子态砷。在特制的砷空心阴极灯的照射下，基态砷原子被激发至高能态，去活化回到基态时，发射出特征波长的荧光，在一定浓度的范围内，其荧光强度与砷的含量成正比，因此可通过测定标准曲线求出未知样品中砷含量。

二、实验仪器

AF-7500 型双道氢化物-原子荧光光度计；砷空心阴极灯。

三、实验试剂

(1)盐酸(ρ=1.19 g/mL)，优级纯。

(2)盐酸溶液(5+95)：将浓度为 1.19 g/mL(优级纯)的盐酸 5 mL 与 95 mL 的水混合均匀。

(3)氢氧化钾溶液(2 g/L)。

(4)硼氢化钾溶液(20 g/L)。

(5)硫脲-抗坏血酸溶液：称取 10 g 硫脲加约 80 mL 纯水，加热溶解，冷却后加入 10 g

抗坏血酸，稀释至 100 mL。

(6)砷标准储备液[ρ(As)= 1 000 μg/mL]：购自国家钢铁材料测试中心。

(7)砷标准中间溶液[ρ(As)= 1.00 μg/mL]：吸取 0.05 mL 砷标准储备液(6)于 50 mL 容量瓶中，用纯水定容至刻度。

(8)砷标准使用溶液[ρ(As)= 0.10 μg/ mL]：吸取 5 mL 砷标准中间溶液(7)于 50 mL 容量瓶中，用纯水定容至刻度。

四、操作步骤

(1)参考仪器说明书将仪器工作条件调整至测砷最佳状态，原子荧光工作条件见表 3-6。

表 3-6　原子荧光工作条件

项目	条件
原子化炉温度(℃)	300
载气(mL/min)	100~200
屏蔽气(mL/min)	400~600
灯主电流(mA)	90
灯辅电流(mA)	50
负高压(V)	300~360

(2)样品测定。

吸取 10 mL 水样于样品管中，加入 1 mL 盐酸(1)、1 mL 硫脲-抗坏血酸溶液(5)，摇匀，放置 15 min，上机检测。

(3)校准曲线的绘制。

分别吸取砷标准使用溶液(8)0 mL、0.1 mL、0.3 mL、0.5 mL、0.7 mL、1 mL、2 mL 于容量瓶中，用纯水定容至 10 mL，此时砷的浓度为 0 ng/mL、1.0 ng/mL、3.0 ng/mL、5.0 ng/mL、7.0 ng/mL、10.0 ng/mL、20 ng/mL，分别向这一系列的标准溶液中加入 1 mL 盐酸(1)、1 mL 硫脲-抗坏血酸溶液(5)，摇匀，放置 15 min，按步骤操作。以标准系列的浓度为横坐标，以对应的峰面积为纵坐标，绘制校准曲线。

五、计算

以所测样品的荧光强度，从标准曲线或回归方程中查得样品溶液中砷浓度。通过几次测定结果求其平均值进行计算。

习　题

简述测定砷的实验原理。

习题解析

任务十　非金属无机物的测定

水体中的非金属无机物的测定有很多，一般进行监测的项目包括酸度、碱度、pH、氟化物、溶解氧、硫化物、氰化物、含氮化合物等。

一、酸度和碱度

(一)酸度

水的酸度是指水中能够释放出 H^+ 或能够水解产生 H^+ 的物质的总量，通常表示水中能够和强碱发生中和反应的全部物质的量。因此，天然水中组成酸度的物质可概括为两类，一类是 HCl、H_2SO_4、H_2CO_3 等能够直接释放 H^+ 的强酸或弱酸，另一类是 $FeCl_3$、$Al_2(SO_4)_3$ 等容易水解产生 H^+ 的强酸弱碱盐。

地表水体中，由于二氧化碳的溶入或被机械、选矿、电镀、农药、印染、化工等行业排放的含酸废水污染，使水体的 pH 降低，破坏水生动植物和农作物的正常生存条件，造成水生动植物和农作物的死亡。而且，含酸废水还可以腐蚀管道，破坏建筑物。因此，酸度是衡量水体水质变化的一项重要指标。

测定酸度的方法有酸碱指示剂滴定法和电位滴定法。

酸碱指示剂滴定法，利用了 H^+ 与碱可发生中和反应的这一性质，用已知准确浓度的强碱标准溶液做滴定分析，以反应所消耗的碱标准溶液的量计算水中的酸度(以 $CaCO_3$ 计，mg/L)。对于同一样品的滴定分析，由于所选指示剂不同，相应指示终点 pH 也不同，因此酸度数值的大小也有所不同。滴定终点的 pH 一般有 3.7 和 8.3 两种。用碱标准溶液滴定到 pH 为 3.7(以甲基橙为指示剂)时的酸度称为“甲基橙酸度”(包括一些较强的酸)，此时所有 H^+ 被 OH^- 中和，水中碳酸盐以 H_2CO_3 为主要形式。用碱标准溶液滴定至 pH 为 8.3(以酚酞作指示剂)时的酸度称为“酚酞酸度”(又称总酸度，包括强酸和弱酸)，此时水中碳酸盐以 HCO_3^- 为主要形式。事实上，水中总酸度的滴定终点 pH 应为 10.8，水中碳酸盐以 ${CO_3}^{2-}$ 为主要形式，但在此 pH 处难以选择合适的指示剂，因此往往以酚酞酸度作为总酸度。具体测定过程可参见任务十。这种方法适用于测定水样色度较浅的饮用水、地表水、生活污水和工业废水的酸度。

电位滴定法，是以玻璃电极为指示电极，以甘汞电极为参比电极，用氢氧化钠标准溶液作为滴定剂，滴定至 pH 为 3.7 和 8.3。在 pH 计、电位滴定仪或离子计上指示反应终点，根据其相应消耗的氢氧化钠溶液的量分别计算两种酸度。这种方法适用于各种水体酸度的测定，不受水样色度、浊度的限值。

(二)碱度

水的碱度是指水中能够接受的 H^+ 物质的总量，用以体现水体接受 H^+ 的能力，通常用能够与强酸发生中和反应的全部物质的量来表示。水中碱度的主要组成包括 OH^-、HCO_3^- 和 CO_3^{2-}。主要来源于强碱(如 NaOH、KOH)、弱碱(如 $NH_3 \cdot H_2O$)及能够水解产生 OH^- 的强碱弱酸盐(如碳酸盐、重碳酸盐、磷酸盐和硫化物)等。

测定碱度与测定酸度的方法一样，有酸碱指示剂滴定法和电位滴定法。

酸碱指示剂滴定法，一般用强酸标准溶液滴定水样至规定的 pH 值，其终点由加入的酸碱指示剂在该 pH 值时颜色的变化来判断。先用酚酞指示剂指示滴定终点，溶液颜色由红色变为无色，此时溶液 pH 为 8.3，水中氢氧化物（OH^-）已被中和，碳酸盐（CO_3^{2-}）也转化为重碳酸盐（HCO_3^-）；然后用甲基橙指示剂指示滴定终点，当颜色由黄色变为橘红色时，溶液的 pH 为 4.4~4.5，此时水中的重碳酸盐（HCO_3^-）已全部转化为 H_2CO_3。根据两次滴定终点所消耗的盐酸标准溶液的量，计算水中碳酸盐碱度、重碳酸盐碱度和总碱度（以 $CaCO_3$ 计，mg/L）。具体的测定过程可参见任务十一。

二、pH

pH 是水质常规指标之一，用于表示水中酸性、碱性的强弱程度。在污水生产、污废水处理及工业用水等方面，水的酸碱性不仅能够影响生产、处理工艺中的化学物质形态和化学反应，还会对输水管道和构筑物产生腐蚀作用，因此 pH 是一个重要的考虑因素和检测指标。水的酸性、碱性的强弱往往与水中氢离子的浓度有关，水中氢离子浓度的变化可以反映水的酸碱性强弱，当水中氢离子浓度大时，水的酸性较强，反之则反映了水的碱性较强。但是，往往水中氢离子浓度的数值很小，使用起来很不方便，因此就用 pH 来表示。pH 与氢离子浓度的定量关系如下：

$$pH = -\lg[H^+] \tag{3-10}$$

式中　$[H^+]$——水中氢离子活度（可近似按氢离子浓度处理），mol/L。由此，可得：

（1）pH 为 7 时，水溶液呈中性。

（2）pH 小于 7 时，水溶液呈酸性，且 pH 越小酸性越强。

（3）pH 大于 7 时，水溶液呈碱性，且 pH 越大碱性越强。

pH 的测定方法有很多，常用的有酸碱指示剂法和玻璃电极法。

（一）酸碱指示剂法

酸碱指示剂是一种随 pH 变化而发生结构变化的物质，其结构的变化会使其呈现出颜色的变化。不同的酸碱指示剂发生颜色变化的 pH 范围也不同，这个范围称为指示剂的变色范围。例如，甲基橙指示剂在 3.1~4.4 这个 pH 范围处会发生红色和黄色的转变，而酚酞指示剂则会在 pH 为 8~9 的范围内发生无色和红色的转变。因此，可以通过指示剂的颜色变化，测量判定水溶液的 pH 范围。

如果指示剂的变色范围较窄，还可以用来确定水中的 pH。比如，广泛 pH 试纸是用甲基红、溴百里酚蓝、百里酚蓝和酚酞按照一定比例配合成的混合指示剂制成，其变色范围很窄，pH 每变化一个单位，颜色就发生转变，因此测定的 pH 可以精确到 1。测定时，用玻璃棒蘸取或用胶头滴管吸取少量试样，涂于 pH 试纸上，待显色后，比对 pH 试纸所配套的比色卡，读取 pH。

（二）玻璃电极法

酸度计是一种利用电化学分析法测定水中 pH 的仪器，由指示 pH 的电位计和一对电极（甘汞电极和玻璃电极）组成。甘汞电极由汞、氯化亚汞（甘汞）和氯化钾溶液组成，在一定温度下，其电极电位取决于溶液中氯离子（Cl^-）的活度。氯离子的活度恒定，则电极电位是一个定值。因此，甘汞电极一般用作参比电极。玻璃电极一般作为指示电极，由银-氯化银作为内参比电极、0.1 mol/L HCl 溶液作为内参比溶液，以及对氢离子选择性响应的特殊玻璃作为敏感玻璃膜，其测定不受水的色度和浊度的干扰，因此适用范围较广。玻璃电极、甘汞电极和待测试液之间组成原电池，常温条件下，原电池的电动势与试液的 pH 之间符合能斯特方程：

$$E = K + 0.0592\text{pH} \tag{3-11}$$

式中　K——常数。但由于 K 很难准确计算，在实际测量时常采用比较法。

配制与待测试液 pH 接近的标准缓冲溶液，在相同条件下分别测定其电动势 E，用 s 表示标准缓冲溶液，x 表示待测试液，则有：

$$\text{pH}_x = \text{pH}_s + \frac{E_x - E_s}{0.0592} \quad (25\ ℃) \tag{3-12}$$

测定时，首先需对酸度计进行标定，可选用与待测试样 pH 非常接近的标准缓冲溶液，或 pH 位于待测试样两侧的两种标准缓冲溶液进行标定。标定后，将电极冲洗干净，再插入待测溶液中，可直接从仪器上读出 pH。目前市售的酸度计通常将 pH 玻璃电极和饱和甘汞电极合为 pH 复合电极，使用更加方便。

三、溶解氧

溶解氧是指溶解于水中的分子态的氧，常用 DO 表示，其含量受温度、气压及水中的含盐量等因素影响。通常情况下，清洁的地面水中溶解氧含量接近饱和状态，常温常压下，通常为 8~9 mg/L。当水体富营养化、藻类植物大量繁殖时，由于光合作用释放氧气，使得水中溶解氧含量过饱和，但同时也会造成水的透明度降低，影响下层藻类植物的光合作用，使得呼吸作用多于光合作用，造成水中溶解氧的消耗量大于产生量，从而使溶解氧含量降低。水生生物会因缺氧，大量死亡，水中厌氧细菌繁殖活跃，并分解有机物，产生腐败发臭的物质，使水质恶化。因此，溶解氧成为一项重要的有机污染物综合指标，其测定对水体自净能力的判断有重要意义。

测定水中溶解氧的方法通常有碘量法和氧电极法两种。

（一）碘量法

碘量法是利用 I_2 和 I^- 的氧化还原反应来进行滴定分析的一种分析方法，广泛应用于多种设计氧化还原反应的水质指标的测定。碘量法的基本原理是，在酸性条件下，水中的氧化性物质与 KI 作用，I^- 被还原成 I_2，利用 I_2 遇淀粉变蓝的性质，以淀粉为指示剂，用 $Na_2S_2O_3$ 标准溶液滴定生成的 I_2，直至蓝色消失，由 $Na_2S_2O_3$ 标准溶液的用量可换算出氧化性物质的含量。

滴定所使用的 $Na_2S_2O_3$ 标准溶液，浓度通常为 0.1 mol/L，是用 $Na_2S_2O_3 \cdot 5H_2O$ 配制而成。$Na_2S_2O_3 \cdot 5H_2O$ 不能直接配制标准溶液，其准确浓度需要标定，常用于标定的基准试剂为 $K_2Cr_2O_7$。准确称取一定量的 $K_2Cr_2O_7$，在弱酸性条件下，加入过量的 KI，I^- 定量转化为 I_2，而后以淀粉为指示剂，用 $Na_2S_2O_3$ 溶液滴定至蓝色消失，根据 $K_2Cr_2O_7$ 的用量换算出 $Na_2S_2O_3$ 溶液的准确浓度。$K_2Cr_2O_7$ 和 I^- 反应速度很慢，因此在 $K_2Cr_2O_7$ 中加入过量 KI 后，应避光放置几分钟，待反应完全后再进行标定操作。

碘量法是溶解氧测定的一种常见方法。在水样中加入二价锰，溶解氧可将其氧化为四价锰的氢氧化物,四价锰氢氧化物可与 I^- 反应,定量转化出相当量的 I_2,以淀粉为指示剂,用 $Na_2S_2O_3$ 标准溶液滴定生成的 I_2,直至蓝色消失,由 $Na_2S_2O_3$ 标准溶液的用量可换算出溶解氧的含量。

溶解氧测定的水样应采集在溶解氧瓶中,水样应充满整个容器,避免有气泡附着在玻璃瓶壁上,瓶口瓶塞处应有水封。水样采集时,一般先用水样润洗溶解氧瓶,然后将采样器上的橡胶管插入溶解氧瓶底部,水样溢出瓶体体积的 1/2 左右后,迅速盖上瓶塞。采样后,现场进行溶解氧固定,用吸管吸取 1 mL $MnSO_4$ 溶液,将吸管插入溶解氧瓶,注入 $MnSO_4$ 溶液,再吸取 2 mL 碱性碘化钾溶液(若水样中有亚硝酸盐干扰,则需要用碱性碘化钾-叠氮化钠溶液),用相同的注入方法加入溶解氧瓶中,盖好瓶塞,颠倒充分混匀,静置,待棕色沉淀物降至瓶内一半时,再颠倒混匀,直至沉淀物下降到瓶底。

测定时,吸取 2 mL(1+1)硫酸溶液,同样用插入加注的方式加入溶解氧瓶中,颠倒混匀,至沉淀全部溶解,暗处静置 5 min。吸取 100.0 mL 溶解氧瓶中的水样,置于 250 mL 锥形瓶中,用 $Na_2S_2O_3$ 标准溶液滴定至溶液呈淡黄色,加入 1 mL 淀粉溶液,继续滴定至蓝色刚好褪去。记录 $Na_2S_2O_3$ 标准溶液的用量,用于溶解氧含量的计算,计算公式如下:

$$\rho(O_2, mg/L) = \frac{c \times V \times 8 \times 1\ 000}{100} \tag{3-13}$$

式中　c——$Na_2S_2O_3$ 标准溶液的浓度,mol/L;

V——$Na_2S_2O_3$ 标准溶液的用量体积, mL;

8——氧的换算系数。

(二)氧电极法

当水样中干扰物质较多、色度较高时,溶解氧测定往往不适用碘量法,而使用氧电极法进行测定。氧电极法是利用溶解氧电极对水中溶解氧选择性感应,可直接在仪表上读取溶解氧含量。测定方法见任务十二。

四、含氮化合物

水体中的含氮化合物主要包括氨氮、亚硝酸盐氮、硝酸盐氮和总氮。其中,氨氮、亚硝酸盐氮和硝酸盐氮属于无机氮化物,总氮则不仅包括以上无机氮化物,还包括蛋白质、氨基酸、核酸、尿素等有机氮化物。

水中的有机氮化物在好氧微生物的分解作用下,最终可转化为氨氮、亚硝酸盐氮和硝酸盐氮等含氮无机物。其中硝酸盐氮是分解作用最终阶段的产物,在清洁的水体中硝酸盐氮含量较低,而受污染的水体中硝酸盐氮含量较高。因此,水体中这四项含氮化合物指标的测定,能够很好地反映水体的污染情况、污水的分解情况和污水排放后的稳定程度。若水体被生活污水、农田排水或工业废水污染,水中含氮化合物含量增加,会造成藻类植物大量繁殖,出现水体富营养化,从而使水中溶解氧减少,使水质恶化。

(一)氨氮

水体中的氨氮是指以游离态的氨(NH_3)和铵根离子(NH_4^+)的形式存在的含氮化合物。水中氨氮的测定方法包括纳氏试剂分光光度法、水杨酸分光光度法和蒸馏-中和滴定法等测定方法。

纳氏试剂分光光度法是测定水中氨氮最常用的方法,适用于地表水、地下水、生活污水和工业废水中氨氮的测定。水中氨或铵根离子与纳氏试剂发生显色反应,生成淡红棕色配合物。配合物颜色的深浅随氨氮含量的不同而不同,当氨氮含量较低时,颜色呈淡黄色,含量较高则产生红棕色沉淀。此配合物在 420 nm 波长处有吸光度,以氨的含量对吸光度绘制标准曲线,用以求出水中氨氮的含量。该方法使用 2 cm 比色皿测定时,最低检出限值为 0.025 mg/L,测定范围为 0.10~2.0 mg/L。

水杨酸分光光度法,同样适用于地表水、地下水、生活污水和工业废水中氨氮的测定。水中的氨或铵根离子,在碱性条件下,经亚硝基铁氰化钠的作用,能够与水杨酸和次氯酸发生显色反应,生成蓝色化合物,该化合物在 697 nm 波长处有吸光度,以氨的含量对吸光度绘制标准曲线,用以求出水中氨氮的含量。测定前,水样应先进行预蒸馏,以去除由于较高色度和含盐量对测定的影响。若水样较清洁,可免去此步骤。该方法使用 3 cm 比色皿测定时,最低检出限值为 0.004 mg/L,测定范围为 0.016~0.25 mg/L。若使用 1 cm 比色皿测定时,最低检出限值为 0.01 mg/L,测定范围为 0.04~1.0 mg/L。因此,该方法可用于氨氮含量较低时的测定。

当水中氨氮含量较高、有较高的色度和浊度影响测定时,常采用蒸馏-中和滴定法进行测定,该方法适用于生活污水和工业废水中氨氮的测定。蒸馏-中和滴定法的原理是将水样的 pH 调节在 6.0~7.4,加入氧化镁呈微碱性。加热蒸馏,释出的氨被硼酸溶液吸收,以甲基红-亚甲基蓝为指示剂,用盐酸标准溶液滴定馏出液中的氨。测定方法是取 250 mL 水样,移入凯氏烧瓶中,加数滴溴百里酚蓝指示剂,用氢氧化钠或盐酸溶液调节至 pH 为 7 左右。加入 0.25 g 轻质氧化镁和数粒玻璃珠,立即连接氮球和冷凝管加热蒸馏,待馏出液达 200 mL 时,停止蒸馏。将全部馏出液转移至锥形瓶中,加入 2 滴甲基红-亚甲基蓝指示剂,用盐酸标准溶液滴定至由绿色变为淡紫色,并记录消耗的盐酸标准溶液的体积。用无氨水代替水样按照相同步骤做空白实验。水中氨氮含量计算如下:

$$\rho(\mathrm{NH_3-N,mg/L})=\frac{V_\mathrm{S}-V_\mathrm{b}}{V}\times c\times 14.01\times 1\,000 \tag{3-14}$$

式中　V_S——水样消耗的盐酸标准溶液体积,mL;

V_b——空白实验消耗的盐酸标准溶液体积, mL;

c——盐酸标准溶液的浓度,mol/L;

V——水样体积, mL;

14.01——氮的摩尔质量,g/mol。

(二)总氮、硝酸盐氮(NO_3^--N)和亚硝酸盐氮(NO_2^--N)

水中总氮包含无机氮化物和有机氮化物,在自然环境下,有机氮化物在好氧微生物的分解作用下,可转化为氨氮、亚硝酸盐氮和硝酸盐氮等无机氮化物;无机氮化物中的氨氮、亚硝酸盐氮均可通过硝化细菌的有氧作用,转化为硝酸盐氮。因此,亚硝酸盐是氮循环的中间产物,而硝酸盐氮则是最终产物。这三项水质指标的测定有很多方法,下面介绍几种常用的方法。

1. 紫外分光光度法

总氮、硝酸盐氮(NO_3^--N)均可用紫外分光光度法测定,其测定原理相同。总氮测定时，需先用碱性过硫酸钾在 120～124 ℃下加热消解 0.5 h，将含氮化合物全部转化为硝酸盐氮（NO_3^--N）。消解液或水样中的硝酸根离子（NO_3^-）在 220 nm 波长的紫外光有特征吸收，因此可通过对 220 nm 波长光的吸光度来确定硝酸根离子的含量。但实际在测定时，水中的有机物对 220 nm 波长的光也有吸收，因此会产生干扰。为了排除有机物产生的吸光度，需另选择一种波长的光，使有机物对其有吸收而硝酸根不吸收，即 275 nm 波长的紫外光。测定吸光度后，可扣除有机物的影响。

硝酸盐氮（NO_3^--N）测定前，需对水样进行预处理，可用氢氧化铝絮凝沉淀，然后经大孔径中性树脂吸附处理，以除去水中大部分常见有机物和亚硝酸盐、高价铁、六价铬、浊度等。

2. 离子色谱法

离子色谱法是一种常见的、可测定多种无机阴离子的方法，该方法较简便、快速，相对干扰较少，因此在水中无机阴离子测定时应用较广泛。硝酸盐氮（NO_3^--N）和亚硝酸盐氮（NO_2^--N）也常用此方法测定。

硝酸盐氮（NO_3^--N）和亚硝酸盐氮（NO_2^--N）通常同其他阴离子（包括 F^-、Cl^-，SO_4^{2-}、HPO_4^{2-}）一起测定，因此需配制含有 6 种离子的混合标准使用液。分别吸取浓度均为 1 000 mg/L 的 5.00 mL F^-储备液、10.00 mL Cl^-储备液、20.00 mL NO_2^- 储备液、40.00 mL NO_3^- 储备液、50.00 mL HPO_4^{2-} 和 SO_4^{2-} 储备液，加入 10.00 mL 含有 0.18 mol/L 碳酸钠和 0.17 mol/L 碳酸氢钠的淋洗储备液，再加水稀释至 1 000 mL，配制成混合标准使用液Ⅰ，此时混合液中 F^-、Cl^-、NO_2^-、NO_3^-、HPO_4^{2-}、SO_4^{2-} 浓度分别为 5.00 mg/L、10.00 mg/L、20.00 mg/L、40.00 mg/L、50.00 mg/L 和 50.00 mg/L。吸取此混合标准使用液Ⅰ20.00 mL，加 1.00 mL 淋洗储备液，加水稀释至 100 mL，配制成标准混合使用液Ⅱ，此时混合液中 F^-、Cl^-、NO_2^-、NO_3^-、HPO_4^{2-}、SO_4^{2-} 浓度分别为 1.00 mg/L、2.00 mg/L、4.00 mg/L、8.00 mg/L、10.00 mg/L、10.00 mg/L。

测定时，设定合适的色谱条件，根据样品浓度选择测定量程，设定进样量为 25 μL，淋洗液流速为 1.0～2.0 mL/min，淋洗液中碳酸钠和碳酸氢钠的含量分别为 0.001 8 mol/L 和 0.001 7 mol/L（用淋洗储备液稀释可得）。

根据样品浓度选取混合标准使用液Ⅰ或Ⅱ，配制 5 个浓度水平的混合标准溶液，分别测定其峰高或峰面积。以峰高或峰面积为纵坐标，以离子质量浓度为横坐标绘制标准曲线，计算标准曲线的回归方程。

样品测定前需用 0.45 μm 的微孔滤膜过滤，然后用与标准曲线相同的方法测定峰高或峰面积，通过标准曲线找到相应的离子浓度。用实验用水（该项实验的实验用水为二次去离子水，电导率应低于 0.5 μS/cm）代替水样，按照相同方法做空白实验。NO_3^- 和 NO_2^- 及其他阴离子的浓度可按下式计算：

$$\rho(\text{mg/L}) = \frac{h - h_0 - a}{b} \tag{3-15}$$

式中　h——峰高（或峰面积）；

h_0——空白峰高测定值；

b ——回归方程的斜率；

a ——回归方程的截距。

五、氟化物

氟化物(F^-)广泛存在于天然水体中，人体的牙齿和骨骼等组织中也含有氟，氟是人体必需的微量元素之一。但当水中氟的含量过高时，对人体是有害的。一般情况下，饮水中氟的含量高于1~1.5 mg/L时，人体易患氟斑牙；而当饮水中氟的含量高于4 mg/L时，则可患氟骨症。有色冶金、钢铁和铝加工、焦炭、玻璃、陶瓷、电子、电镀、化肥、农药厂等工业废水污染，会导致水体中氟化物含量超标。

水中氟化物的测定方法有很多，如离子色谱法、氟试剂分光光度法和氟离子选择电极法等。前两种方法在其他任务中有说明，因此下面主要来介绍氟离子选择性电极法。

氟离子选择性电极法测定氟化物(F^-)的原理是，以氟离子选择性电极为指示电极，饱和甘汞电极做参比电极，与待测试液组成原电池，在一定温度下，当溶液中总离子强度不变时，该原电池的电动势与F^-浓度的对数值呈线性关系。氟离子选择性电极是一种晶膜电极，对F^-有选择性响应，其对F^-活度的线性响应范围是$10^{-6}\sim10^{-1}$ mol/L，最适宜的pH范围是5.0~5.5。目前，市售的离子计大多数使用氟离子电极和饱和甘汞电极合成的复合电极。

测定时，首先用氟化钠配制浓度为100 μg/mL的氟离子标准储备液，再稀释为10 μg/mL的标准使用液。分别吸取1 mL、3 mL、5 mL、10 mL、20 mL的氟离子标准使用液置于50 mL容量瓶中，各加入10 mL总离子强度调节缓冲剂(TISAB)，用去离子水稀释至标线，摇匀。氟化钠对玻璃有腐蚀作用，因此将配好的标准系列溶液立即转入100 mL塑料烧杯中待用。按浓度由低到高的顺序，将氟离子选择性复合电极分别浸入到标准系列的各溶液中，用磁力搅拌器搅拌3~5 min，待读数稳定后，读取电动势值(mV)。在半对数坐标纸上以电动势(mV)为纵坐标，以F^-浓度(mg/L)为横坐标，绘制标准曲线。

取适量的水样，置于50 mL容量瓶中，调节pH近中性，加入10 mL TISAB，加水稀释至标线，摇匀，转入100 mL塑料烧杯中。插入氟离子选择性复合电极，用磁力搅拌器搅拌至读数稳定后，读取电动势值(mV)。根据测得的电动势值，由标准曲线上查得F^-的含量。由去离子水代替水样，按水样测定步骤进行测定。

六、氰化物

氰化物属于剧毒物质，在人体中的毒害作用主要是与高铁细胞色素氧化酶结合，生成氰化高铁细胞色素氧化酶而失去传递氧的作用，引起组织缺氧窒息。在天然水体中，正常pH条件下，含有锌、镉的络合氰化物浓度较低，可全部消解，产生的HCN对水生生物有很大毒性；而含有锌、镉的络合氰化物本身就具有毒性；铁氰络合离子虽没有毒性，但经日光的光解作用产生有毒的HCN。

水中氰化物可分为简单氰化物和络合氰化物两种。简单氰化物包括碱金属(钠、钾、铵)的盐类(碱金属氰化物)和其他金属的盐类(金属氰化物)。碱金属氰化物的水溶液中，氰基以CN^-和HCN的形式存在，二者之比取决于pH。大多数天然水体中，HCN占优势。简单的金属氰化物也可能以稳定度不等的各种金属氰化物的络合阴离子的形式存在，通常用 $A_yM(CN)_x$ 表示，其中，A 表示碱金属，M 表示重金属，y 表示金属原子数，x 表示氰根数。

水中氰化物的测定方法通常有硝酸银滴定法、异烟酸-吡唑啉酮光度法、异烟酸-巴比妥酸分光光度法和电极法。其中异烟酸-巴比妥酸分光光度法灵敏度较高，应用比较广泛，下面主要介绍这种测定方法。

异烟酸-巴比妥酸分光光度法的测定原理是在弱酸性条件下，水样中氰化物与氯胺 T 反应生成氯化氰，然后与异烟酸反应，经水解生成戊烯二醛，最后与巴比妥酸反应生成一种紫蓝色化合物，在 600 nm 波长的光下有吸收，其吸光度与氰化物含量成正比。可用标准曲线法定量测定水样中氰化物的含量。

氰化物的测定分为总氰化物和易释放氰化物两种类型，选取不同的蒸馏条件可制备不同的氰化物样品。氰化物蒸馏装置如图 3-10 所示。

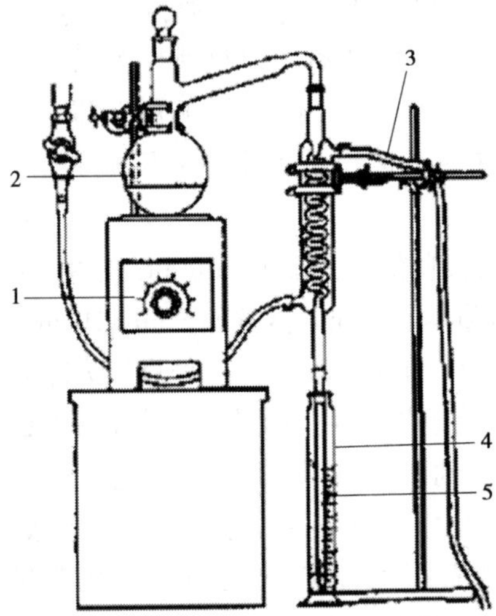

1—可调电炉；2—蒸馏瓶；3—冷凝水出水口；4—量筒；5—馏出液导管

图 3-10　氰化物蒸馏装置

总氰化物包括全部简单氰化物和绝大部分络合氰化物。总氰化物样品的制备，在水样中加入磷酸和 EDTA-2Na，其中 EDTA 对金属离子的络合能力比较强，可将络合氰化物中的氰离子释放出来，磷酸用以调节水样 pH 至小于 2，在此条件下，加热蒸馏，氰离子以氰化氢形式被蒸馏出来，被氢氧化钠溶液吸收。

易释放氰化物包括全部简单氰化物和部分络合氰化物（如锌氰络合物等）。该样品的制备，在水样中加入酒石酸和硝酸锌，在 pH = 4 的条件下，加热蒸馏，全部简单氰化物和在此条件下能够生成氰化氢的部分络合氰化物，以氰化氢的形式被蒸馏出，并被氢氧化钠溶液吸收。

测定时，取 10.00 mL 样品馏出液和 10.00 mL 空白实验馏出液，置于 25 mL 具塞比色管中，加入 5 mL 磷酸二氢钾缓冲溶液（pH = 4.0），混匀，迅速加入 0.3 mL 1% 氯胺 T 溶液，立即盖好塞子，慢慢混匀，放置 1~2 min。加入 6.0 mL 异烟酸-巴比妥酸显色剂，加水稀释至标线,混匀。25 ℃下,显色 15 min。在 600 nm 波长处,用 1 cm 比色皿,以水作参比,测定吸光度。

分别向 8 支 25 mL 具塞比色管中加入 1 μg/mL 氰化钾标准使用液 0 mL、0. 20 mL、0. 50 mL、1. 00 mL、2. 00 mL、3. 00 mL、4. 00 mL 和 5. 00 mL,加入 0. 1%氢氧化钠溶液 10 mL,此时氰化物含量依次为 0 μg、0. 20 μg、0. 50 μg、1. 00 μg、2. 00 μg、3. 00 μg、4. 00 μg 和 5. 00 μg。按照与馏出液相同的操作步骤进行吸光度测定,绘制吸光度 A-氰化物含量(μg)校准曲线。

氰化物含量按照以下公式计算:

$$\rho(CN^-, mg/L) = \frac{A - A_0 - a}{b} \times \frac{V_1}{V_2 \times V} \tag{3-16}$$

式中　A ——水样的吸光度;

A_0——试剂空白的吸光度;

b ——回归方程的斜率;

a ——回归方程的截距;

V——蒸馏取样的体积, mL;

V_1——馏出液的体积, mL;

V_2——比色所取馏出液的体积, mL。

七、硫化物

水中的硫化物包括溶解性的 H_2S 及其解离出的 HS^-、S^{2-},以及悬浮物中可溶性硫化物,酸溶性金属硫化物,未电离的有机、无机硫化物。水中硫化物水解后,会以硫化氢形式挥发,硫化氢具有臭鸡蛋气味,毒性很大,高浓度能够危及人的生命。地下水和生活污水中常含有硫化物,由厌氧细菌还原硫酸盐或分解含硫有机物而来。某些工矿企业等的工业废水中也会含有硫化物。

硫化物的测定方法有很多,当水中硫化物含硫较小(<1 mg/L)时,常采用流动注射—亚甲蓝分光光度法,也可采用间接原子吸收法和气象分子吸收法;当含量较高(>1 mg/L)时,可采用碘量法。

(一)碘量法

碘量法测定水中硫化物,利用的是硫化物的还原性,在酸性条件下,用过量的碘与之作用,作用后剩余的碘用硫代硫酸钠标准溶液滴定,通过硫代硫酸钠的消耗量计算剩余碘的量,再算出与硫化物反应的碘的用量,从而间接计算出硫化物的含量。

水样在采集时,通常按照每 100 mL 水样加 0. 3 mL 1 mol/L 乙酸锌溶液和 0. 6 mL 1 mol/L 氢氧化钠溶液的比例,加入上述两种试剂,使水样呈碱性,并使硫化物以硫酸锌沉淀的形式加以固定。

测定前需对水样进行预处理,利用酸化—吹起—吸收装置,以硫化氢的形式蒸出,用乙酸锌溶液吸收。碘量法测定硫化物的吹起装置如图 3-11 所示。

取混匀的水样 200 mL 于反应瓶中,连接好装置,以 400 mL/min 的流速吹入氮气 5 min 以除去装置内的空气。通过加酸漏斗,向反应瓶中加入 20 mL(1+1)磷酸溶液,迅速

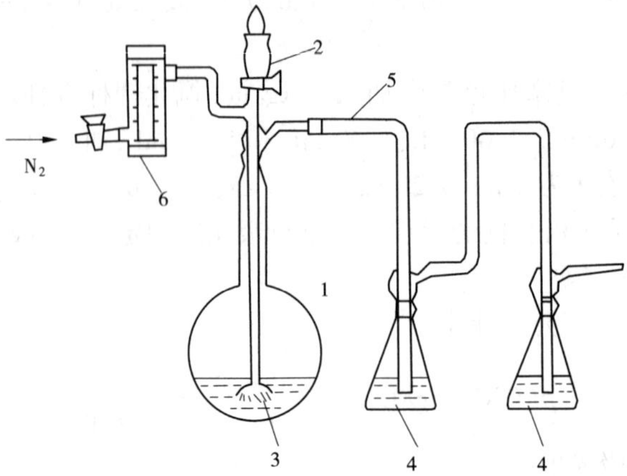

1—500 mL 圆底反应瓶；2—加酸漏斗；3—多孔砂芯片；
4—150 mL 锥形吸收瓶（碘量瓶）；5—玻璃连接管；6—流量计

图 3-11　碘量法测定硫化物的吹起装置

关闭活塞，用 60～70 ℃水浴温度加热，并以 75～100 mL/min 的流速吹氮气 20 min，再以 300 mL/min 的流速吹气 10 min，以 400 mL/min 的流速吹气 5 min，赶尽装置中残留的硫化氢气体。

吹气完毕后，取下装置中的两个吸收瓶，分别加入 10 mL 0.01 mol/L 碘标准溶液，再加入 5 mL(1+1)盐酸溶液，塞紧瓶塞，混匀。在暗处静置 10 min，然后用 0.01 mol/L 硫代硫酸钠标准溶液滴定至溶液呈淡黄色，暂停滴定，加入 1 mL 淀粉指示剂，再继续滴定至蓝色刚好褪去，记录硫代硫酸钠的消耗量。该测定需用纯水做空白实验，得空白滴定值。吸收瓶中硫化物含量可按下式计算：

$$c_i(\mathrm{mg/L}) = \frac{c(V_0 - V_i) \times 16.03 \times 1\,000}{V} \quad (i = 1,2) \tag{3-17}$$

式中　V_0——空白滴定值，mL；

V_i——试样滴定值，mL；

V——试样体积，mL；

c——硫代硫酸钠标准溶液浓度，mol/L，水样中硫化物的含量即为 c_1 和 c_2 的和。

(二)流动注射-亚甲蓝分光光度法

流动注射-亚甲蓝分光光度法的原理是在酸性条件下，水样通过在线加热释放的硫化氢气体被氢氧化钠溶液吸收，吸收液中的硫离子与对氨基二甲基苯胺和三氯化铁反应生成亚甲基蓝，在 660 nm 波长的光下有吸光度，吸光度的大小与生成的有色化合物含量成正比。该测定使用的流动注射分析仪工作流程如图 3-12 所示。

测定时，需配制浓度为 10.00 mg/L 的硫化钠标准使用液，并分别取适量标准使用液置于一组容量瓶中，用 0.025 mol/L 氢氧化钠溶液稀释至标线，制成标准系列溶液。该标准系列可制备 6 个浓度点，硫化物浓度（以 S^{2-} 计，mg/L）分别为 0 mg/L、0.10 mg/L、0.20 mg/L、0.50 mg/L、1.00 mg/L 和 2.00 mg/L。取 10 mL 标准系列溶液，置于样品杯中，从

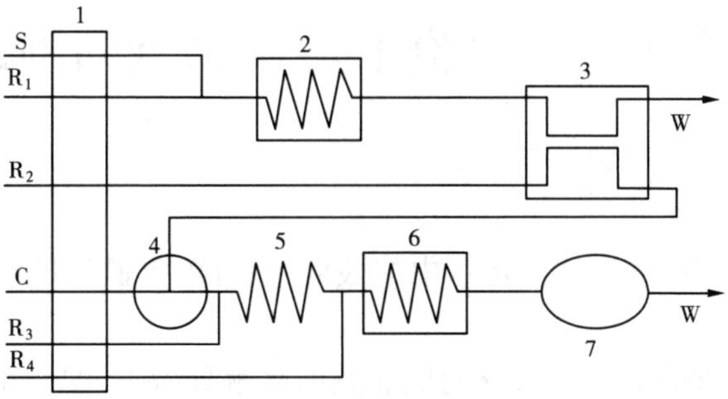

1—蠕动泵；2—加热池（65 ℃）；3—扩散池；4—注入阀；5—反应环；6—加热池（30 ℃）；7—检测池（1 cm，660 nm）；R_1—（1+10）磷酸溶液；R_2—0.025 mol/L 氢氧化钠溶液；R_3—对氨基二甲基苯胺溶液；R_4—三氯化铁溶液；C—载液（0.025 mol/L 氢氧化钠溶液）；S—试样；W—废液

图 3-12　流动注射分析仪工作流程

低浓度到高浓度依次测定，得到不同浓度硫化物的峰面积。以峰面积为纵坐标，以硫化物浓度（以 S^{2-} 计，mg/L）为横坐标，绘制校准曲线。取待测样品 10 mL，按照与标准曲线相同的步骤测定峰面积。该测定需用纯水代替水样，做空白实验。水样中硫化物浓度（以 S^{2-} 计，mg/L）可按下式计算：

$$\rho(S^{2-},\mathrm{mg/L}) = \frac{y - y_0 - a}{b} \times f \qquad (3\text{-}18)$$

式中　y——水样测定峰面积；

y_0——空白峰面积；

b——回归方程的斜率；

a——回归方程的截距；

f——稀释倍数。

八、其他非金属化合物

根据水体类型和对水质要求的不同，可能还需要测定水中其他非金属无机物，如氯化物、碘化物、硫酸盐、二氧化硅、含磷化合物、余氯等，关于其测定分析方法，可参阅有关水质分析参考书。

习　题

1. 什么是水的酸度和碱度？它们主要包含了哪些物质组成？
2. 什么是酸碱指示剂？广泛 pH 试纸的显色原理是什么？
3. 酸度计的组成有哪些？什么是 pH 复合电极？
4. 水中溶解氧含量过低有什么危害？
5. 水中的营养盐有哪些？它们是如何造成水体污染的？

习题解析

任务十一 实验十—— 酸度的测定

一、实验目的及原理

通过本次实验掌握碱滴定法测定水中的酸度,熟练酸度测定的滴定分析操作和滴定终点颜色的判断。

由于水中无机酸类的解离或部分无机盐类的水解导致 H^+的产生,这些 H^+与碱可发生中和反应,反应所消耗的碱标准溶液的量被定义为酸度。对于同一样品的滴定分析,由于所选指示剂不同,相应指示终点 pH 也不同,因此酸度数值的大小也有所不同。滴定终点的 pH 一般有 8.3 和 3.7 两种,其中用碱标准溶液滴定至 pH =8.3(以酚酞作为指示剂)时的酸度称为"酚酞酸度"(又称总酸度,包括强酸和弱酸),用碱标准溶液滴定到 pH=3.7(以甲基橙为指示剂)时的酸度称为"甲基橙酸度"(包括一些较强的酸)。

二、实验仪器

(1)碱式滴定管:25 mL。

(2)锥形瓶:250 mL。

(3)常用实验仪器。

三、实验试剂

(1)无 CO_2 水:将 pH≥6.0 的蒸馏水或去离子水,煮沸 15 min,加盖冷却至室温。若水的 pH 较低,可适当延长煮沸时间。

(2)氢氧化钠标准溶液:称取 60 g 氢氧化钠溶于 50 mL 水中,转入聚乙烯瓶中冷却并静置 24 h 以上,吸取上层清液约 7.5 mL 置于 1 000 mL 容量瓶中,用无二氧化碳水稀释至标线,摇匀。称取在 105~110 ℃干燥过的基准试剂邻苯二甲酸氢钾($KHC_8H_4O_4$)约 0.5 g(称准至 0.000 1 g),置于 250 mL 锥形瓶中,加无二氧化碳水 100 mL 使之溶解,加入 4 滴酚酞指示剂,用待标定的氢氧化钠标准溶液滴定至浅粉红色为终点。同时,用无二氧化碳水做空白滴定,按下式计算氢氧化钠标准滴定溶液浓度 c(mol/L):

$$c = \frac{W \times 1000}{(V_1 - V_0) \times 204.23} \tag{3-19}$$

式中 W——称取邻苯二甲酸氢钾的质量,g;

V_0——滴定空白时,所耗氢氧化钠标准溶液体积, mL;

V_1——滴定邻苯二甲酸氢钾时,所耗氢氧化钠标准溶液的体积, mL;

204.23——邻苯二甲酸氢钾($KHC_8H_4O_4$)摩尔质量,g/mol。

(3)0.5%酚酞指示剂:称取 0.5 g 酚酞,溶于 100 mL 95%乙醇中。

(4)0.05%甲基橙指示剂:称取 0.05 g 甲基橙溶于 100 mL 水中。

四、操作步骤

(一)测定甲基橙酸度

取适量水样置于 250 mL 锥形瓶中,用量筒量取 50 mL 无 CO_2 水,将水样稀释至约 100 mL 作为试样,再向锥形瓶中加入 2 滴 0.05%甲基橙指示剂,立即用氢氧化钠标准溶液滴定至试样由橘红色变为橘黄色为终点,记录其用量(V_1)。

(二)测定酚酞酸度

另取一份水样于 250 mL 锥形瓶中,同样用无 CO_2 水稀释至约 100 mL 作为试样,再向锥形瓶中加入 4 滴 0.5%酚酞指示剂,用氢氧化钠标准溶液滴定至试样刚刚变为浅粉红色为终点,记录其用量(V_2)。

五、计算

$$c_1 = \frac{c \times V_1 \times 50.05}{V} \times 1\,000 \tag{3-20}$$

$$c_2 = \frac{c \times V_2 \times 50.05}{V} \times 1\,000 \tag{3-21}$$

式中　c_1——水样的甲基橙酸度,$CaCO_3$mg/L;

c_2——水样的酚酞酸度(总酸度),$CaCO_3$mg/L;

c——氢氧化钠标准溶液浓度,mol/L;

V_1——用甲基橙作指示剂时,氢氧化钠标准溶液的用量, mL;

V_2——用酚酞作为指示剂时,氢氧化钠标准溶液的用量, mL;

V——水样体积, mL;

50.05——碳酸钙($1/2CaCO_3$)摩尔质量,g/mol。

六、注意问题

(1)盛放水样的容器打开后应迅速滴定,防止干扰气体溶入试样。

(2)若水样中有游离氯存在,会使指示剂褪色,因此在加入指示剂前,可加入 0.05 mL 0.1ml/L 硫代硫酸钠溶液去除。

(3)若水样中含有铁、锰、铝等易水解的离子时,在常温滴定时反应速率很慢,且产生沉淀,导致滴定终点时指示剂褪色,因此在加入酚酞后应加热煮沸 2 min,然后趁热滴至终点。

(4)在做滴定时,可在锥形瓶下方放置一片滤纸或白瓷板,以便在白色背景下便于观察颜色变化。

习　题

习题解析

1. 酸度有哪几种类型?如何划分?
2. 酸度测定常用的指示剂有哪些?

任务十二　实验十一——碱度的测定

一、实验目的及原理

通过本次实验掌握酸滴定法测定水中的碱度，熟练掌握碱度测定的滴定分析操作，判断滴定终点颜色变化。

水样用标准溶液滴定至规定的pH，其终点由加入的酸碱指示剂在该pH时颜色的变化来判断。先用酚酞指示剂指示滴定终点，当颜色由红色变为无色时，溶液pH为8.3，水中氢氧化物(OH^-)已被中和，碳酸盐(CO_3^{2-})也转化为重碳酸盐(HCO_3^-)；然后用甲基橙指示剂指示滴定终点，当颜色由黄色变为橘红色时，溶液的pH为4.4~4.5，此时水中的重碳酸盐(HCO_3^-)已被中和。根据两次滴定终点所消耗的盐酸标准溶液的量，计算水中碳酸盐碱度、重碳酸盐碱度和总碱度。

二、实验仪器

(1)酸式滴定管：25 mL。

(2)锥形瓶：250 mL。

(3)常用实验仪器。

三、实验试剂

(1)无CO_2水：用于制备标准溶液及稀释用的蒸馏水或去离子水，临用前煮沸15 min，冷却至室温，并且pH≥6.0，电导率<0.2 mS/m。

(2)碳酸钠标准溶液：将无水碳酸钠于180 ℃烘干2 h，称取1.324 9 g溶于少量无CO_2水中，初步溶解后转移至1 000 mL容量瓶中，加水稀释至标线，充分摇匀。此时，碳酸钠标准溶液的浓度为$c\,(1/2Na_2CO_3)=0.025\,0$ mol/L。该标准溶液配制完成后应储存在聚乙烯瓶中，保持时间不超过一周。

(3)盐酸标准溶液：用吸量管吸取2.1 mL浓盐酸($\rho=1.19$ g/mL)，并用无CO_2水稀释至1 000 mL，此盐酸溶液的浓度约为0.025 0 mol/L。用移液管准确吸取碳酸钠标准溶液25.00 mL于250 mL锥形瓶中，加入无CO_2水稀释至约100 mL，加入3滴甲基橙指示剂，用盐酸溶液滴定至由黄色变为橘红色，记录盐酸溶液用量。计算出准确浓度后即为盐酸标准溶液。准确浓度计算式如下：

$$c=\frac{25.00\times 0.025\,0}{V} \tag{3-22}$$

式中　c——盐酸标准溶液浓度，ml/L；

V——盐酸标准溶液用量，mL。

(4)0.5%酚酞指示剂：称取0.5 g酚酞溶于100 mL 95%乙醇中，用0.1 mol/L氢氧化钠溶液滴定至出现浅粉红色为止。

(5)0.1%甲基橙指示剂：称取0.1 g甲基橙溶于100 mL水中。

四、操作步骤

(一)酚酞指示滴定终点

取 100 mL 水样于 250 mL 锥形瓶中作为试样,加入 4 滴 0.5%酚酞指示剂,摇匀。当试样呈现红色时,用盐酸标准溶液滴定至红色刚刚褪去,记录盐酸标准溶液的用量 P (mL)。若再加入酚酞指示剂后试样仍为无色,则不需用盐酸标准溶液滴定,直接进行下一步操作。

(二)甲基橙指示滴定终点

向上述锥形瓶中加入 3 滴 0.1%甲基橙指示剂,摇匀。继续用盐酸标准溶液滴定至试样由黄色刚刚变为橘红色,记录盐酸标准溶液用量 M (mL)。计算盐酸标准溶液两次滴定的总用量 T (mL)。

(三)结果分析

对于大多数天然水样,碱性化合物在水中产生的碱度有 5 种情况,通过盐酸标准溶液的用量 P (mL)和 M (mL),以及盐酸标准溶液总用量 T (mL),可判断水中碱度的组成。水中碱度组成如表 3-7 所示。

表 3-7　水中碱度的组成

滴定结果	氢氧化物(OH^-)碱度	碳酸盐(CO_3^{2-})碱度	重碳酸盐(HCO_3^-)碱度
$P = T$	P	0	0
$P > 1/2T$	$P - M$	$2M$	0
$P = 1/2T$	0	$2P$	0
$P < 1/2T$	0	$2P$	$M - P$
$P = 0$	0	0	M

五、计算

(1)当 $P = T$ 时,碱度的计算式为

$$\rho = \rho_1 = \frac{c \times P \times 50.05}{V} \times 1\,000 \tag{3-23}$$

式中　ρ——水样的总碱度,$CaCO_3$mg/L;

ρ_1——氢氧化物碱度,$CaCO_3$mg/L;

V——测定时所取水样体积, mL;

c——盐酸标准溶液浓度,mol/L;

50.05——碳酸钙($1/2CaCO_3$)摩尔质量,g/mol。

(2)当 $P > 1/2T$ 时,碱度的计算式为

$$\rho = \frac{c \times (P + M) \times 50.05}{V} \times 1\,000 \tag{3-24}$$

$$\rho_1 = \frac{c \times (P - M) \times 50.05}{V} \times 1\,000 \tag{3-25}$$

$$\rho_2 = \frac{2c \times M \times 50.05}{V} \times 1\,000 \tag{3-26}$$

式中　ρ_2——碳酸盐碱度，$CaCO_3$ mg/L。

(3)当 $P = 1/2T$ 时，碱度的计算式为

$$\rho = \rho_2 = \frac{2c \times P \times 50.05}{V} \times 1\,000 \tag{3-27}$$

(4)当 $P < 1/2T$ 时，碱度的计算式为

$$\rho = \frac{c \times (P + M) \times 50.05}{V} \times 1\,000 \tag{3-28}$$

$$\rho_2 = \frac{2c \times P \times 50.05}{V} \times 1\,000 \tag{3-29}$$

$$\rho_3 = \frac{c \times (M - P) \times 50.05}{V} \times 1\,000 \tag{3-30}$$

式中　ρ_3——重碳酸盐碱度，$Ca(HCO_3)_2$，mg/L。

(5)当 $P = 0$ 时，碱度的计算式为

$$\rho = \rho_3 = \frac{c \times M \times 50.05}{V} \times 1\,000 \tag{3-31}$$

六、注意问题

(1)本实验测定对象为非浑浊、低色度的水样，而且水中应仅含有氢氧化物、重碳酸盐和碳酸盐组成的碱度。

(2)若水样中有游离氯存在，会使指示剂褪色，因此在加入指示剂前，可加入 0.05 mL 0.1 ml/L 硫代硫酸钠溶液去除。

习　题

1. 水中碱度有哪些类型？
2. 如何判断水中碱度的组成？

习题解析

【课程拓展】

pH 的测定

任务十三　实验十二——DO的测定

一、实验目的及原理

通过本次实验,掌握氧电极法测定水中溶解氧含量的实验原理和实验步骤,学会溶解氧测定仪的使用。了解溶解氧电极的工作原理,掌握其标定方法和使用注意事项。

溶解氧电极是一种隔膜电极,通过电极前端的选择性薄膜将电极内与外界环境隔开,电极内有两个金属电极,并充满电解质。在使用时,电极前端的隔膜可允许氧气分子自由扩散通过,但水和其他可溶性物质几乎不能透过,扩散通过隔膜的氧气在阴极的电子被还原,从而使产生的电流与氧的传递速度成正比关系。常用的溶解氧电极有原电池式隔膜电极和极谱式隔膜电极两种,其中极谱式隔膜电极使用的是中性内充液,维护方便,使用更普遍。

选择性薄膜对气体的渗透性会受到一些外界条件的影响,比如温度、气压和水中的含盐量等,因此在使用时常常会采用数学方法对温度、气压和含盐量进行校正或修正。若溶解氧测定仪能够进行温度、气压和含盐量的自动补偿,则可省略此步骤。

二、实验仪器

(1)JPB-607A溶解氧测定仪:配有极谱式隔膜电极(具有温度和盐度自动补偿功能)。

(2)溶解氧瓶:250 mL。

(3)常用实验仪器。

三、实验试剂

(1)溶解氧填充液。

(2)无氧水:5%亚硫酸钠溶液。

(3)去离子水。

四、操作步骤

(一)电极的安装

将电极前端的膜帽旋下,用去离子水将膜帽的内外冲洗干净并甩干,再将电极的两极冲洗干净并擦干。膜帽中加注3/4体积的溶解氧填充液,再拧到电极上,旋紧。观察膜帽是否与电极阴极的头部贴紧,并且保证膜帽和电极阴极之间没有气泡。将电极连接到溶解氧测定仪上,通电60 min对电极进行极化。

(二)电极的标定

1. 零氧标定

将电极放入新鲜配制的无氧水(5%亚硫酸钠溶液)中,开启溶解氧测定仪,按下“模式”键,将溶解氧测定仪调至“零氧标定”工作状态,待读数稳定后,按下“确定”键,零氧标定完成。

2. 满度标定

将电极从无氧水中取出，用去离子水将电极前端冲洗干净，用滤纸吸干水分，然后放入盛有去离子水的锥形瓶内，让电极悬于瓶内水面上方空气中，注意不要让电极沾水。按下溶解氧测定仪上的“模式”键，将仪器调至“满度标定”工作状态，待读数稳定后，按下“确定”键，满度标定完成。

3. 盐度校准

按下溶解氧测定仪上的“模式”键，将仪器调至“盐度设置”工作状态，此时可以修改盐度值，修改为水样实际盐度值后，按下“确定”键，盐度校准完成。

（三）测定

按下溶解氧测定仪上的“模式”键，将仪器调至溶解氧浓度测量状态，用去离子水将电极清洗干净后插入待测水样，用手以 20～40 cm/s 的速度水平晃动电极，待读数稳定后，读取待测水样的溶解氧浓度值（mg/L）和温度值（℃）。

五、计算

（一）溶解氧的质量浓度

溶解氧的质量浓度通过仪器直接读取，以每升水中所含有的氧的毫克数表示。

（二）溶解氧的饱和百分率

水中溶解氧的饱和百分率，按照以下公式计算：

$$S = \frac{\rho'(O)}{\rho(O)} \times 100\% \tag{3-32}$$

式中　S——水中溶解氧的饱和百分率，%；

$\rho'(O)$——当前大气压和温度下溶解氧质量浓度的实测值，mg/L；

$\rho(O)$——当前大气压和温度下溶解氧质量浓度的理论值，mg/L。

六、注意问题

（1）本次实验测定的水样中不应包含溶剂、油类、硫化物、碳酸盐和藻类等物质，以免引起电极隔膜阻塞、损坏或腐蚀。

（2）溶解氧电极的隔膜不得用手触摸，以免损坏膜片。

习　题

1. 溶解氧电极的标定包括哪些方面？如何标定？
2. 溶解氧电极在使用时应注意哪些问题？

习题解析

任务十四　实验十三——氟化物的测定

一、实验目的及原理

通过本次实验，掌握氟试剂分光光度法测定水中氟化物的实验原理和方法步骤。

氟离子在 pH 为 4.1 的乙酸盐缓冲介质中与氟试剂及硝酸镧反应生成蓝色三元络合物，此有色络合物在可见光 620 nm 波长处的吸光度与氟离子浓度成正比，此定量关系可用于测定氟化物（以 F^- 计）含量。

二、实验仪器

（1）分光光度计：配 1 cm 比色皿。

（2）具塞比色管：25 mL。

（3）酸度计。

三、实验试剂

（1）1 mol/L 盐酸溶液：吸取 8.4 mL 浓盐酸，加水稀释至 100 mL。

（2）1 mol/L 氢氧化钠溶液：将 4 g 氢氧化钠溶于适量水中，冷却后加水稀释至 100 mL。

（3）1 mol/L 乙酸钠溶液：称取 8.2 g 无水乙酸钠，溶解于 100 mL 水中。

（4）0.001 mol/L 氟试剂溶液：称取 0.193 g 氟试剂（3-甲基胺-茜素-二乙酸），用适量水润湿，滴加 1 mol/L 氢氧化钠溶液直至溶解。称取结晶乙酸钠 0.125 g，加入到溶解的氟试剂中，滴加 1 mol/L 盐酸溶液，调节 pH 至 5.0，加水稀释至 500 mL。此溶液应储存于棕色试剂瓶中。

（5）0.001 mol/L 硝酸镧溶液：称取 0.433 g 硝酸镧，加入少量 1 mol/L 盐酸溶液溶解，滴加 1 mol/L 乙酸钠溶液调节 pH 至 4.1，加水稀释至 1 000 mL。

（6）缓冲溶液：称取 35 g 无水乙酸钠，加入 800 mL 水中溶解，再加入 75 mL 冰乙酸，加水稀释至 1 000 mL。滴加冰乙酸或 1 mol/L 氢氧化钠溶液，调节缓冲溶液 pH 至 4.1，此调节应用酸度计进行。

（7）混合显色剂：按照体积比 3∶1∶3∶3，分别量取适量体积的氟试剂溶液、缓冲溶液、丙酮及硝酸镧溶液混合，随用随配。

（8）氟化物标准储备液：将优级纯氟化钠于 105 ℃烘干 2 h，称取 0.221 0 g 溶于适量水中，转移至 1 000 mL 容量瓶中，加水稀释至标线，充分混匀后储存于聚乙烯瓶中。此标准储备液浓度为 100 μg/mL。

（9）氟化物标准使用液：准确吸取氟化钠标准储备液 20.00 mL 至 1 000 mL 容量瓶，加水稀释至标线，混匀后储存于聚乙烯瓶中。此标准使用液浓度为 2.00 μg/mL。

四、操作步骤

(一)水样的预蒸馏

氟化物蒸馏装置如图 3-13 所示。

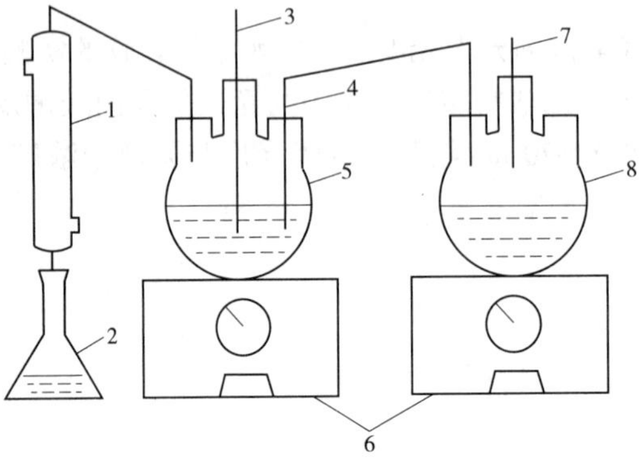

1—冷凝管;2—锥形瓶;3—温度计;4—水蒸气导管;5—500 mL 三口烧瓶;
6—万用电炉;7—安全管;8—1 000 mL 三口烧瓶

图 3-13　氟化物蒸馏装置

量取 20 mL 水样,置于 500 mL 三口烧瓶中,边摇动边缓缓加入 20 mL 硫酸(ρ = 1.84 g/cm^3),混匀。连接好蒸馏装置,加热至温度达 145 ℃,导入水蒸气。以 6 ~ 7 mL/min 的速度收集馏出液至 200 mL,备用。

(二)校准曲线

取 6 支 25 mL 具塞比色管,分别加入 0 mL、1.00 mL、2.00 mL、4.00 mL、6.00 mL、8.00 mL 氟化物标准使用液,此时每支比色管中的氟化物含量分别为 0 μg、2.00 μg、4.00 μg、8.00 μg、12.00 μg 和 16.00 μg,加水至 10 mL 标线。准确加入混合显色剂 10.0 mL,再加水稀释至 25 mL 标线,颠倒摇匀。静置显色 30 min 后,在 620 nm 波长的光下,用 1 cm 比色皿,以水作参比,分别测定吸光度。测得的吸光度扣除零浓度吸光度得校正吸光度,以校正吸光度为纵坐标,以氟化物含量为横坐标,绘制校准曲线。

(三)水样测定

准确吸取 10 mL 经蒸馏预处理的水样于 25 mL 具塞比色管中,加水至 10 mL 标线。准确加入混合显色剂 10.0 mL,再加水稀释至 25 mL 标线,颠倒摇匀。按照与校准曲线相同的操作步骤进行吸光度测定。

(四)空白实验

用去离子水代替水样,按照与水样相同的测定步骤进行吸光度测定。

五、计算

(一)原始记录

1. 校准曲线

原始记录记于表 3-8 中。

表 3-8

序号		1	2	3	4	5	6
(　　　)μg/mL 氟化物标准使用液(mL)							
氟的质量(μg)							
吸光度 A	A_1						
	A_2						
校正吸光度							
回归方程							
相关系数							

校准曲线绘制于图 3-14 中。

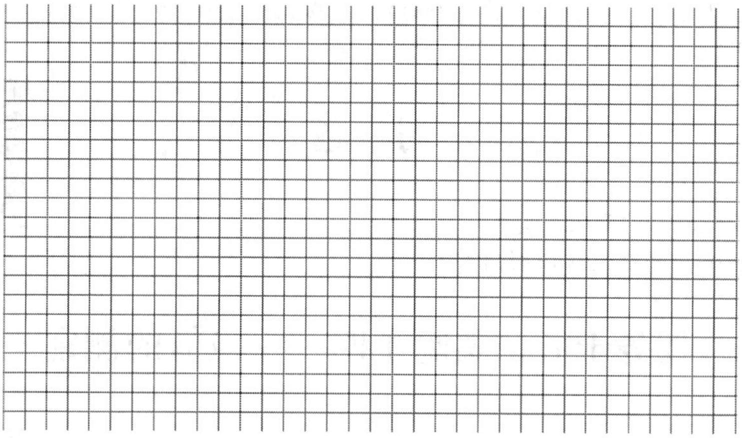

图 3-14

2. 水样测定

水样测定记录于表 3-9 中。

表 3-9

样品编号	样品 1	样品 2
取样体积(mL)		
吸光度 A_s		
空白吸光度 A_b		
氟的含量(mg/L)		
氟含量平均值(mg/L)		
极差		
相对极差		

(二)计算公式

氟化物含量的计算公式如下：

$$\rho(F^-,mg/L)=\frac{A_s-A_b-a}{b\times V} \tag{3-33}$$

式中　ρ——水中氟化物的含量(以 F^- 计),mg/L;

A_s——水样的吸光度；

A_b——空白实验的吸光度；

a——校准曲线的截距；

b——校准曲线的斜率；

V——水样体积，mL。

六、注意问题

(1)水样中若不含干扰离子,可直接制备试样进行比色。

(2)预蒸馏操作时,应注意严格控制好温度,保持温度在 145 ℃±5 ℃,否则硫酸被蒸出,影响测定结果。

习　题

习题解析

1. 氟化物测定的原理是什么？
2. 氟化物测定时要注意什么问题？

任务十五　实验十四——氨氮的测定

氨氮的测定

一、实验目的及原理

掌握纳氏试剂分光光度法测定水中氨氮的实验原理和方法步骤,理解分光光度法测定原理,掌握分光光度计的使用,以及标准曲线定量分析方法。

天然水、生活污水及工业废水中的氨氮指以 NH_3 和 NH_4^+ 等形式存在的氮,氨氮能够与纳氏试剂反应生成有色络合物,反应式如下：

$$NH_3+2K_2HgI_4+3KOH\rightarrow\underset{\text{有色络合物}}{[Hg_2ONH_2]I}+7KI+2H_2O$$

当氨氮含量较低时,络合物呈现淡黄色;当氨氮含量较高时,络合物则呈现为红棕色的沉淀。该络合物在 420 nm 波长的光下有吸光度,可测定其吸光度,吸光度大小与氨氮含量成正比。

二、实验仪器

(1)可见分光光度计:配 2 cm 比色皿。

(2)具塞比色管:50 mL。

(3)纯水机。

(4)常用实验仪器。

三、实验试剂

(1)无氨水:用市售纯水器制备,临用时现制。

(2)纳氏试剂:将 15.0 g 氢氧化钾(KOH)溶于 50 mL 无氨水中,冷却至室温。

将 5.0 g 碘化钾(KI)溶于 10 mL 无氨水中,称取 2.50 g 二氯化汞($HgCl_2$)粉末,分多次边搅拌边加入到碘化钾溶液中,直到溶液呈现深黄色或出现溶解缓慢的淡红色沉淀时,改为滴加二氯化汞饱和溶液,当出现少量朱红色沉淀不再溶解时,停止滴加。

将冷却的氢氧化钾溶液加入到上述溶液中,边加边搅拌,并用无氨水稀释至 100 mL,在暗处静置 24 h 后,将上清液倾入聚乙烯瓶内,弃去沉淀,将盖子盖紧,于暗处存放,可稳定 1 个月。

(3)500 g/L 酒石酸钾钠溶液:将 50.0 g 酒石酸钾钠($KNaC_4H_6O_6 \cdot 4H_2O$)溶于 100 mL 蒸馏水中,煮沸,以除去 NH_3。待冷却后加水稀释至 100 mL。

(4)3.5 g/L 硫代硫酸钠溶液:将 3.5 g 硫代硫酸钠($Na_2S_2O_3$)溶于适量水中,稀释至 1 000 mL。

(5)100 g/L 硫酸锌溶液:将 10.0 g 硫酸锌($ZnSO_4 \cdot 7H_2O$)溶于适量水中,稀释至 100 mL。

(6)250 g/L 氢氧化钠溶液:将 25 g 氢氧化钠(NaOH)溶于适量水中,稀释至 100 mL。

(7)淀粉-碘化钾试纸:用少量水将 1.5 g 可溶性淀粉调至糊状,加入 200 mL 沸水混匀,冷却。加入 0.50 g 碘化钾和 0.50 g 碳酸钠(Na_2CO_3),加水稀释至 250 mL。将滤纸条浸入溶液中,然后取出晾干,并密封储存于棕色试剂瓶中。

(8)氨氮标准储备溶液:将氯化铵(NH_4Cl)于 105 ℃烘干 2 h,准确称取 3.819 0 g 溶于适量水中,完全溶解后转移至 1 000 mL 容量瓶中,加水稀释至标线,此时溶液的浓度为 1 000 μg/mL。冷藏保存,可稳定 1 个月。

(9)氨氮标准工作溶液:准确移取 5.00 mL 氨氮标准储备溶液至 500 mL 容量瓶中,加水稀释至标线,此时溶液浓度为 10 μg/mL。

四、操作步骤

(一)水样的预处理

1. 去除余氯

取少量水样涂于淀粉-碘化钾试纸上,检验是否含有余氯,若试纸变蓝则表明含有余氯,反之则不含余氯。若水样中含有余氯,可加入适量的硫代硫酸钠溶液去除,并用淀粉-碘化钾试纸检验是否除尽。

2. 去除浑浊及有色物质

若水样浑浊或有颜色，需通过絮凝沉淀处理，取得上清液进行分析。取100 mL水样，加入1 mL硫酸锌溶液，搅拌均匀。滴加氢氧化钠溶液，调节pH至约为10.5，此时产生白色絮状物，静置使之沉淀，后取上清液进行分析。也可用中速滤纸进行过滤，滤纸需用无氨水冲洗，滤液的前20 mL应弃去。还可以对絮凝后的水样进行离心处理，从而获得上清液。

（二）校准曲线

取8支50 mL比色管，分别加入0 mL、0.50 mL、1.00 mL、2.00 mL、4.00 mL、6.00 mL、8.00 mL和10.00 mL氨氮标准工作溶液，此时每支比色管中氨氮的含量分别为0 μg、5.0 μg、10.0 μg、20.0 μg、40.0 μg、60.0 μg、80.0 μg和100 μg，加入无氨水至标线。每支比色管中分别加入1 mL酒石酸钾钠溶液，摇匀，加入1.5 mL纳氏试剂，再摇匀。静置显色10 min后，在420 nm波长的光下，用2 cm比色皿，以蒸馏水作参比，分别测量吸光度。测得的吸光度扣除空白实验的吸光度得校正吸光度，以校正吸光度为纵坐标，以相应的氨氮含量为横坐标，绘制校准曲线。

（三）样品测定

取50 mL清洁（或经预处理）的水样，置于50 mL比色管中，按照与校准曲线相同的操作步骤，测定吸光度。

（四）空白实验

用无氨水代替水样，按照与水样相同的预处理和测定步骤测定吸光度。

五、计算

（一）原始记录

1. 校准曲线

原始记录记于表3-10中。

表3-10

序号		1	2	3	4	5	6	7	8
（　　）μg/mL氨氮标准使用液（mL）									
氨氮的质量（μg）									
吸光度 A	A_1								
	A_2								
校正吸光度									
回归方程									
相关系数									

校准曲线绘制于图3-15中。

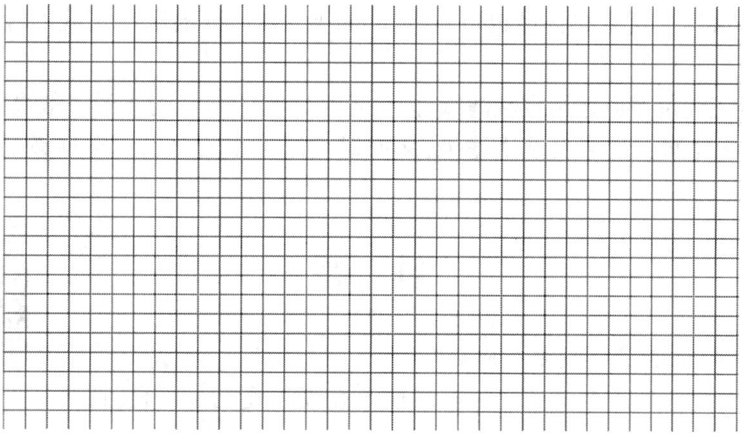

图 3-15

2. 水样测定

水样测定记录于表 3-11 中。

表 3-11

样品编号	样品 1	样品 2
取样体积(mL)		
吸光度 A_s		
空白吸光度 A_b		
氨氮的含量(mg/L)		
氨氮含量平均值(mg/L)		
极差		
相对极差		

(二)计算公式

氨氮含量的计算公式如下：

$$\rho(NH_3 - N, mg/L) = \frac{A_s - A_b - a}{b \times V} \tag{3-34}$$

式中　ρ——氨氮的含量(以 N 计),mg/L;

A_s——水样的吸光度;

A_b——空白实验的吸光度;

a——校准曲线的截距;

b——校准曲线的斜率;

V——水样体积, mL。

六、注意问题

(1)二氯化汞($HgCl_2$)为剧毒物质,应避免接触皮肤和口腔。

(2)根据水样中氨氮的含量也可选择 1 cm 比色皿,试剂空白实验的吸光度应不超过 0.030。

(3)絮凝沉淀过滤应选用定性滤纸,因为定量滤纸中铵盐的含量一般高于定性滤纸。过滤前,应用无氨水少量多次淋洗滤纸,从而避免滤纸中所含的可溶性铵盐造成的测量误差。

习　题

习题解析

1. 氨氮测定应注意哪些安全问题?

2. 氨氮测定时如产生大量红棕色沉淀导致吸光度无法测定,此问题该如何解决?

任务十六　实验十五——总氮的测定

一、实验目的及原理

掌握碱性过硫酸钾消解紫外分光光度法测定水中总氮的实验原理和方法步骤,理解分光光度法测定原理,掌握分光光度计的使用,以及标准曲线定量分析方法。

在 120~124 ℃下,过硫酸钾作为氧化剂在碱性介质中能使水中含氮化合物的氮(包括氨氮、亚硝酸盐氮以及有机氮)转化成硝酸盐,采用紫外分光光度法分别于 220 nm 和 275 nm 处测定吸光度,总氮(以 N 计)含量与两个吸光度的差值成正比。

二、实验仪器

(1)高压蒸汽灭菌锅:最高工作压力不低于 1.1~1.4 kg/cm^2,最高工作温度不低于 120~124 ℃

(2)具塞比色管:25 mL。

(3)紫外分光光度计:配 1 cm 石英比色皿。

(4)常用实验仪器。

三、实验试剂

(1)盐酸溶液:1+9。

(2)碱性过硫酸钾溶液:取 40.0 g 过硫酸钾置于 600 mL 水中,并于 50 ℃水浴中加热溶解完全。另取 15.0 g 氢氧化钠溶于 300 mL 水中,待冷却后,将其与过硫酸钾溶液混合,并加水稀释至 1 000 mL。此溶液需置于聚乙烯瓶中,可保存一周。

(3)硝酸钾标准储备液:称取 0.721 8 g 硝酸钾(优级纯)溶于适量水中,转移至 1 000 mL 容量瓶中,加水稀释至标线,混匀。此时,标准使用液浓度为 100.0 mg/L。

(4)硝酸钾标准使用液:准确吸取 10.00 mL 硝酸钾标准储备液,转移至 100 mL 容量瓶中,加水稀释至标线,混匀。此时,标准使用液浓度为 10.0 mg/L。

四、操作步骤

(一)校准曲线

取6支25 mL具塞比色管，分别加入0 mL、0.20 mL、0.50 mL、1.00 mL、3.00 mL、7.00 mL硝酸钾标准使用液，此时每支比色管中的总氮含量分别为0 μg、2.00 μg、5.00 μg、10.0 μg、30.0 μg和70.0 μg，加水稀释至10 mL标线。每支管中加入5.00 mL碱性过硫酸钾溶液，塞紧管塞，用纱布和线绳将管塞扎紧，置于高压蒸汽灭菌锅中加热，当温度加热至120 ℃开始计时，保持温度在120～124 ℃ 30 min。加热结束后，待高压蒸汽灭菌锅的压力表读数降至为零时，取出比色管，冷却至室温后按住管塞将比色管中的液体颠倒混匀2～3次。

将6支比色管中分别加入1.0 mL盐酸(1+9)溶液，再加水稀释至25 mL标线，混匀。在紫外分光光度计上，分别于波长220 nm和275 nm处，用1 cm石英比色皿，以水作参比，测定各支比色管中的吸光度。零浓度的校正吸光度A_b和其他标准系列的校正吸光度A_s均以公式$A_{220}-A_{275}$进行计算。以总氮(以N计)含量(μg)为横坐标，以相应的A_s-A_b值为纵坐标，绘制校准曲线。

(二)样品测定

准确移取10.00 mL水样，置于25 mL具塞比色管中，按照与校准曲线相同的操作步骤进行吸光度的测定与计算。

(三)空白实验

用10.00 mL纯水代替水样，按照样品测定步骤进行测定。

五、计算

(一)原始记录

1.校准曲线

原始记录记于表3-12中。

表3-12

序号		1	2	3	4	5	6
(　　)μg/mL硝酸钾标准使用液(mL)							
N的质量(μg)							
吸光度A	A_{220}						
	A_{275}						
校正吸光度							
回归方程							
相关系数							

校准曲线绘制于图 3-16 中。

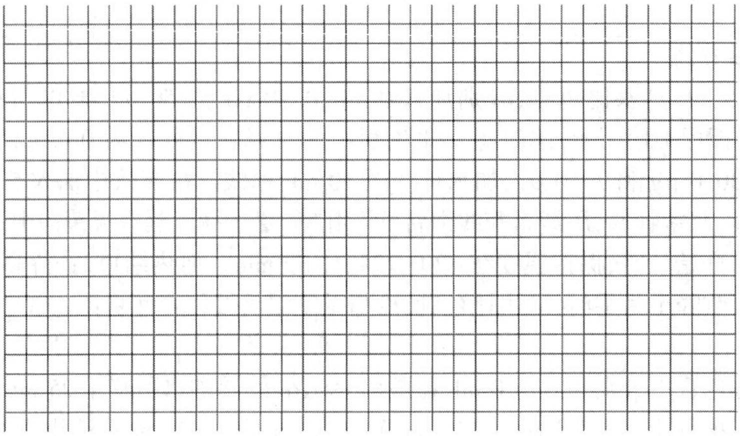

图 3-16

2. 水样测定

水样测定记录于表 3-13 中。

表 3-13

样品编号	样品 1	样品 2
取样体积(mL)		
A_{s220}		
A_{s275}		
吸光度 $A_s = A_{s220} - A_{s275}$		
A_{b220}		
A_{b275}		
空白吸光度 $A_b = A_{b220} - A_{b275}$		
总氮的含量(mg/L)		
总氮含量平均值(mg/L)		
极差		
相对极差		

(二)计算公式

总氮含量的计算公式如下：

$$\rho(\mathrm{N},\mathrm{mg/L})=\frac{(A_s-A_b-a)\times f}{bV} \tag{3-35}$$

式中　ρ——总氮的含量，mg/L；

a——校准曲线的截距；

b——校准曲线的斜率；

V——测定时所取水样体积，mL；

f——稀释倍数。

六、注意问题

(1)实验所用的器皿在使用前应用盐酸(1+9)溶液或硫酸(1+35)溶液浸泡，然后用自来水和纯水冲洗干净，以免受氮污染。

(2)空白实验的校正吸光度应小于0.030，若超过此值应检查实验用水、试剂纯度、实验器具和高压蒸汽灭菌锅的污染状况。

(3)若所用水样以浓硫酸作保护剂，pH为1~2，在测定前应用20 g/L氢氧化钠溶液或硫酸(1+35)溶液调节pH至5~9。

习　题

习题解析

1. 总氮测定的原理是什么？

2. 碱性过硫酸钾消解紫外分光光度法测定水中总氮时，应注意什么问题？

任务十七　实验十六——总磷的测定

总磷的测定

一、实验目的及原理

掌握钼酸铵分光光度法测定水中总磷的实验原理和方法步骤，理解分光光度法测定原理，掌握分光光度计的使用，以及标准曲线定量分析方法，能够计算校准曲线方程及 r 值。

在地表水、污水和工业废水中，总磷主要包括溶解性的、颗粒的有机或无机磷酸盐，通常在中性条件下，用过硫酸钾或硝酸—高氯酸等氧化剂将含磷化合物全部氧化为正磷酸盐。在酸性条件下，正磷酸盐与钼酸铵反应，在酒石酸锑钾作用下生产磷钼杂多酸，而后被抗坏血酸还原，生成蓝色的络合物。此蓝色络合物在700 nm波长的可见光下有吸光度，可进行吸光度测定。

二、实验仪器

(1)高压蒸汽灭菌锅:1.1~1.4 kg/cm^2。

(2)具塞比色管:50 mL。

(3)分光光度计。

(4)常用实验仪器。

三、实验试剂

(1)硝酸:1.4 g/mL。

(2)高氯酸:优级纯,1.68 g/mL。

(3)硫酸溶液:量取27 mL 1.84 g/mL的硫酸缓缓加入至973 mL的蒸馏水中,搅拌均匀,此硫酸溶液浓度为$c(1/2H_2SO_4)=1$ mol/L。

(4)1 mol/L氢氧化钠溶液:称取4 g氢氧化钠溶于适量水中,冷却并稀释至100 mL。

(5)6 mol/L氢氧化钠溶液:称取24 g氢氧化钠溶于适量水中,冷却并稀释至100 mL。

(6)50 g/L过硫酸钾溶液:称取5 g过硫酸钾溶于适量水中,并稀释至100 mL。

(7)钼酸盐溶液:称取13 g钼酸铵溶解于100 mL水中。称取0.35 g酒石酸锑钾溶解于100 mL水中。将钼酸铵溶液徐徐加入到300 mL硫酸(1+1)溶液中,边加入边搅拌,再将酒石酸锑钾溶液加入混合液中,并混合均匀。

(8)磷标准储备溶液:磷酸二氢钾于110 ℃下烘干2 h,放至干燥器中冷却至室温。准确称取(0.219 7±0.001) g磷酸二氢钾,用适量水溶解后,转移至1 000 mL容量瓶中,加蒸馏水至约800 mL,加5 mL硫酸(1+1)溶液,加蒸馏水稀释至标线,混匀。此时,溶液浓度为50.0 μg/mL。

(9)磷标准工作溶液:准确吸取磷标准储备溶液10.0 mL,转移至250 mL容量瓶中,加蒸馏水至标线,混匀。此溶液浓度为2.0 μg/mL。

四、操作步骤

(一)试样制备与消解

1.过硫酸钾消解

将水样充分摇匀,使得水样中的溶解部分和悬浮部分充分混合,获得具有代表性的试样。用移液管准确移取25 mL水样于具塞比色管中作为试样。用硫酸作保护剂保存的水样,应先调节pH至中性,再进行移取,调节方法可参照硝酸-高氯酸消解后试样的pH调节。

向试样中加入4 mL过硫酸钾溶液,将具塞比色管的玻璃塞盖紧,用医用纱布和棉线将玻璃塞扎紧,放在大烧杯中,置于蒸汽灭菌锅中加热,待压力达到1.1 kg/cm^2,相应温度为120 ℃时,开始计时,30 min后停止加热。待蒸汽灭菌锅的压力表读数降至零时,取出比色管,放至冷却,然后加入蒸馏水稀释至标线。

2.硝酸-高氯酸消解

用移液管准确移取25 mL水样于锥形瓶中,加几粒玻璃珠,加入2 mL浓硝酸,在电炉上加热蒸发至10 mL。冷却后,加入5 mL浓硝酸,再次加热蒸发至10 mL。冷却后,加入3 mL高氯酸,加热至高氯酸冒白烟,此时调节电炉温度,使锥形瓶中的消解液能够保持回流状态,加热蒸发至3~4 mL,放至冷却。

在消解液中加入10 mL蒸馏水,加入1滴酚酞指示剂,滴加氢氧化钠溶液至浅粉红色,再滴加硫酸溶液至红色刚好褪去。将消解液充分摇匀,转移至具塞比色管中,加入蒸馏水稀释至标线。

(二)显色

向消解液中加入1 mL抗坏血酸溶液,摇匀,30 s后加入2 mL钼酸盐溶液,充分混匀。常温下放置15 min显色。

(三)吸光度测量

消解液经充分显色后,在700 nm波长的光下,用3 cm比色皿,以蒸馏水作参比,测定吸光度。所测吸光度扣除空白实验的吸光度后,通过工作曲线找出相应的磷的含量。

(四)空白实验

用蒸馏水代替水样,按照与水样相同的制备和消解方法进行处理,并加入相同体积的试剂,经显色后测定其吸光度。

(五)工作曲线

准确吸取2.0 μg/mL磷标准溶液0 mL、0.50 mL、1.0 mL、3.0 mL、5.0 mL、10.0 mL、15.0 mL,分别加入到7支具塞比色管中,此时每支比色管中的含磷量分别为0 μg、1.0 μg、2.0 μg、6.0 μg、10 μg、20 μg、30 μg。加入蒸馏水稀释至25 mL,再按照与水样相同的制备和消解方法进行处理,并加入相同体积的试剂。显色后,以蒸馏水作参比,分别测定吸光度。测得的吸光度分别扣除空白实验的吸光度,与相应的磷的含量绘制工作曲线。

五、计算

(一)原始记录

1. 工作曲线

原始记录记于表3-14中。

表3-14　原始记录

序号		1	2	3	4	5	6	7
(　　)μg/mL磷标准工作溶液(mL)								
磷的质量(μg)								
吸光度A	A_1							
	A_2							
校正吸光度								
回归方程								
相关系数								

校准曲线绘制于图3-17中。

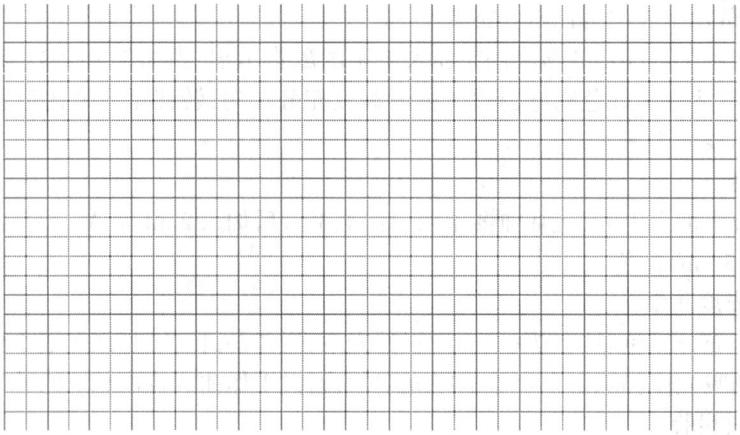

图 3-17

2. 水样测定

水样测定结果记录于表 3-15 中。

表 3-15　水样测定结果记录

样品编号	样品 1	样品 2
取样体积(mL)		
吸光度 A_s		
空白吸光度 A_b		
校正吸光度 A_s-A_b		
磷的质量(μg)		
磷的含量(mg/L)		
磷含量平均值(mg/L)		
极差		
相对极差		

(二)计算公式

总磷含量的计算公式如下：

$$\rho(\mathrm{P, mg/L}) = \frac{m}{V} \tag{3-36}$$

式中　m ——水样测得的含磷量，μg；

　　　V ——测定时所取水样体积，mL。

六、注意问题

(1)该实验所用的玻璃器皿均应用稀盐酸或稀硝酸浸泡，以消除吸附。

(2)若显色反应温度低于 13 ℃，可将样品置于 20~30 ℃水浴上进行显色。

(3)光照、加热或长时间存储会造成抗坏血酸分解，因此所配制的抗坏血酸溶液应储存于棕色试剂瓶中，置于冷处可稳定数周。

(4)钼酸盐溶液在配制时,应将钼酸铵溶液缓缓加入硫酸溶液中,不可反向操作或直接用硫酸溶液溶解。

(5)高氯酸与有机物混合后,经加热易发生燃爆危险,因此试样需先经硝酸消解后,再加入硝酸-高氯酸进行消解,且消解应在通风橱中进行。

习　题

1. 总磷测定对水样的消解方法有哪些?有哪些安全注意事项?
2. 实验所用玻璃仪器为何要用稀酸浸泡?

习题解析

任务十八　有机污染综合指标的测定

目前,水体有机污染是水质污染的主要问题。衡量有机污染的程度,最好的手段是进行有机污染的全分析,但是十分困难。因此,在测定时,除规定的有毒有机污染物外,一般只测定有机污染综合指标来定量地反映水质有机污染程度。

常见的有机污染综合指标主要有:化学需氧量(COD)、高锰酸钾指数、生化需氧量(BOD)、总有机碳(TOC)、总需氧量(TOD)、挥发酚、油类等。

一、化学需氧量(COD)的测定

化学需氧量(COD)是指在一定的条件下,用强氧化剂处理水量时所消耗氧化剂的量。COD 反映了水中受还原性物质污染的程度。水中的还原性物质有有机物、亚硝酸盐、亚铁盐、硫化物等,所以 COD 测定又可反映水中有机物的含量。基于水体被有机物污染是很普遍的现象,该指标也可作为测定有机物相对含量的综合指标之一。

化学需氧量是条件性指标,其含量随测定时所用氧化剂的类型、浓度、反应温度和时间、溶液的酸度、催化剂等变化而不同。对废水化学需氧量的测定,我国规定用重铬酸钾法,也可用与其测定结果一致的库仑滴定法。具体测定过程参照任务十八、任务十九。

二、高锰酸盐指数的测定

以高锰酸钾溶液为氧化剂测得的化学耗氧量,以前称为锰法化学耗氧量。我国新的环境水质标准中,已把该值改称高锰酸盐指数。国际标准化组织(ISO)建议高锰酸钾法仅限于测定地表水、饮用水和生活污水,不适用于工业废水。

按测定溶液的介质不同,其测定方法有酸性高锰酸钾法和碱性高锰酸钾法。

酸性高锰酸钾法的测定过程为:在酸性水样中加入过量高锰酸钾,在沸水浴上加热 30 min,利用高锰酸钾将水样中的某些有机物及还原性物质氧化,反应后过量的高锰酸钾用过量的草酸钠还原,再以高锰酸钾标准液回滴过量的草酸钠,通过计算求出水样中含有的有机物及还原性物质所消耗的高锰酸钾的量。其具体操作过程为:取水样(原水样或稀释后水样)100 mL 于锥形瓶中,加入(1∶3) H_2SO_4 溶液 5 mL 并摇匀,再加入 0.010 0

mol/L 高锰酸钾($\frac{1}{5}KMnO_4$)溶液 10 mL,在沸水浴上加热 30 min 后,再加入 0.010 0 mol/L 草酸钠($\frac{1}{2}Na_2C_2O_4$)标准溶液 10 mL,轻轻晃动至溶液褪色,再加入 0.010 0 mol/L 高锰酸钾溶液回滴至溶液为微红色。

碱性高锰酸钾法的测定过程为:在碱性溶液中加入过量高锰酸钾加热 30 min,以氧化水样中的有机物和某些还原性无机物,然后用过量酸化的草酸钠溶液还原,再以高锰酸钾标准液氧化过量的草酸钠,滴定至微红色为滴定终点。

当水样中 Cl^- 的质量浓度高于 300 mg/L 时,应采用碱性高锰酸钾法。对于较清洁的地表水和被污染的水体,Cl^- 的质量浓度低于 300 mg/L 时,常用酸性高锰酸钾法。当高锰酸盐指数超过 5 mg/L 时,应取少量水样稀释后再测定。

测定结果的计算公式为

(1)测定的水样为原水样时,

高锰酸盐指数(O_2,mg/L) =

$$\frac{[(10\ \text{mL} + V_1)K - 10\ \text{mL}] \times c \times 8\ \text{g/mol} \times 1\ 000\ \text{mg/g}}{100\ \text{mL}} \tag{3-37}$$

式中　V_1——滴定水样消耗的高锰酸钾标准溶液的量,mL;

K——校正系数(每毫升高锰酸钾溶液相当于草酸钠标准溶液的体积);

c——草酸钠($\frac{1}{2}Na_2C_2O_4$)标准溶液的浓度,mg/L;

8 g/mol——氧($\frac{1}{2}O$)的摩尔质量。

(2)测定的水样经稀释后,

高锰酸盐指数(O_2,mg/L) =

$$\frac{\{[(10\ \text{mL} + V_1)K - 10\ \text{mL}] - [(10\ \text{mL} + V_0)K - 10\ \text{mL}]f\} \times c \times 8\ \text{g/mol} = \times 1\ 000\ \text{mg/g}}{V_2} \tag{3-38}$$

式中　V_0——空白实验中高锰酸钾溶液消耗的体积, mL;

V_2——所取稀释水样的体积,mL;

f——稀释水样中含稀释水的比值(例如:10 mL 水样稀释至 100 mL,则 f=0.9);

其余各项与水样为原水样的计算公式一致。

三、生化需氧量(BOD)的测定

生物化学需氧量(BOD)定义为在规定的条件下,微生物分解存在于水中的某些可氧化物质,特别是有机物所进行的生物化学过程所消耗的溶解氧量。该过程进行的时间很长,如在 20 ℃培养条件下,全过程需 100 d,根据目前国际统一规定,在(20±1)℃的温度下,培养 5 d 后测出的结果,称为五日生化需氧量,记为 BOD_5,其单位用质量浓度 mg/L 表示。

BOD_5 是反映水体被有机物污染程度的综合指标,也是研究污水的可生化降解性和生化处理效果，以及生化处理污水工艺设计和动力学研究的重要参数。

对于一般生活污水和工业废水，虽然含较多有机物，如果样品含有足够的微生物和具有足够氧气，就可以将样品直接进行测定，但为了保证微生物生长的需要，需加入一定量的无机营养盐(磷酸盐、钙、镁和铁盐)。

某些不含或少含微生物的工业废水、酸碱度高的废水、高温或氯化杀菌处理的废水等，测定前应接入可以分解水中有机物的微生物，这种方法称为接种。对于一些废水中存在着难被一般生活污水中微生物以正常速度降解的有机物或含有剧毒物质时，可以将水样适当稀释，并用驯化后含有适应性微生物的接种水进行接种。

一般检测水质的 BOD_5 只包括含碳有机物质氧化的耗氧量和少量无机还原性物质的耗氧量。由于许多二级生化处理的出水和受污染时间较长的水体中，往往含有大量硝化微生物。这些微生物达到一定数量就可以产生硝化作用的生化过程。为了抑制硝化作用的耗氧量，应加入适量的硝化抑制剂。

测定 BOD 的方法有稀释接种法(也称五天培养法)、微生物电极法、活性污泥曝气降解法、库仑滴定法、测压法等。五天培养法的具体测定过程参照任务二十。

四、总有机碳(TOC)的测定

水中的有机物质的含量，以有机物的主要元素——碳的含量来表示，称为总有机碳(TOC)。它比 BOD_5 或 COD 更能准确地反映有机物的总量。

总有机碳的测定类似于 COD 的测定。在 900~950 ℃的高温下，使水样中的有机物汽化燃烧，生成 CO_2，通过红外线分析仪，测定其生成的 CO_2 量，即总有机碳的含量，这种目前广泛应用的方法称为燃烧氧化-非色散红外吸收法。

该方法的最低检出限为 0.5 mg/L，测定上限为 400 mg/L。

五、总需氧量(TOD)的测定

总需氧量是指水中能被氧化的物质，主要是有机物质在燃烧中变成稳定的氧化物时所需要的氧量，结果以 O_2 的质量浓度(mg/L)来表示。

用 TOD 测定仪测定 TOD 的原理是将一定量水样注入装有铂催化剂的石英燃烧管，通入含已知氧浓度的载气(氮气)作为原料气，则水样中的还原性物质在 900 ℃下被瞬间燃烧氧化。测定燃烧前后原料气中氧浓度的减少量，便可求得水样的总需氧量值。

TOD 是衡量水体中有机物污染程度的一项指标。TOD 值能反映几乎全部有机物质燃烧所需要的氧量，它比 BOD、COD 和高锰酸盐指数更接近于理论需氧量值，但它们之间没有固定的相关关系。

六、挥发酚的测定

酚属于高毒物质，人体摄入一定量会出现急性中毒症状，长期饮用被酚污染的水，会引起头痛、瘙痒、贫血和神经系统障碍。水中酚含量超过 5 mg/L 时，会使鱼中毒死亡。水体中酚的种类较多，根据其能否与水蒸气一起蒸出，分为挥发酚与不挥发酚。

酚的主要污染源是炼油、焦化、煤气发生站，木材防腐及某些化学工业(如酚醛树脂)

等工业废水。

目前,酚的测定普遍采用4-氨基安替比林分光光度法,高浓度含酚废水可采用溴化容量法。

4-氨基安替比林分光光度法仅测定可被蒸馏的挥发酚。测定原理为在碱性条件和氧化剂铁氰化钾作用下,酚类与4-氨基安替比林反应,生成橘红色的吲哚酚安替比林染料,在510 nm处有最大吸收。若用氯仿萃取此染料,可以增加颜色的稳定性,提高灵敏度,在460 nm处有最大吸收。

该方法可测定苯酚及邻、间位取代的酚,但不能测定对位有取代基的酚。由于样品中各种酚的相对含量不同,因而不能提供一个含混合酚的通用标准。通常选用苯酚作标准,任何其他酚在反应中产生的颜色都看作苯酚的结果。取代酚一般会降低响应值,因此用该方法测出的值仅代表水样中挥发酚的最低浓度。

七、油类的测定

水中的矿物油来自工业废水和生活污水。工业废水中的石油类(各种烃类混合物)污染物主要来源于原油开采、加工及各种炼制油的使用部门。矿物油漂浮在水体表面,影响空气与水体界面间的氧交换,分散于水中的油可被微生物氧化分解,消耗水中的溶解氧,使水质恶化。矿物油中还含有毒性大的芳烃类物质。

测定矿物油的方法有重量法、非色散红外吸收法、红外分光光度法等。

(一)重量法

重量法是常用的方法,它不受油品种的限制,但操作烦琐,灵敏度低,只适用于测定10 mg/L以上的含油水样。其测定原理是以硫酸酸化水样,用石油醚萃取矿物油,然后蒸发除去石油醚,称量残渣重,计算矿物油含量。

(二)非色散红外吸收法

非色散红外吸收法的测定原理是利用石油类物质的甲基($-CH_3$)、亚甲基($-CH_2^-$)在近红外区(3.4 μm)有特征吸收,用非色散红外吸收测油仪测定。标准油可采用受污染地点水样的溶剂萃取物。根据我国原油组分特点,也可采用混合石油烃作为标准油,其组成为十六烷∶异辛烷∶苯=65∶25∶10(V/V)。

测定时,先用硫酸将水样酸化,加氯化钠破乳化,再用三氯三氟乙烷萃取,萃取液经无水硫酸钠层过滤、定容,注入非色散红外吸收测油仪测其含量。

(三)红外分光光度法

红外分光光度法的测定原理是用四氯化碳萃取水中的油类物质,测定总萃取物,然后用硅酸镁吸附除去萃取液中的动、植物油等极性物质,测定吸附后滤出液中的石油类物质。

总萃取物和石油类物质的含量均由波数分别为2 930 cm^{-1}(CH_2基团中C-H键的伸缩振动)、2 960 cm^{-1}(CH_3基团中C-H键的伸缩振动)和3 030 cm^{-1}(芳香环中C-H键的伸缩振动)谱带处的吸光度A2930、A2960、A3030进行计算。动、植物油的含量为总萃取物与石油类含量之差。

八、其他有机污染物的测定

根据水体污染的不同情况，常常还需要测定阴离子洗涤剂、有机磷农药、有机氯农药、苯系类、氯苯类化合物、苯并(a)芘、多环芳烃、甲醛等。这些物质除阴离子洗涤剂外，其他均为主要环境优先污染物，测定方法多用气相色谱法和分光光度法。其详细内容可参阅有关水质分析方面的文献。

习　题

习题解析

1. 什么叫高锰酸钾指数法？
2. COD 与 BOD 有什么区别？

任务十九　实验十七——重铬酸钾法测定 COD

COD 的测定

一、实验原理

在强酸性溶液中，准确加入一定量且过量的重铬酸钾标准溶液，加热回流，将水样中还原性物质(主要是有机物)氧化，过量的重铬酸钾以试亚铁灵作指示剂，用硫酸亚铁铵标准溶液回滴，根据所消耗的重铬酸钾标准溶液量计算水样化学需氧量。

酸性重铬酸钾氧化性很强，可氧化大部分有机物，加入硫酸银做催化剂时，直链脂肪族化合物可完全被氧化，而芳香族有机物却不易被氧化，吡啶不被氧化，挥发性直链脂肪族化合物、苯等有机物存在于蒸气相，不能与氧化剂液体接触，氧化不明显。氯离子能被重铬酸盐氧化，并且能与硫酸银作用产生沉淀，影响测定结果，故在回流前向水样中加入硫酸汞，使其成为络合物以消除干扰。氯离子含量高于 1 000 mg/L 的样品应先做定量稀释，使含量降低至 1 000 mg/L 以下，再进行测定。

该方法的适用范围为：用 0.25 mol/L 浓度的重铬酸钾溶液可测定大于 50 mg/L 的 COD 值，未经稀释的水样的测定上限是 700 mg/L，用 0.025 mol/L 浓度的重铬酸钾溶液可测定 5~50 mg/L 的 COD 值，但低于 10 mg/L 时准确度较差。

二、实验仪器

(1)回流装置：带 250 mL 锥形瓶的全玻璃回流装置(如取样量在 30 mL 以上，采用 500 mL 锥形瓶的全玻璃回流装置)；

(2)加热装置：电热板或变组电炉；

(3)50 mL 酸式滴定管、锥形瓶、移液管、容量瓶等。

三、实验试剂

(1)0. 250 0 mol/L 重铬酸钾标准溶液($\frac{1}{6}K_2Cr_2O_7$);称取预先在 120 ℃烘干 2 h 的基准或优质纯重铬酸钾 12. 258 g 溶于水中,移入 1 000 mL 容量瓶,稀释至标准线,摇匀。

(2)试亚铁灵指示液:称取 1. 485 g 邻菲啰啉($C_{12}H_8N_2 \cdot H_2O$)、0. 695 g 七水硫酸亚铁($FeSO_4 \cdot 7H_2O$)溶于水中,稀释至 100 mL,储于棕色瓶内。

(3)约 0. 1 mol/L 硫酸亚铁铵标准溶液[$C(NH_4)_2Fe(SO_4)_2 \cdot 6H_2O$]:称取 39. 5 g 硫酸亚铁铵溶于水中,边搅拌边缓慢加入 20 mL 浓硫酸,冷却后移入 1 000 mL 容量瓶中,加水稀释至标线,摇匀。临用前,用重铬酸钾标准溶液标定。

标定方法:准确吸取 10. 00 mL 重铬酸钾标准溶液于 500 mL 锥形瓶中,加水稀释至 110 mL 左右,缓慢加入 30 mL 浓硫酸,混匀。冷却后,加入 3 滴试亚铁灵指示液(约 0. 15 mL),用硫酸亚铁铵溶液滴定,溶液的颜色由黄色经蓝绿色至红褐色即为终点。其计算公式为

$$c = \frac{0.250\,0\ \text{mol/L} \times 10.00\ \text{mL}}{V} \tag{3-39}$$

式中　c——硫酸亚铁铵标准溶液的浓度,mol/L;

V——硫酸亚铁铵标准溶液的用量,mL。

(4)硫酸-硫酸银溶液:于 500 mL 浓硫酸中加入 5 g 硫酸银。放置 1~2 d,不时摇动使其溶解。

(5)硫酸汞:结晶或粉末。

四、操作步骤

(1)取 20. 00 mL 混合均匀的水样(或适量水样稀释至 20. 00 mL)置于 250 mL 磨口的回流锥形瓶中,准确加入 10. 00 mL 重铬酸钾标准溶液及数粒小玻璃珠或沸石,连接磨口的回流冷凝管,从冷凝管上口慢慢地加入 30 mL 硫酸-硫酸银溶液,轻轻摇动锥形瓶使溶液混匀,加热回流 2 h(自开始沸腾时计时)。

注意:对于化学需氧量高的废水样,可先取上述操作所需体积 1/10 的废水样和试剂于 15 mm×150 mm 硬质玻璃试管中,摇匀,加热后观察是否呈绿色。如溶液显绿色,再适当减少废水取样量,直至溶液不变绿色,从而确定废水样分析时应取用的体积。稀释时,所取废水样量不得少于 5 mL,如果化学需氧量很高,则废水样应多次稀释。废水中氯离子含量超过 30 mg/L 时,应先把 0. 4 g 硫酸汞加入回流锥形瓶中,再加 20. 00 mL 废水(或适量废水稀释至 20. 00 mL),摇匀。

(2)冷却后,用 90 mL 水冲洗冷凝管壁,取下锥形瓶。溶液总体积不得少于 140 mL,否则因酸度太大,滴定终点不明显。

(3)溶液再度冷却后,加 3 滴试亚铁灵指示液,用硫酸亚铁铵标准溶液滴定,溶液的颜色由黄色经蓝绿色至红褐色即为终点,记录硫酸亚铁铵标准溶液的用量。

(4)测定水样的同时,取 20. 00 mL 重蒸馏水,按同样的操作步骤作空白实验。记录测定空白时硫酸亚铁铵标准溶液的用量。

五、计算

重铬酸钾法测定 COD 的含量计算公式如下：

$$COD_{Cr} = \frac{(V_0 - V_1) \times c \times 8\ g/mol \times 1\ 000\ mg/g}{V} \tag{3-40}$$

式中　c——硫酸亚铁铵标准溶液的浓度，mol/L；

V_0——滴定空白时硫酸亚铁铵标准溶液的用量，mL；

V_1——滴定水样时硫酸亚铁铵标准溶液的用量，mL；

V——水样的体积，mL；

8 g/mol——氧(1/4)摩尔质量，g/mol。

六、注意问题

(1)使用 0.4 g 硫酸汞络合氯离子的最高量可达 40 mg，如取用 20.00 mL 水样，即最高可络合 2 000 mg/L 氯离子浓度的水样。若氯离子的浓度较低，也可少加硫酸汞，保持硫酸汞:氯离子 = 10:1(质量比)。若出现少量氯化汞沉淀，则并不影响测定。

(2)水样取用体积可在 10.00~50.00 mL，但试剂用量及浓度需按表 3-16 进行相应调整，也可得到满意的结果。

表 3-16　水样取用量和试剂用量

水样体积(mL)	0.250 0 mol/L $\frac{1}{6}K_2Cr_2O_7$ 溶液(mL)	H_2SO_4-Ag_2SO_4 溶液(mL)	$HgSO_4$ 质量(g)	$[(NH_4)_2Fe(SO_4)_2]$ 浓度(mol/L)	滴定前总体积(mL)
10.0	5.0	15	0.2	0.050	70
20.0	10.0	30	0.4	0.100	140
30.0	15.0	45	0.6	0.150	210
40.0	20.0	60	0.8	0.200	280
50.0	25.0	75	1.0	0.250	350

(3)对于化学需氧量小于 50 mL 的水样，应改用 0.025 0 mol/L 重铬酸钾标准溶液。回滴时用 0.01 mol/L 硫酸亚铁铵标准溶液。

(4)水样加热回流后，溶液中重铬酸钾剩余量应为加入量的 1/5~4/5 为宜。

(5)用邻苯二甲酸氢钾($HOOCC_6H_4COOK$)标准溶液检查试剂的质量和操作技术时，由于每克邻苯二甲酸氢钾的理论 COD_{Cr} 为 1.176 g，所以溶解 0.425 1 g 邻苯二甲酸氢钾于重蒸馏水中，转入 1 000 mL 容量瓶，用重蒸馏水稀释至标线，使之成为 500 mg/L 的 COD_{Cr} 标准溶液。用时新配。

(6)COD_{Cr} 的测定结果应保留三位有效数字。

(7)每次试验时，应对硫酸亚铁铵标准滴定溶液进行标定，室温较高时尤其注意其浓度的变化。

(8)回流冷凝管不能用软质乳胶管，否则容易老化、变形、冷却水不通畅。

(9)用手摸冷却水时不能有温感,否则测定结果会偏低。

(10)滴定时不能激烈摇动锥形瓶,瓶内试液不能溅出水花,否则影响测定结果。

习　题

习题解析

1. $K_2Cr_2O_7$ 法常用的指示剂是什么？国家标准规定 $K_2Cr_2O_7$ 基准试剂使用前应具备怎样的干燥条件？

2. “$K_2Cr_2O_7$ 标准溶液滴定 Fe^{2+} 既能在硫酸介质中进行,又能在盐酸介质中进行”,对吗？为什么？

任务二十　实验十八——库仑滴定法测定 COD

一、实验原理

库仑法是以重铬酸钾为氧化剂,在 10.2 mol/L 的硫酸介质中回流氧化后,过量的重铬酸钾用电解质产生的亚铁离子作为库仑滴定剂进行库仑滴定。根据电解亚铁离子所消耗的电荷量,采用法拉第公式进行 COD 值计算。

$$COD_{Cr}(O_2,mg/L)=\frac{Q_s-Q_m}{96\ 500\ C/mol}\times\frac{32\ g/mol\times1\ 000\ mg/g}{4V} \tag{3-41}$$

式中　Q_s——标定与加入水样中相同量重铬酸钾溶液所消耗的电荷量,C;

Q_m——水样中过量重铬酸钾所消耗的电荷量,C;

V——水样的体积,mL。

二、实验仪器

(1)化学需氧量测定仪。

(2)滴定池:150 mL 锥形瓶(回流和滴定用)。

(3)电极:发生电极面积为 7.8 cm^2 铂片。对电极用铂丝做成,置于底部为垂熔玻璃的玻璃管内(内充 3 mol/L 硫酸)。指示电极面积 3 cm^2 铂片。参考电极为直径 1 mm 钨丝,也置于底部为垂熔玻璃的玻璃管中(内充饱和硫酸钾溶液)。

(4)电磁搅拌器、搅拌子。

(5)回流装置:34[#]标准磨口 150 mL 回流装置。蛇形双层冷凝器,长度 12 cm。

(6)电炉(300 W)。

(7)定时器。

(8)其他常用实验仪器。

三、实验试剂

(1)重蒸馏水:蒸馏水中加入少许高锰酸钾,进行重蒸馏。

(2)0.05 mol/L 重铬酸钾($\frac{1}{6}K_2Cr_2O_7$)溶液:称取 2.5 g 重铬酸钾溶于 1 000 mL 重蒸

馏水中,摇匀待用。

(3)硫酸-硫酸银溶液:于 250 mL 浓硫酸中加入 25 g 硫酸银,使其溶解,摇匀。

(4)1 mol/L 硫酸铁溶液:称取 200 g 硫酸铁溶于 1 L 重蒸馏水中(若有沉淀物,需过滤除去)。

(5)20%硫酸汞溶液:称取 4 g 硫酸汞于 50 mL 烧杯中,加入 20 mL 3 mol/L 的硫酸,稍微加热使其溶解,移入滴瓶中。

四、操作步骤

(一)标定空白值

(1)准确移取 12 mL 重蒸馏水于锥形瓶中,加入 1.00 mL 0.05 mol/L 重铬酸钾液,加 1~2 滴硫酸汞和 2~3 粒玻璃珠,摇匀后,再加入 17 mL 硫酸-硫酸银溶液。

(2)加热回流 15 min,停止加热,稍冷加入 33 mL 重蒸馏水冷却至室温。

(3)取下锥形瓶,置于冷却水中冷却,再加入 7 mL 硫酸铁溶液,摇匀,继续冷却至室温。

(4)放入搅拌子,插入电极,搅拌。撇下标定开关。进行库仑滴定。仪器自动控制终点,并显示与重铬酸钾相当的 COD 标定值。

(二)水样的测定

1. COD 小于 20 mg/L 的水样

(1)准确吸取 10.00 mL 水样于锥形瓶中,加入 1~2 滴硫酸汞溶液及 1.00 mL 0.05 mol/L 重铬酸钾溶液,加入 17.0 mL 硫酸-硫酸银溶液,混匀,放入 2~3 粒玻璃珠,进行加热回流。以下操作步骤按照标定空白值的(2)和(3)进行测定。

(2)放入搅拌子,插入电极,搅拌。撇下标定开关。进行库仑滴定。仪器自动控制终点,并显示与重铬酸钾相当的 COD 标定值。

2. COD 大于 20 mg/L 的水样

(1)准确吸取 10.00 mL 重蒸馏水于锥形瓶中,加入 1~2 滴硫酸汞溶液及 3.00 mL 0.05 mol/L 重铬酸钾溶液,加入 17.0 mL 硫酸-硫酸银溶液,混匀,放入 2~3 粒玻璃珠,进行加热回流。以下操作步骤按照标定空白值的(2)、(3)、(4)进行测定。

(2)准确吸取 10.00 mL 水样(或酌量少取,加水至 10 mL)于锥形瓶中,加入 1~2 滴硫酸汞溶液及 3.00 mL 0.05 mol/L 重铬酸钾溶液,再加入 17.0 mL 硫酸-硫酸银溶液,混匀,放入 2~3 粒玻璃珠,进行加热回流。以下操作步骤按照 COD 小于 20 mg/L 的水样操作步骤(2)进行。

五、注意问题

(1)对于浑浊及悬浮物较多的水样,一定要注意取样的均匀性,否则会产生较大的误差。

(2)切勿用去离子水配置试剂和稀释水样。

(3)对于不同型号的 COD 测定仪,应按照仪器使用说明书进行具体操作。

习　题

1. 简述库仑法测定水中 COD 时,水样消解时加入硫酸汞的作用是什么? 为什么?

2. 库仑滴定法测定 COD 的原理是什么?

习题解析

任务二十一　实验十九——五日生化需氧量(BOD_5)的测定

一、实验原理

生化需氧量(BOD)是反映有机物污染的重要类别指标之一。如果在 20 ℃培养时,完成生物氧化全过程需要 100 多 d。本实验采用稀释接种法测定污水的 BOD,也称五天培养法(BOD_5),即取一定量水样或稀释水样,在(20±1) ℃培养 5 d,分别测定水样培养前后的溶解氧,二者之差为 BOD_5 值,以氧的质量浓度 mg/L 表示。

对于有机物含量较多的地表水及大多数工业废水,需要稀释后再进行培养测定。稀释的程度应使培养中所消耗的溶解氧大于 2 mg/L,剩余的溶解氧大于 1 mg/L。

为保证水样稀释后有足够的溶解氧,通常需要进行曝气,使稀释水中的溶解氧接近饱和。同时,还应向稀释水中加入一定量的无机营养盐和缓冲物质(磷酸盐、钙、镁和铁盐等),以保证微生物的生长。

对于不含或含少量微生物的工业废水,或水样中存在难降解的有机物或剧毒物质时,应接种有降解能力的或已经过驯化的微生物。

二、实验仪器

(1)恒温培养箱。

(2)细口玻璃瓶:5~20 L。

(3)量筒:1 000~2 000 mL。

(4)玻璃搅拌棒:棒长应比所用量筒高度长 200 mm,棒的底端固定一个直径比量筒直径略小,并有几个小孔的硬橡胶板。

(5)溶解氧瓶:200~300 mL,带有磨口玻璃塞,并具有供水封用的钟形口。

(6)虹吸管:供分取水样和添加稀释水用。

(7)实验室其他常用仪器。

三、实验试剂

(1)磷酸盐缓冲溶液:将 8.5 g 磷酸二氢钾(KH_2PO_4)、21.75 g 磷酸氢二钾(K_2HPO_4)、33.4 g 七水磷酸氢二钠($Na_2HPO_4 \cdot 7H_2O$)和 1.7g 氯化铵(NH_4Cl)溶于水中,稀释至 1 000 mL。此溶液的 pH 应为 7.2。

(2)硫酸镁溶液:将 22.5 g 七水硫酸镁($MgSO_4 \cdot 7H_2O$)溶于水中,稀释至 1 000 mL。

(3)氯化钙溶液:将27.5 g无水氯化钙溶于水中,稀释至1 000 mL。

(4)氯化铁溶液:将0.25 g六水氯化铁($FeCl_3 \cdot 6H_2O$)溶于水中,稀释至1 000 mL。

(5)盐酸溶液(0.5 mol/L):将40 mL(ρ=1.19 g/mL)盐酸溶于水中,稀释至1 000 mL。

(6)氢氧化钠溶液(0.5 mol/L):将20 g氢氧化钠溶于水中,稀释至1 000 mL。

(7)亚硫酸钠溶液($1/2Na_2SO_3$=0.025 mol/L):将1.575 g亚硫酸钠溶于水中,稀释至1 000 mL。此溶液不稳定,需当日配制。

(8)葡萄糖-谷氨酸标准溶液:将葡萄糖($C_6H_{12}O_6$)和谷氨酸($HOOC-CH_2-CH_2-CHNH_2-COOH$)在103 ℃干燥1 h后,各称取150 mg溶于水中,移入1 000 mL容量瓶内并稀释至标线,混合均匀。此标准溶液临用前配制。

(9)稀释水:在5~20 L玻璃瓶内装入一定量的水,控制水温在20 ℃左右。然后用无油空气压缩机或薄膜泵,将此水曝气2~8 h,使水中的溶解氧接近于饱和,也可以鼓入适量纯氧。瓶口盖两层经洗涤晾干的纱布,置于20 ℃培养箱中放置数小时,使水中溶解氧含量达8 mg/L左右。临用前于每升水中加入氯化钙溶液、氯化铁溶液、硫酸镁溶液、磷酸盐缓冲溶液各1 mL,并混合均匀。稀释水的pH应为7.2,其BOD_5应小于0.2 mg/L。

(10)接种液:可选用以下任一方法获得适用的接种液。

①城市污水,一般采用生活污水,在室温下放置一昼夜,取上层清液。

②表层土壤浸出液,取100 g花园土壤或植物生长土壤,加入1 L水,混合并静置10 min,取上清溶液。

③含城市污水的河水或湖水。

④污水处理厂的出水。

⑤当分析含有难以降解物质的废水时,在排污口下游3~8 km处取水样作为废水的驯化接种液。如无此种水源,可取中和或经适当稀释后的废水进行连续曝气,每天加入少量该种废水,同时加入适量表层土壤或生活污水,使能适应该种废水的微生物大量繁殖。当水中出现大量絮状物,或检查其化学需氧量的降低值出现突变时,表明适用的微生物已进行繁殖,可用作接种液。一般驯化过程需要3~8 d。

(11)接种稀释水:取适量接种液,加于稀释水中,混匀。每升稀释水中接种液加入量为:生活污水1~10 mL;表层土壤浸出液为20~30 mL;河水、湖水为10~100 mL。接种稀释水的pH应为7.2,BOD_5值以在0.3~1.0 mg/L为宜。接种稀释水配制后应立即使用。

四、操作步骤

(一)水样的预处理

(1)水样的pH若超出6.5~7.5,可用盐酸或氢氧化钠稀释溶液调节pH近于7,但用量不要超过水样体积的0.5%。若水样的酸度或碱度很高,可改用高浓度的碱或酸溶液进行中和。

(2)水样中含有铜、铅、锌、镉、铬、砷、氰等有毒物质时,可使用经过驯化的微生物接种液的稀释水进行稀释,或提高稀释倍数,降低毒物的浓度。

(3)含有少量游离氯的水样,一般放置1~2 h,游离氯即可消失。对于游离氯在短时间不能消散的水样,可加入亚硫酸钠溶液去除余氯。其加入量的计算方法是:取中和好的水样 100 mL,加入(1+1)乙酸 10 mL,10%(g/L)碘化钾溶液 1 mL,混匀。以淀粉溶液为指示剂,用亚硫酸钠标准溶液滴定游离碘。根据亚硫酸钠标准溶液消耗的体积及其浓度,计算水样中应加的亚硫酸钠溶液的量。

(4)从水温较低的水域或富营养化的湖泊采集的水样,可能含有过饱和溶解氧,此时应将水样迅速升温至 20 ℃左右,充分振摇,并不时开塞放气,以赶出过饱和的溶解氧。若从水温较高的水域废水排放口取得的水样,则应迅速使其冷却至 20 ℃左右,并充分振摇,使与空气中的氧分压接近平衡。

(二)水样的测定

不经稀释水样的测定;溶解氧含量较高、有机物含量较少的地面水,可不经稀释,而直接以虹吸法将约 20 ℃的混匀水样转移至两个溶解氧瓶内,转移过程中应注意不使其产生气泡。以同样的操作使两个溶解氧瓶充满水样后溢出少许,加塞水封,瓶内不应有气泡,立即测定其中一瓶溶解氧;将另一瓶放入培养箱中,在(20±1)℃培养 5 d 后,测其溶解氧。培养过程中应注意添加封口水。

(三)需经稀释水样的测定

1. 稀释倍数的确定

(1)地表水由测得的高锰酸盐指数乘以适当的系数求得(见表 3-17)。

表 3-17　计算高锰酸盐指数的系数

高锰酸盐指数(mg/L)	系数
<5	—
5~10	0.2、0.3
10~20	0.4、0.6
>20	0.5、0.7、1.0

(2)工业废水可由重铬酸钾法测得的 COD 值确定,通常需做三个稀释比,即使用稀释水时,由 COD 值分别乘以系数 0.075、0.15、0.225,即获得三个稀释倍数;使用接种稀释水时,则分别乘以 0.075、0.15 和 0.225,获得三个稀释倍数。

COD_{Cr} 值可在测定水样 COD 过程中,加热回流至 60 min 时,用由校核试验的邻苯二甲酸氢钾溶液按 COD 测定相同步骤制备的标准色列进行估测。

2. 稀释具体操作

稀释倍数确定后按下列方法之一测定水样。

(1)一般稀释法:按照选定的稀释比例,用虹吸法沿筒壁先引入部分稀释水(或接种稀释水)于 1 000 mL 量筒中,加入需要量的均匀水样,再引入稀释水(或接种稀释水)至 800 mL,用带胶板的玻璃棒小心上下搅匀。搅拌时勿使搅棒的胶板露出水面,防止产生气泡。

按不经稀释水样的测定步骤,进行装瓶,测定当天溶解氧和培养 5 d 后的溶解氧含量。

另取两个溶解氧瓶,用虹吸法装满稀释水(或接种稀释水)作为空白,分别测定 5 d 前、5 d 后的溶解氧含量。

(2)直接稀释法:直接稀释法是在溶解氧瓶内直接稀释。在已知两个容积相同(其差小于 1 mL)的溶解氧瓶内,用虹吸法加入部分稀释水(或接种稀释水),再加入根据瓶容积和稀释比例计算出的水样量,然后引入稀释水(或接种稀释水)至刚好充满,加塞,勿留气泡于瓶内。其余操作与上述一般稀释法相同。

在 BOD_5 测定中,一般采用叠氮化钠修正法测定溶解氧。如遇干扰物质,应根据具体情况采用其他测定法。

五、计算

(1)不经稀释直接培养的水样:

$$BOD_5(mg/L) = c_1 - c_2 \tag{3-42}$$

式中 c_1——水样在培养前的溶解氧浓度,mg/L;

c_2——水样经 5 d 培养后,剩余溶解氧浓度,mg/L。

(2)经稀释后培养的水样:

$$BOD_5(mg/L) = \frac{(c_1 - c_2) - (B_1 - B_2)f_1}{f_2} \tag{3-43}$$

式中 B_1——稀释水(或接种稀释水)在培养前的溶解氧浓度,mg/L;

B_2——稀释水(或接种稀释水)在培养后的溶解氧浓度,mg/L;

f_1——稀释水(或接种稀释水)在培养液中所占比例;

f_2——水样在培养液中所占比例。

六、注意问题

(1)水中有机物的生物氧化过程分为碳化阶段和硝化阶段,测定一般水样的 BOD_5 时,硝化阶段不明显或根本不发生,但对于生物处理池的出水,因其中含有大量硝化细菌,因此在测定 BOD_5 时也包括了部分含氮化合物的需氧量。对于这种水样,如只需测定有机物的需氧量,应加入硝化抑制剂,如丙烯基硫脲(ATU,$C_4H_8N_2S$)等。

(2)在两个或三个稀释比的样品中,凡消耗溶解氧大于 2 mg/L 和剩余溶解氧大于 1 mg/L 都有效,计算结果时,应取平均值。

(3)为检查稀释水和接种液的质量,以及化验人员的操作技术,可将 20 mL 葡萄糖-谷氨酸标准溶液用接种稀释水稀释至 1 000 mL,测其 BOD_5,其结果应在 180~230 mg/L;否则,应检查接种液、稀释水或操作技术是否存在问题。

习 题

1. 测定 BOD_5 时,哪些类型的水样需要接种?哪些水样需进行菌种驯化处理?

习题解析

2. 有一种废水(电镀铬含锌、铜),曾用活性氯除去氰化物,欲测此水样的 BOD_5 值,应如何处理?

3. 某测定 BOD_5 水样,经 5 d 培养后,测其溶解氧时,当向水样中加 1 mL $MnSO_4$ 及 2 mL 碱性 KI 溶液后,瓶内出现有白色絮状沉淀,这是为什么?该如何处理?

4. 试述 BOD_5 的测定原理。

任务二十二　实验二十—— 重量法测定水中的油

一、实验原理

以硫酸酸化水样,用石油醚萃取矿物油,蒸除石油醚后,称其重量,这种测定方法称为重量法。

此法测定的是酸化样品中可被石油醚萃取的,且在试验过程中不挥发的物质总量。溶剂去除时,会使轻质油有明显损失。由于石油醚对油有选择地溶解,因此石油的较重成分中可能含有不为溶剂萃取的物质。

二、实验仪器

(1)分析天平。

(2)恒温箱。

(3)恒温水浴锅。

(4)1 000 mL 分液漏斗。

(5)干燥器。

(6)直径 11 cm 中速定性滤纸。

(7)实验室其他常用仪器。

三、实验试剂

(1)石油醚:将石油醚(沸程 30~60 ℃)重蒸馏后使用。每 100 mL 石油醚的蒸干残渣不应大于 0.2 mg。

(2)无水硫酸钠:在 300 ℃马弗炉中烘 1 h,冷却后装瓶备用。

(3)1+1 硫酸:将浓硫酸溶液缓缓倒入同体积水中。

(4)氯化钠。

四、操作步骤

(1)在采集瓶上做一个容量记号后(以便以后测量水样体积),将所收集的大约 1 L 已经酸化($pH<2$)的水样,全部转移至分液漏斗中,加入氯化钠,其量约为水样量的 8%。用 25 mL 石油醚洗涤采样瓶并转入分液漏斗中,充分摇匀 3 min,静置分层并将水层放入原采样瓶内,石油醚层转入 100 mL 锥形瓶中。用石油醚重复萃取水样两次,每次用量 25 mL,合并三次萃取液于锥形瓶中。

（2）向石油醚萃取液中加入适量无水硫酸钠（加入至不再结块为止），加盖后，放置0.5 h以上，以便脱水。

（3）用预先以石油醚洗涤过的定性滤纸过滤，收集滤液于100 mL已烘干至恒重的烧杯中，用少量石油醚洗涤锥形瓶、硫酸钠和滤纸，洗涤液并入烧杯中。

（4）将烧杯置于（65±5）℃水浴上，蒸出石油醚。近干后，再置于（65±5）℃恒温箱内烘干1 h，然后放入干燥器中冷却30 min，称量。

五、计算

$$C=\frac{(m_1-m_2)\times 10^{-6}}{V} \tag{3-44}$$

式中　C——水中油的含量，mg/L；

　　m_1——烧杯加油总质量，g；

　　m_2——烧杯质量，g；

　　V——水样体积，mL。

六、注意问题

（1）分液漏斗的活塞不要涂凡士林。

（2）测定废水中石油类时，若含有大量动植物性油脂，应取内径20 mm、长300 mm一端呈漏斗状的硬质玻璃管，填装100 mm厚活性层析氧化铝（在150～160 ℃活化4 h，未完全冷却前装好柱），然后用10 mL石油醚清洗。将石油醚萃取液通过层析柱，除去动植物性油脂，收集流出液于恒重的烧杯中。

（3）采样瓶应为清洁玻璃瓶，用洗涤剂清洗干净（不要用肥皂）。应定容采样，并将水样全部移入分液漏斗测定，以减少油附着于容器壁上引起的误差。

习　题

取水样500 mL，经萃取后定容至50.0 mL，取25.0 mL测定萃取液中总萃取物的浓度为45.2 mg/L，另25.0 mL经硅酸镁吸附后测得萃取液中石油类的浓度为33.8 mg/L，分别计算该水样中石油类和动植物油的浓度。

习题解析

任务二十三　实验二十一——紫外分光光度法测定水中的油

一、实验原理

石油及其产品在紫外光区有特征吸收，在pH≤2的条件下，用正己烷萃取样品中的油类物质，经无水硫酸钠脱水后，再用硅酸镁吸附除去动植物油类等极性物质，于225 nm

波长处测定吸光度，石油类含量与吸光度值符合朗伯比尔定律。

二、实验仪器

(1)采样瓶：500 mL 棕色硬质玻璃瓶。

(2)分光光度计：具 215~256 nm 波长。

(3)比色皿：2 cm 石英比色皿。

(4)分液漏斗：100 mL，聚四氟乙烯旋塞。

(5)锥形瓶：50 mL，具塞磨口。

(6)水平振荡器。

(7)离心机：配备玻璃离心管。

(8)实验室常用其他仪器和设备。

三、实验试剂

(1)盐酸：$\rho(HCl) = 1.19$ g/mL。

(2)硫酸：$\rho(H_2SO_4) = 1.84$ g/mL。

(3)正己烷(C_6H_{14})：使用前于波长 225 nm 处，以水作参比测定透光率，透光率大于90%可使用，否则需要脱芳处理。处理方法：将 500 mL 正己烷加入 1 000 mL 分液漏斗中，加入 25 mL 浓硫酸萃洗 10 min，弃去硫酸相，重复上述操作，直至硫酸相近无色，再用蒸馏水萃洗 3 次，至透光率大于 90%即可。

(4)无水乙醇。

(5)无水硫酸钠：于 550 ℃下灼烧 4 h，冷却后装于磨口瓶中，置于干燥器内储存。

(6)硅酸镁：于 550 ℃下灼烧 4 h，冷却后称取适量硅酸镁于磨口瓶中，根据硅酸镁的重量，按 6%(质量比)的比例加入适量蒸馏水，密塞并充分振荡数分钟，放置 12 h，备用。

(7)石油类标准储备液：$\rho = 1\ 000$ mg/L。

(8)石油类标准使用液($\rho = 100$ mg/L)：吸取 10.00 mL 石油类储备液于 100 mL 容量瓶中，用正己烷定容，摇匀，临用现配。

(9)玻璃棉：用正己烷浸洗并晾干，置于干燥玻璃瓶中，备用。

(10)硫酸镁吸附柱：将内径 10 mm、长约 200 mm 的玻璃层析柱出口处填塞少量玻璃棉，再将硅酸镁缓缓倒入玻璃层析柱中，边倒边轻轻敲打，填充高度约为 80 mm。

四、操作步骤

(一)标准曲线的建立

准确移取 0 mL、0.25 mL、0.50 mL、1.00 mL、2.00 mL 和 4.00 mL 石油类标准使用液于 6 支 25 mL 容量瓶中，用正己烷稀释至标线，摇匀。标准系列浓度分别为 0 mg/L、1.00 mg/L、2.00 mg/L、4.00 mg/L、8.00 mg/L 和 16.0 mg/L。在波长 225 nm 处，使用 2 cm 石英比色皿，以正己烷作参比，测定吸光度。以石油类浓度(mg/L)为横坐标，以吸光度为纵坐标，建立标准曲线。

(二)试样制备

(1)萃取。将样品全部转移至1 000 mL分液漏斗中,量取25.0 mL正己烷洗涤样品后,全部转移至分液漏斗中,充分振摇2 min,期间经常开启旋塞排气,静置分层后,将下层水相全部转移至1 000 mL量筒内,测量样品体积并记录。

(2)脱水。将萃取液转移至已加入3 g无水硫酸钠的锥形瓶中,盖紧瓶塞,振摇数次,静置。若无水硫酸钠结块,需补加无水硫酸钠直至不再结块。

(3)继续向萃取液中加入3 g硫酸镁,置于水平振荡器上,震荡20 min,静置沉淀。在玻璃漏斗底部垫上少量玻璃棉,过滤待测。

(三)试样测定

按照标准曲线的建立相同步骤进行试样的测定。

(四)空白试样的测定

按照步骤进行空白试样的测定。

五、计算

水中石油类的质量浓度ρ(mg/L)按照下面公式计算:

$$\rho = \frac{(A - A_0 - \alpha) \times V_1}{b \times V} \tag{3-45}$$

式中　ρ——水中石油类的质量浓度,mg/L;

A——试样的吸光度;

A_0——空白试样的吸光度;

α——标准曲线的截距;

V_1——萃取液体积,mL;

b——标准曲线的斜率;

V——水样体积,mL。

六、注意问题

(1)使用的器皿应注意有机物的污染。

(2)水样及空白测定使用的正己烷应为同一批号,否则会产生误差。

(3)也可用纯度较高的石油醚代替正己烷作萃取剂。

习　题

1. 紫外分光光度法测定海水中油类时,怎样对正己烷进行脱芳处理?

2. 紫外分光光度法测定海水中油类时,怎样配制油标准使用液?

习题解析

任务二十四　实验二十二——阴离子洗涤剂的测定

一、实验原理

测定水中阴离子洗涤剂的常用方法是亚甲基蓝分光光度法,测定原理为:阴离子洗涤剂与亚甲基蓝反应,生成蓝色的离子化合物,用氯仿萃取后,在波长 650 nm 处测定吸光度。测定结果以直接烷基苯磺酸钠(LAS,烷基平均碳原子数为 12)的表观浓度表示,实际上是测定了亚甲基蓝活性物质(MBAS)。

有机的硫酸盐、磺酸盐、羟酸盐、酚类及无机的氰酸盐、硝酸盐和硫氰酸盐等引起正干扰,有机胺类则引起负干扰。

二、实验仪器

(1)分光光度计。

(2)分液漏斗。

(3)实验室其他常用仪器。

三、实验试剂

(1)氯仿($CHCl_3$)。

(2)0.5 mol/L 硫酸(H_2SO_4)。

(3)1 mol/L 氢氧化钠溶液:称取 10.0 g 氢氧化钠溶于水并稀释至 250 mL,搅匀,保存于聚乙烯瓶中。

(4)300 g/L 氯化钠溶液。

(5)亚甲基蓝溶液:于 1 000 mL 烧杯中加入 500 mL 水,加入 50 g 磷酸二氢钠,搅拌下缓缓加入 6.8 mL 硫酸,加入亚甲基蓝,搅拌溶解,加水至 1 000 mL,混匀。移入棕色瓶中保存。

(6)洗涤液:于 1 000 mL 烧杯中加入 500 mL 水,加入 50 g 磷酸二氢钠,搅拌下缓缓加入 6.8 mL 硫酸,搅拌溶解,加水至 1 000 mL,混匀。

(7)直链烷烃苯磺酸钠(LAS,烷基平均碳原子数为 12,标准试剂)标准溶液。

①1.00 mg/mL 直链烷烃苯磺酸钠标准储备溶液:称取 100.0 mg LAS 溶于 50 mL 水中,移入 100 mL 容量瓶中,用水稀释至刻度,摇匀。此溶液 1.00 mL 含 1.00 mg LAS。在冰箱中保存,可稳定 6 个月。

②100.0 μg/L LAS 标准溶液:量取 10.0 mL LAS 标准贮备溶液(1.00 mg/mL)于 100 mL 容量瓶中,加水稀释至刻度,摇匀。此溶液 1.00 mL 含 100.0 μg LAS。

③10.0 μg/L LAS 标准溶液:量取 10.0 mL LAS 标准溶液(100.0 μg/L)于 100 mL 容量瓶中,用水稀释至刻度,摇匀。此溶液 1.00 mL 含 10.0 μg LAS。在冰箱中保存可稳定 7 d。

(8)酚酞指示剂溶液:称取 0.25 g 酚酞($C_{20}H_{14}O_4$)指示剂,溶于 40 mL 无水乙醇

(C_2H_5OH),加水 10 mL,摇匀。

(9)脱脂棉。

四、操作步骤

(一)工作曲线的绘制

(1)在 6 个 250 mL 锥形分液漏斗中,分别加入 100 mL、99.5 mL、99 mL、98 mL、97 mL、95 mL 水,用刻度移液管分别加入 0 mL、0.50 mL、1.00 mL、2.00 mL、3.00 mL、5.00 mL LAS 标准使用溶液(10.0 μg/L),混匀。此标准系列溶液的浓度依次为 0 mg/L、0.050 mg/L、0.100 mg/L、0.200 mg/L、0.300 mg/L、0.500 mg/L。

(2)各加 10 mL 氯化钠溶液(300 g/L)和 1 滴酚酞指示剂,滴加氢氧化钠溶液至刚显红色,滴加硫酸溶液至红色褪去。加 10 mL 亚甲基蓝溶液,混匀。加 10 mL 氯仿,振摇半分钟(其间放气 2 次,振摇时不要过于剧烈,以免形成乳浊液),静置分层。倾斜转动分液漏斗让水面线扫过内壁,即可使壁上的氯仿液体汇聚到下层的萃取液中。

(3)在 6 个 125 mL 锥形分液漏斗中各加入 50 mL 洗涤液,然后将上述萃取液分别放入。

(4)在原来的 250 mL 锥形分液漏斗中各加入 10 mL 氯仿,再萃取一次,萃取液分别并入上述 125 mL 分液漏斗中。

(5)振摇 125 mL 锥形分液漏斗半分钟(期间放气 2 次),静置分层。用小玻璃棒把少许脱脂棉塞入分液漏斗颈管内贴近活塞处。放出氯仿萃取液至 25 mL 比色管中。再加入 5 mL 氯仿,振摇半分钟(不用放气)。放出氯仿萃取液并入比色管,加氯仿至刻度,混匀。

(6)在波长 650 nm 处,以氯仿为参比,用 2 cm 吸收皿测定萃取液的吸光度 A_i 和 A_0。

(7)以($A_i - A_0$)为纵坐标,相应的 LAS 的浓度(mg/L)为横坐标,绘制工作曲线。

(二)水样测定

(1)水样应澄清,否则应用离心分离或滤纸过滤,取清液测定。

(2)量取 100 mL 水样。置于 250 mL 锥形分液漏斗中,按上述第(2)~(6)条操作步骤测定吸光度 A_w。

(3)量取 100 mL 纯水。置于 250 mL 锥形分液漏斗中,按上述第(2)~(6)条操作步骤测定吸光度 A_b。

(三)浓度的计算

由($A_w - A_b$)值在工作曲线上直接查得水样中阴离子洗涤剂浓度(mg/L),亦可用工作曲线的线性回归方程计算:

$$\rho_{LAS} = \frac{(A_w - A_b) - a}{b} \tag{3-46}$$

式中　ρ_{LAS}——水样中阴离子洗涤剂浓度;

a——曲线截距;

b——曲线斜率。

五、注意问题

(1)本方法适用于浅色水样的测定,对有较深颜色的水样本法受干扰,检出限

10.0 μg/L。

(2)实验室用玻璃器皿不能用各类洗涤剂清洗。使用前先用水彻底清洗,然后用(1+9)盐酸-乙醇洗涤,最后用水冲洗干净。

(3)绘制校准线和水样的测定,应使用同一批三氯甲烷、亚甲基蓝溶液和洗涤液。

(4)分液漏斗的活塞不得用油脂润滑,可在使用前用三氯甲烷润湿。

(5)需要快速分析时,可采用一次萃取的简化法,一次萃取的效率约为本方法萃取效率的 90%。

(6)当水样经水溶液反洗后仍不能消除其中非表面活性物的干扰时,可采取气提萃取进行预分离,使干扰降到最低水平。

习　题

习题解析

1. 试述亚甲蓝分光光度法测定阴离子表面活性剂的原理?

2. 怎样制备亚甲蓝分光光度法测定阴离子表面活性剂的阳离子染料亚甲蓝溶液?

3. 用亚甲蓝分光光度法测定阴离子表面活性剂时,有哪些物质干扰测定? 应如何消除干扰?

任务二十五　水和废水的生物监测

一、水生生物群落的测定

生物群落中生活着各种水生生物,由于它们的群落结构、种类和数量的变化能反映水质状况,所以称之为指示生物,如细菌、浮游生物、底栖动物和鱼类等。水生生物种类不同,其生存条件也不尽一致。正常情况下,水体中存在的生物种类和数量是相对稳定的,当水体受到污染后,不能适应的生物或逃逸或死亡,生物的种类和数量都会发生变化。因此,水质不同,水体中生物的种类和数量也不同,据此可以评价水质的污染状况。

(一)浮游生物的测定

浮游生物是指在水体中悬浮的生物,它们通常个体很小,且游泳能力很弱或完全不具备游泳能力,在水中随波逐流地游荡生存。浮游生物可具体划分为浮游动物和浮游植物两个大类。浮游生物作为水生生物链中最基础的一环,在水生生态中占据着极其重要的地位。大部分浮游生物对水质环境的变化比较敏感,它们的生存状态可以有效反映出水质的变化,可以作为水质环境变化的指示生物。因此,通常在水污染调查中,浮游生物是主要研究对象之一。

(二)着生生物的测定

着生生物又称周丛生物,指生长在浸没于水中的各种基质表面上的有机体群落。由于悬浮颗粒也沉淀在基质上,这些有机体被一层黏滑的、毛绒的泥沙覆盖。基质的不同性质会影响周丛生物的群落组成。基质有植物的、动物的、树木的、石头的,相应的就有附植生物、附动生物、附树生物、附木生物、附石生物。周丛生物可包括细菌、真菌、藻类、原生动物、轮虫、甲壳动物、线虫、软体动物、鱼卵等许多生物种类。近年来,着生生物的研究逐渐受到重视,除因其具有较大的初级生产能力,以及自来水厂给排水系统中的各种管道常被大量繁殖的着生生物堵塞,影响正常使用外,主要是在环境保护工作中,用着生生物指示水体污染程度,在河流中应用较多,也可以在湖泊和水库中及氧化塘中应用。除调查有关水体着生生物生长情况外,在监测中也常应用人工基质法。由于人工基质本身的特点及人为控制时间等因素的影响,因此人工基质上的群落不能完全代表自然基质。

(三)底栖动物的测定

底栖生物,指栖息生活在水体底部淤泥内或石块、砾石表面或间隙中,以及附着在水生植物之间的肉眼可见的水生无脊椎动物。一般认为体长超过 2 mm,不能通过 40 目分样筛的种类,亦称底栖大型无脊椎动物。它们广泛分布在江、河、湖、水库、海洋和其他各种小水体中。

底栖动物和浮游生物不同,它们的生活环境稳定,移动能力差。在未受到干扰的情况下,底栖动物的种群和群落结构比较稳定。水体受到污染后,生物的种类和数量发生变化,而底栖动物可以稳定地反映这种变化,可以应用其群落结构的变化来侦查和评价污染。有机物污染和重金属等无机有毒物质的污染都能造成底栖动物结构组成的变化。

应用底栖动物对污染水体进行监测和评价,已被各国广泛应用,尤其在底部基质相似的河流或湖泊。因为底栖动物可以客观地反映环境的变化,并且与对照点相比显示出种类数量和多样性的差异。同时,由于底栖动物可以被动地忍受毒物的刺激,富集有毒物质。因此,测定底栖动物体内有毒物质含量,有助于了解该水体的污染历史,也是进行毒理学研究的良好资料。

二、水质的细菌学测定

水是微生物广泛分布的天然环境,不论地表水、地下水、雨水、雪水,都含有多种微生物。当水体受到人畜粪便、生活污水、工业废水污染时,水中微生物的数量可大量增加。因此,水的细菌学测定,特别是肠道细菌的检验,在环境质量评价、环境卫生监督等方面意义重大。但是直接检测水中各种病原生物,方法复杂,难度较大,检测结果为阴性也无法保证绝对安全。在实际工作中,经常以检测水的细菌总数,特别是检测作为粪便污染的指示菌,间接判断水体污染状况和环境卫生学质量。

水中含有细菌总数与水污染状况有一定的关系,但是不能直接说明是否有病原微生物存在。

(一)细菌总数测定

细菌总数测定是测定水中需氧菌、兼性厌氧菌、异养菌密度的方法。细菌能以单独个体、成双成对、链状、簇状等形式存在,没有任何单独一种培养基可以满足水样中所有细菌的生理要求。采集的菌落可能低于真正存在的活细菌的总数。实际情况中,1 mL 水样在营养琼脂培养基中,于 37 ℃培养 24 h 后,生长细菌菌落的总数称为细菌总数。细菌总数是判定饮用水、水源水、地表水等污染程度的标志。

1. 水样的采集

采集细菌学检验用的水样，要严格按照无菌操作要求，防止在运输过程中被污染，并迅速进行检验。一般从采样到检验不宜超过 2 h，在 10 ℃以下冷藏保存不得超过 6 h。

采集自来水水样，首先用酒精灯灼烧水龙头灭菌或用 70%的酒精消毒，然后放水 3 min，再采集约为采样瓶容积 80%左右的水量。

采集江、河、湖、库等区域的水样，可将采样瓶沉入水面下 10~15 cm 处，瓶口朝上游水流方向，使水样灌入瓶内。需要采集一定深度的水样时，用采水器采集。

2. 水样的稀释

(1)选择稀释度。

稀释度要选择适宜，在平皿上的菌落总数不少于 30 但不多于 300。如果直接水样的标准平皿计数为 3 000，则将水样稀释到 1∶100 后进行计数。大多数饮用水水样，未经稀释直接接种 1 mL，所得菌落总数可用于计数。

(2)水样的稀释方法。

将水样用力摇动 20~25 次，使可能存在的细菌凝团分散。以无菌操作方法吸取 10 mL 充分摇匀的水样，注入盛有 90 mL 灭菌水的三角烧瓶中混匀成 1∶10 稀释液。吸取 1∶10 的稀释液 1 mL 注入有 9 mL 灭菌水的试管中，混合成 1∶100 的稀释液。按同样方法依次稀释成 1∶1 000、1∶10 000 稀释液。吸取不同浓度的稀释液时，必须更换吸管。

(二)总大肠菌群的测定

粪便中存在大量大肠菌群细菌，在水体中存活的时间和对氯的抵抗力等与肠道致病菌相似，总大肠菌群是测定水体受粪便污染的指示菌。总大肠菌群是那些能在 35 ℃、48 h 之内使发酵乳糖、产酸产气、需氧及兼性厌氧、革兰氏阴性的无芽孢杆菌，表示方式是每升水中含有的大肠菌群数目。

多管发酵法和滤膜法是检验总大肠菌群的常用方法。发酵法适用范围广，可以用于各种水样和底泥，但操作烦琐，时间成本高。滤膜法适用范围狭窄，不可用于浑浊水样，但流程简单、操作便捷。

1. 多管发酵法

多管发酵是计算水样中总大肠菌群数的常用方法，主要利用了大肠菌群细菌的特性，包括可以发酵乳糖、产酸产气、具备革兰氏染色阴性、无芽孢、呈杆状。

多管发酵法表示实验结果的方法是 MPN，即最可能数。MPN 基于统计学理论，可以预估水体大肠杆菌密度和卫生质量。设计实验时，水样检测的重复次数必须满足数据准确度要求。

2. 滤膜法

将水样注入已灭菌、放有微孔滤膜的滤器中抽滤，细菌被截留在膜上，将该滤膜贴于品红亚硫酸钠培养基上，37 ℃恒温培养 24 h，对符合发酵法所述特征的菌落进行图片、革兰氏染色和镜检。凡属革兰氏阴性无芽孢杆菌者，再接种于乳糖蛋白胨培养液或乳糖蛋白胨半固体培养基中，在 37 ℃恒温条件下，前者经 24 h 培养产酸产气者，或后者经 6~8 h 培养产气者，则判定为总大肠菌群阳性。

由滤膜上生长的大肠菌群菌落总数和所取过滤水样量，按以下公式计算 1 L 水中总大肠菌群数：

总大肠菌群数(L)＝所计数的大肠杆菌菌落数×1 000/过滤水样量(mL)　(3-47)

(三)其他细菌的测定

1. 水中沙门氏菌属的测定

污水中含有一定数量的病原微生物,它们是引起水传播疾病的重要原因,沙门氏菌、志贺氏菌、钩端螺旋体、肠道病毒,都是常见的病原微生物。沙门氏菌是人畜患者的粪便中包含的致病菌。

污水中的病原微生物浓度较低,检验时必须对水样进行浓缩再培养,之后进行平板分离、生化试验和血清学检查。

由于沙门氏菌出现在水中的变异性很大,目前已知沙门氏菌属有 1 700 个以上的血清型,再加上分离技术在灵敏度和选择性上的局限,使用任何一种方法得到阴性结果都不能说明沙门氏菌属不存在,也不代表其他病原微生物不存在。

2. 水中粪链球菌的测定

人和温血动物的粪便都存在链球菌,统称粪链球菌。粪链球菌进入水体后,停止自行繁殖,可以作为粪便污染的指示菌。由于人粪便中的粪大肠菌数量多于粪链球菌,动物粪便中粪链球菌多于粪大肠菌群,因此在水质检验时根据这两种菌菌数的比值不同可以推测粪便污染的来源。根据对每个动物个体产生粪大肠菌群和粪链球菌的数量估计,可以得出两种菌菌数的比值(FC/FS)。当比值不小于 4 时,污染来源是人类粪便;当比值不大于 0.7 时,污染来源是温血动物粪便;当比值大于 2 且小于 4 时,污染来源是混合污染,以人类粪便为主;当比值大于 0.7 而小于 1 时,污染来源是混合污染,以温血动物粪便为主。

水中粪链球菌的密度可以使用 MPN 法估计,这种方法可以检测粪链球菌但环节复杂,适用于浑浊水样、含有害化学物质水样、杂菌数过多水样,但不适用于海水水样。

三、急性生物毒性测定及评价

生物暴露于不同剂量或浓度的受试下将有不同的反应,比如抑制生长、活性下降,严重时致死。因此,可建立起浓度-效应曲线。观察终点或观察指标常以 LD/LC、EC、NOEL/NOEC 表示。根据这些指标,可对受试物进行评估。

(一)藻类生长抑制试验

藻类是水体中的初级生产者,也是水生食物链的基础环节。在光合作用下,它们吸收水中的无机盐和二氧化碳,制造有机物。它们的存在对水体生产力、水体污染自净力意义重大。藻类生长抑制实验的目的是确定受试物对单细胞藻类生长的影响,可用于受试物对藻类短期暴露效应的测评。当暴露使藻类的生长率低于未经暴露的对照组时,称为藻类生长抑制。

单细胞藻类个体小,世代时间以小时计算,采用本方法可以在短时间内得到受试物对藻类许多世代及在种群水平上的影响。所得结果可反映受试物对水体中初级生产营养级的影响。

藻类测定方法适用于多种淡水绿藻,适用于水溶性且在实验条件下能保留水中物质。

（二）枝角类活动抑制试验

枝角类属节肢动物门、甲壳动物纲、鳃足亚纲、双甲目、枝角亚目。枝角类广泛分布于淡水中，海水中种类稀少。我国共有淡水枝角类 136 种，枝角类是水体初级生产者和消费者之间的环节，可以过滤水中碎屑和菌类，增强水体自净能力，是鱼类的天然饲料。枝角类繁殖速度快、生活周期短、培养简单，对毒性物质敏感，是研究水生生态毒理学的重要指示物。

（三）鱼类急性毒性试验

鱼类是水生食物链的重要环节，是水体中重要的经济动物。鱼类毒性试验可以研究水污染和水环境质量。通过鱼类急性毒性试验可以评价受试物对水生生物可能产生的影响，以短期暴露效应表明受试物的毒害性。在人为控制的条件下，进行的各类鱼类毒性试验，可用于化学品毒性测定、水体污染程度监测、废水及其处理效果检查，而且也可以为制定水质标准、评价水环境质量和管理废水排放等提供科学依据。

（四）发光细菌的急性毒性试验

发光细菌是用于毒性检测的生物学方法，简单、快速、灵敏、成本低，适用范围较广。常用的方法是发光细菌法和淡水发光细菌法，前者使用海洋发光细菌菌种，后者使用淡水型发光菌种。

（五）种子发芽和根伸长的毒性试验

一般情况下，种子植物的生长顺序是萌发、生根、出苗、开花、结果。种子的萌发和生根是植物的重要阶段。种子的萌发和生根过程中，植物胚胎生长异常活跃，是一个生理生化变化过程，有许多酶参与生长。当种子暴露于污染物或有害环境时，发芽和根伸长受到抑制，表现为发芽率低、根长短。种子发芽和根伸长的毒性试验根据这一特点，将种子放在含一定浓度受试物的基质中，使其萌发。当对照组种子发芽率达 65% 以上、根长达 20 mm 时，结束试验，测定种子的发芽率和根伸长抑制率，最终评价受试物对植物胚胎发育的影响。

习　题

习题解析

1. 测定水样的细菌学指标时应如何采样？

2. 检验总大肠菌群的常用方法是什么？

【课程思政】

党的二十大报告中提出，必须牢固树立和践行绿水青山就是金山银山的理念，站在人与自然和谐共生的高度谋划发展。我们坚持绿水青山就是金山银山的理念，坚持山水林田湖草沙一体化保护和系统治理，生态文明制度体系更加健全，生态环境保护发生历史性、转折性、全局性变化，我们的祖国天更蓝、山更绿、水更清。黄河、长江母亲河，波光粼粼的鄱阳湖，逶迤磅礴的雅鲁藏布江；云南象北上南归，藏羚羊繁衍迁徙，青头潜鸭频现白洋淀水域，这一切都在昭示着人不负青山，青山定不负人。

任务二十六　实验二十三——水中总大肠菌群的测定

一、实验原理

本实验是采用多管发酵法计算水样中总大肠菌群数，主要利用了大肠菌群细菌的特性，包括可以发酵乳糖、产酸产气、具备革兰氏染色阴性、无芽孢、呈杆状。多管发酵法表示实验结果的方法是 MPN，即最可能数。MPN 基于统计学理论，可以预估水体大肠杆菌密度和卫生质量。从理论的角度来说，当检定次数到达一定程度后，最可能数有概率大于实际数字。当稀释度试管重复数量增加时，最可能数和实际数字的差异缩小。既显示阳性又显示阴性的稀释度是影响细菌含量估计值的关键因素。设计实验时，水样检测的重复次数必须满足数据准确度要求。

二、实验仪器

(1)试管。
(2)恒温培养箱。
(3)生物显微镜、载玻片。
(4)培养皿(直径 100 mm)、锥形瓶、移液管。
(5)实验室其他常用仪器。

三、实验试剂

乳糖蛋白胨培养液、三倍乳糖蛋白胨培养液、品红亚硫酸钠培养基、伊红美蓝培养基。

四、操作步骤

(一)生活饮用水的测定

1. 初发酵实验

在两个装有已灭菌的 50 mL 三倍浓缩乳糖蛋白胨培养液的大试管或烧瓶中，以无菌操作各加入已充分混匀的水样 100 mL；在 10 支装有已灭菌的 5 mL 三倍浓缩乳糖蛋白胨培养液的试管中，以无菌操作加入充分混匀的水样 10 mL，混匀后置于 37 ℃恒温箱培养 24 h。

2. 平板分离

初发酵实验培养 24 h 后，产酸试管的表现形式是发酵试管变黄，产气试管的表现形式是倒管内有气泡。将产酸产气发酵管分别用接种环划线接种于品红亚硫酸钠培养基或伊红美蓝培养基上，置于 37 ℃恒温箱内培养 18~24 h，挑选符合以下特征的菌落，并取菌落样品进行涂片、革兰氏染色和镜检。

(1)品红亚硫酸钠培养基上的菌落：

①紫红色，具有金属光泽；

②深红色，没有或略有金属光泽；

③淡红色,中心色较深。

(2)伊红美蓝培养基上的菌落:

①深紫黑色,具有金属光泽;

②紫黑色,不带或略带金属光泽;

③淡紫红色,中心色较深。

3. 复发酵实验

当涂片检验的菌落都是革兰氏阴性无芽孢杆菌时,挑选菌落的另一部分接种于普通浓度乳糖蛋白胨培养液中,每管可接种分离自同一初发酵罐的最典型菌落 1~3 个,置于 37 ℃恒温箱中培养 24 h。当培养基出现产酸产气现象时,则表明菌落中存在大肠菌群菌。根据表 3-18 中大肠菌群存在的阳性管数,可得出每升水中的大肠菌群数。总大肠菌群阳性管数见表 3-18。

表 3-18　总大肠菌群阳性管数

10 mL 水量的阳性管数	100 mL 水量的阳性瓶数		
	0	1	2
	1 L 水样中大肠菌群数	1 L 水样中大肠菌群数	1 L 水样中大肠菌群数
0	<3	4	11
1	3	8	18
2	7	13	27
3	11	18	38
4	14	24	52
5	18	30	70
6	22	36	92
7	27	43	120
8	31	51	161
9	36	60	230
10	40	69	>230

(二)水源水

(1)将水样进行 1:10 稀释。

(2)在 4 个装有 5 mL 三倍浓缩乳糖蛋白胨培养液的试管中加入 10 mL 水样,在 4 个装有 10 mL 乳糖蛋白胨培养液的试管中加入 1 mL 水样,在 5 个装有 1 mL 乳糖蛋白胨培养液的试管中加入 1 mL 1:10 稀释水样,共 15 个试管,1 个稀释度。将各试管混合均匀后,置入 37 ℃恒温箱中培养 24 h。

(3)平板分离检验和复发酵实验的步骤和生活饮用水相同。

(4)根据总大肠菌群阳性管数查表,可以得出 100 mL 水样中的总大肠菌群数。

(三)地表水和废水

地表水分为较清洁水、严重污染的地表水和废水,其中较清洁水的初发酵实验和水源水方法相同。严重污染的地表水和废水的接种水样必须进行 1:10、1:100、1:1 000 或更高稀释,实验步骤和水源水相同。

当接种水样的总量无法满足实验要求时,可以使用 MPN 指数计算方法,得出 MPN 值,公式如下:

$$\text{MPN 值} = \text{MPN 指数} \times (10\ \text{mL}/\text{接种量最大的一管}) \tag{3-48}$$

我国通用的报告单位是 1 L。1 L 水样中总大肠菌群数=MPN 值×10。

习　题

习题解析

1. 哪些因素可以影响水样变化?

2. 容器材质和水样之间有没有相互作用?作用是哪些?如何选择水样储存容器?

任务二十七　底质监测

底质是水体底部的表层沉淀物质,例如江、河、湖、海的底部表层沉淀物。我国部分流域水土流失严重,水中悬浮物和胶装物质吸附了大量污染物质,如辽河中游的悬浮物吸附了大量 COD_{Cr}、重金属等污染物。底质腐殖质丰富,适合微生物繁殖,在泥沙和土壤微孔表面的作用下,底质发生了一系列物理化学作用和生物转化作用,包括沉淀、吸附、释放、化合、分解、络合等,用于净化、降解、转化水中的污染物。底质是水环境的重要组成部分。

一、底质监测的目的与任务

底质监测是水环境监测的重要环节,可以补充水环境监测的内容,有利于增强水环境监测的准确性。底质监测是了解水系污染程度、污染历史的重要方式。通过底质监测可以掌握污染物的沉积规律,发现污染物的归宿。底质监测为环境监测机构提供了预测水质变化、了解沉积污染物质、掌握水体潜在危害的途径。根据底质监测结果,环境监测机构可以检测出不同形态、价态和已经被微生物转化的污染物质,为研究特殊污染现象提供科学依据。底质监测多用于研究污染物沉积规律、水系纳污能力、污染对水生生物的影响、制定污染物排放标准和环境预测等方面。

底质监测的目的是掌握底质污染物含量、污染物种类、污染物形态、污染物含量、污染物分布和污染物基本状况,为评价水体质量提供数据支持。

底质监测的任务是收集水体底质样品、分析污染物浓度垂直分布、计算污染物质含量、追溯水域污染历史、掌握污染梯度和污染规律。

二、底质采样方法

(一)采样点位

在水质采样点位垂线正下方进行采样。如果正下方无法采样,可以稍微移动采样点,并在记录表中注明采样点转移情况。底质采样点必须避开河床冲刷地、底质沉积不稳定区域和水草丰茂区域。湖泊和水库的底质采样点一般位于主要河流、污染源排放口和水体混合均匀处。

(二)采样量及容器

底质采样总量一般是 1~2 kg,采样点采样量不足时,可以在采样点周围采集底质,并搅拌均匀。混合底质样品时,必须清除底质中的砾石、贝壳、动植物残体等杂物。采集深水域底质时,选用掘式采泥器进行底质采样;采集浅水域底质时,选用塑料勺或金属铲直接采样。样品沥干水分放置于塑料袋或玻璃瓶中。采集有机物样品时,选用金属器具采集,使用棕色磨口玻璃瓶盛放,瓶口保持清洁,避免玻璃瓶无法密封。底质样品的外观、状态、颜色、气味、生物现象,必须在采样记录表中记录。

(三)底质采样

底质采样必须满足三点要求:第一,底质采样点不能距离水质采样点过远,尽量保持一致;第二,采集浅水域底质时,如果底质可能受到船体搅动或河床为砂石,则更换采样点,新采样点不能距离原采样点过远,并严格记录偏移位置;第三,采集底质样品时,必须装满抓斗。如果采集器流失样品过多,则重新采集。

在水面至 30 mm 采集柱状水样,并单独采样,采样断面尽可能与地表水水质监测断面相重合,全部用于测定。

(四)采样记录

底质样品采集完成后,分类盛装样品并分类贴上标签,记录样品的外观和性状。

(五)样品的保存

底质采样和水质采样应同时进行,水质采样点和底质采样点一般选择同一点或距离较近的两点。底质样品采样记录于表 3-19,送样时,填写表 3-20。

三、底质样品的预处理

底质样品通常选用低温冷冻保存法,但无法长期保存,必须尽快处理和分析底质样品。如果由于特殊原因必须长时间保存,必须将底质样品置于-20 ℃冷冻柜中。底质样品的处理方法取决于污染物组分性质。避免沾污、避免损失,是处理底质样品的基本要求。

表 3-19　底质样品采样记录表

河流＿＿＿＿＿断面＿＿＿＿＿水深＿＿＿＿＿采样工具＿＿＿＿＿

层次	样品	瓶号	底质类型	颜色	底质厚度	臭味	生物现象	其他特征	监测项目	备注

采样日期　　　　　　　　采样者　　　　　　　　记录者

表 3-20　底质样品送样单

河流________　送样单位________　送样人________　送样日期________

序号	断面	层次	瓶号	箱号	采样日期	监测项目	备注

采样者　　　　记录者

(一)底质脱水

底质样品含有大量水分,但无法直接在阳光暴晒或高温烘干。常用的底质脱水方法共四种:第一,自然风干,待底质样品稳定后置于阴凉通风处晾干;第二,离心分离,当污染物易挥发或易发生变化时,可以使用离心分离法进行脱水,并另取一份样品烘干处理,用于对比和校正;第三,真空冷冻干燥,多用于不稳定的污染物样品,例如光敏、热敏等;第四,无水硫酸钠脱水,多用于测定油类有机污染物。

(二)底质样品的筛分制备

底质样品脱水干燥后,置于硬质白纸板,用玻璃棒剔除砾石、动植物残体等杂物,使用20 目筛筛选样品,保证筛上物没有任何泥土。筛下物使用四分法获取实验样品,多余样品装瓶备用。使用玛瑙研钵或玛瑙粉碎机研磨底质样品至 80~200 目筛粒度要求,测定Hg、As 等易挥发性元素。底质样品无法使用粉碎机直接粉碎。研磨完成后,将样品放入棕色广口瓶中,贴上标签,置于冷冻柜中保存。测定金属污染时,选用尼龙制筛网;测定有机物污染时,选用不锈钢制筛网或铜制筛网。

(三)柱状样品处理

处理柱状样品时,首先将样品从采样器中谨慎挤出,尽量保持样品分层状态的完整性,然后填写样品记录并对样品进行干燥脱水。干燥完成后,使用小刀刮去样品表层。当研究沉积物污染物质成分时,可以使用小刀分别截取不同分层的样品,进行预处理和测定。

(四)底质样品含水量测定与监测结果的表示

底质样品脱水后,必须测量样品的原含水量,为计算烘干底质样品的成分提供参考依据。测定底质样品含水量的方法是:从风干底质样品中取出 2~3 份样品,每份 5.0~30.00 g,置于恒重称量瓶或铝盒中;将称量瓶或铝盒放入恒温 105 ℃烘箱中烘烤 4 h,再置入干燥器冷却 0.5 h,全部完成后称重。称重完成后,再次置于烘箱中烘烤 0.5 h,继续称重,直至样品重量保持固定。含水量计算公式为

$$含水量(\%)=(风干样重-烘干样重)/风干样重 \tag{3-49}$$

四、底质污染物测定

底质中需测定的污染物根据水体污染源而定。一般而言有总汞、总有机汞、铜、铅、

锌、镉、镍、铬、砷化物、硫化物、有机氯农药、有机质等。

总汞常用冷原子吸收法或冷原子荧光法测定。铜、铅、锌、镉、镍、铬常用原子吸收分光光度法测定。砷化物一般用二乙胺基二硫代甲酸银(AgDDC)或新银盐分光光度法测定。硫化物多用对氨基二甲基苯胺分光光度法测定,当含量大于 1 mg/L 时,用碘量法测定。

底质中的有机氯农药一般用气相色谱法测定。有机质含量用重铬酸钾容量法测定。其测定原理为在加热条件下,用过量 $K_2Cr_2O_7-H_2SO_4$ 溶液氧化底质中的有机碳,再乘以一个经验系数,即得有机质的含量。如果有机碳的氧化率达不到100%,还要乘以一个校正系数,计算公式如下:

$$有机质(\%)=\frac{(V_0-V)\times C\times 0.003\times 1.724\times 1.08}{W}\times 100 \tag{3-50}$$

式中　V_0——用灼烧过的土壤代替底质样品进行空白实验消耗的 $FeSO_4$ 标准溶液的体积,mL;

V——滴定底质样品溶液消耗的 $FeSO_4$ 标准溶液的体积,mL;

C——$FeSO_4$ 标准溶液的浓度,mol/L;

0.003——碳在反应中的毫克摩尔数,$\frac{1}{4}$C,g;

1.724——将有机碳换算成有机质的经验数;

1.08——有机碳氧化率(90%)校正系数;

W——风干底质样品重,g。

习　题

1. 简述底质监测的目的和任务。
2. 简述底质样品的预处理步骤。
3. 如何测定底质污染物?

习题解析

【课程思政】

“绿水青山就是金山银山”,习近平总书记这一重要的发展理念,为建设社会主义生态文明提供理论指引,也为我们新时代的环保指明了方向。绿水青山就是金山银山的理念,揭示了保护生态环境就是保护生产力、改善生态环境就是发展生产力的本质,同时也明确了生态文明建设的目标和方向,只有将物质文明和生态文明有机融合,才能实现“绿水青山就是金山银山”。

项目四　突发性环境污染事故应急监测

【知识目标】

1. 了解突发性环境污染事故产生的原因。
2. 了解突发性环境污染事故的分类。
3. 了解突发性环境污染事故的监测内容。

【技能目标】

对突发性环境污染事故有应变的能力。

任务一　突发性环境污染事故概述

一、突发性环境污染事故产生的原因

随着人类社会和经济的发展,地球环境的污染与破坏日益严重。社会经济生产活动中突发性环境污染事故时有发生。随着科技的不断发展,越来越多的新的化学合成物质被研制出来,并被大量生产、广泛应用于各个领域。会导致突发性环境污染事故发生的物质的种类和数量逐年增加,给生态环境带来极大的安全隐患。突发性环境污染事故产生的原因主要有以下几种:

(1)生产事故:在化工、石油、煤炭、医药、核工业等生产过程中使用或产生的极毒化学品、易燃易爆物质或放射性物质,由于不遵守操作规程或设备、管、阀破裂造成有毒物、放射性物质泄漏、燃烧爆炸等事故。

(2)储运事故:有毒有害物品在储存过程中,发生储罐腐蚀、破损、仓库火灾、爆炸等事故;危险品在运输或输送途中,发生沉船、翻车、输送管道泄漏或爆炸、燃烧等事故。

(3)自然灾害:地质、台风、龙卷风、暴雨、泥石流、山体滑坡等自然灾害造成工厂、仓库倒塌、船只沉没、车辆倾翻,如果伴随危险品流失,将引发恶性环境污染事故。

(4)人类战争:共分为两类,一是战争破坏工厂、仓库、设施、油田、输油管道等;二是战争中使用化学武器、核武器、生化武器等所造成的严重环境污染。

统计表明,人类战争这两类原因是造成突发性环境污染事故的主要原因。

二、突发性环境污染事故的分类

根据事故发生的原因、主要污染物性质和事故表现形式等,突发性环境污染事故可以分为以下几类:

(1)有毒有害物质污染事故:指在生产、生活过程中因生产、使用、储存、运输、排放不当导致有毒有害化学品泄漏或非正常排放所引发的污染事故。

(2)毒气污染事故:实际是有毒有害物质污染事故的一种,由于毒气污染事故最常

见,所以另列,主要有毒有害气体有一氧化碳、硫化氢、氯气、氨气等。

(3)爆炸事故:易燃、易爆物质所引起的爆炸、火灾事故。比如煤矿瓦斯、烟花爆竹厂,以及煤气、石油液化气、天然气、油漆硫磺使用不当造成爆炸事故。有些垃圾、固体废物堆放或处置不当,也会发生爆炸事故。

(4)农药污染事故:剧毒农药在生产、储存、运输过程中,因意外、使用不当所引起的泄漏而导致的污染事故。

(5)放射性污染事故:生产、使用、储存、运输放射性物质过程中因操作不当而造成核辐射危害的污染事故。

(6)油污染事故:原油、燃料油及各种油制品在生产、储存、运输和使用过程中因意外或操作不当而造成泄漏的污染事故。

(7)废水非正常排放污染事故:企业在生产过程中因操作不当或生产事故使大量高浓度水突然排入地表或地下水体,致使水质突然恶化。

三、突发性环境污染事故的特征

突发性环境污染事故与一般环境污染事故相比,二者都能破坏生态环境,对人类健康和生命安全造成严重威胁和伤害,或者造成不同程度的财产损失等。同时,突发性环境污染事故又有其独有的特征。

(一)污染形式的多样性

突发性环境污染事故有核污染事故、农药污染事故、有毒化学品污染事故、溢油事故、爆炸事故等多种类型,涉及众多行业与领域。就某一类事故而言,造成污染的因素比较多,在生产运作的各个环节均有发生污染事故的可能,其表现形式也是多样化的。另外,能导致突发性环境污染事故发生的有毒有害物质种类也有很多种。

(二)事故发生的突然性

一般环境污染是一种常量的排污,有其固定排污方式和排污途径,并在一定时间内有规律地排放污染物质。而突发性环境污染事故则不同,它往往无固定排污方式,往往突然发生,始料未及,有着很大的偶然性和瞬时性。

(三)污染危害的严重性

一般环境污染多产生于生产过程之中,短期内排污量少,相对危害小,不破坏正常生活和秩序,而突发性事件,往往在极短时间内一次性大量泄漏有毒物或发生严重爆炸,如果没有相应防范措施,短期内难以控制,破坏性大,损失严重,事故的环境影响、经济和社会影响都比较严重。

(四)处理处置的艰巨性

由于突发性环境污染事故的突发性、危害的严重性,所以很难在短期内控制,加之污染面大,对监测技术和处理处置措施要求高,因此突发性环境污染事故的监测、处理比一般环境污染事故复杂,难度也大得多。

(五)事故原因的规律性

突发性环境污染事故有其难以预料的一面,但也有其规律性的一面,即污染源集中处(生产、使用、储存、运输)是突发事故的发生源,工艺落后,管理制度不健全、不完善,防范不足是发生事故的直接原因。

四、突发性环境污染事故应急监测的内容和任务

突发性环境污染事故应急监测是指监测人员在事故现场,使用小型、便携、简易、快速的检测仪器和有效的检测方法,在尽可能短的时间内判断和测定污染物的种类、污染物的浓度、污染范围、扩散速度和危害程度的过程。应急监测的任务是为事故的处理处置决策提供科学依据,为正确决策赢得宝贵时间;为事故应急处置、善后处理提供技术支持;有效控制污染范围,缩短事故持续时间,减小事故损失。

突发性环境污染事故的处理、处置包括以下主要内容:

(1)对受危害人员的救治。

(2)切断污染源、隔离污染区、防止污染扩散。

(3)减轻或消除污染的危害。

(4)消除污染物及善后处理。

(5)通报事故情况,对可能造成影响的区域发出预警处理。

五、突发性环境污染事故应急监测的原则

突发性环境污染事故的应急监测是一种特定目的的监测,因此突发性环境污染事故应急监测要遵循以下原则:

(1)预防与应急监测相结合:事先防止污染事故的发生概率。

(2)成立应急事故组织机构:在组织、人员、装备、技术、资金等方面充分落实,做好各种预案;一旦发生事故能在最短时间内携带装备达到现场,最快速度确定污染物种类、数量和浓度,为处置决策提供科学依据,将损失减少到最低。

(3)进行预防和减少发生概率方面分析:应对所在地区调查了解有害物质生产、使用情况,储存数量和地点、运输方式和路线等;组织应急机构、网络,落实各项措施;组织演习等。

六、突发性环境污染事故应急监测系统

为了适应社会发展与环境监测工作的新形势,建立健全应急监测系统十分必要,能及时、高效地为重大突发性环境监测事故提供决策依据。

(一)系统组成

突发性环境污染事故应急监测系统组织结构见图4-1。

(二)系统各职责划分

1. 应急数据平台

应急数据平台是基于地图数据的各地域环境基础数据库,包含空气质量监测点、饮用水水源、污染源等专题数据库,综合应用"3S"(GIS、RS、GPS)技术,污染源发生时,在基础数据库和现场信息的支持下,可迅速判断污染的规模、影响范围等情况,使得污染事故的处理更加及时和有效。

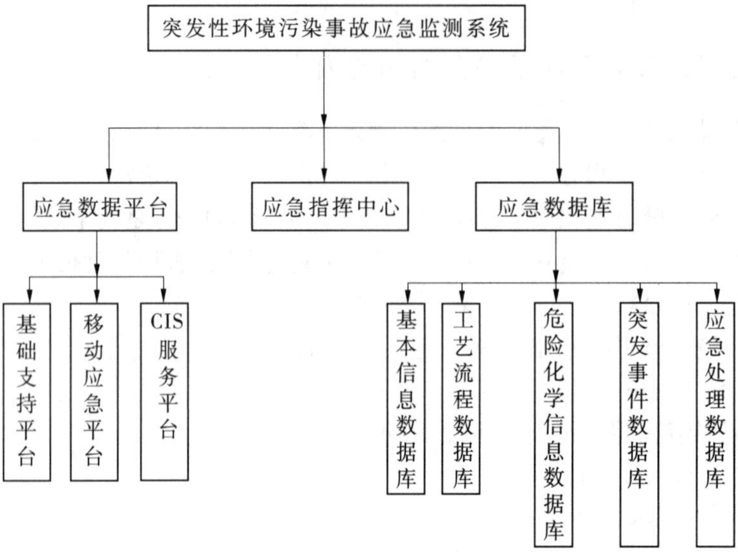

图 4-1　突发性环境污染事故应急监测系统组织结构图

2. 应急指挥中心

应急指挥中心负责应急监测的全面工作,组织协调重大事项,包括制订工作计划、批准培训计划、签发监测报告等。

3. 应急数据库

将国内生产、运输、储存使用量大、污染事故发生频率较高、危害严重的300多种常用的有毒有害化学品的基础信息、工艺流程及常见事故点位、应急防护及处理措施和历史上出现的应急事件等有关信息搜集整理成数据库,以便发生突发环境污染事件时,能及时调用。

习　题

1. 简述突发性环境污染事故产生的原因?
2. 什么是突发性环境污染事故应急监测?
3. 突发性环境污染事故的分类有哪些?

习题解析

任务二　突发性环境污染事故应急监测技术与设备

一、现场应急监测方案制订原则

现场应急监测方案制订应根据引发事故危险物质的特性等事故的基本信息,制订相应的应急监测技术方案,该方案应针对具体事故制订,是应急监测行动的指南。

因此,应急监测技术方案应遵循的基本原则是:

(1)现场应急监测和实验分析相结合。

(2)应急监测的技术先进性和现实可行性相结合。

(3)定性与定量、快速与准确相结合。

(4)环境要素的优先顺序为空气、地表水、地下水和土壤。

二、常用的应急监测技术

应急监测仪器与设备是随着环境污染事故监测需要而逐渐发展起来的新的环保产业领域,并且每次硬件方面的进步均为现场监测技术与方法的进步提供了可靠的物质上的保障。目前,在全世界从事简易、现场仪器设备研制开发的厂商,且具有较完整规模的有数家,主要集中在几个发达国家,如美国的HNU公司和HACH公司、德国的Drager公司和Merck公司、日本的共立公司和北川公司等。目前常用的应急监测方法有:感官检测法、植物和动物检测法、试纸法、检测管法、电化学法、化学测试组件法、光度分析法、色谱分析法、应急监测车等。

(一)感官检测法

感官检测法是根据各污染物的物理化学特性,通过用口、眼、鼻、皮肤等感触被检测物质的存在。如氰化物具有杏仁味,硝基苯类化合物有特殊味道,二氧化硫具有特殊刺激气味,含巯基有机磷农药有恶臭等,用嗅觉可以感知污染物的存在。

还有一些污染物直接刺激皮肤,刺激眼睛流泪。这些都是被动地依靠人体自身的生物感测器来检测的,有一定的危险性,所以这个方法只是权宜之计。

(二)植物和动物检测法

这种方法是利用植物表皮的损伤或利用动物的嗅觉和敏感性来检测有毒有害化学物质。例如,通过植物的伤斑可以知道存在哪种有害化学物质,像光化学烟雾可使叶子背面变成银白色、古铜色,正面出现一道贯穿全叶的坏死带;经过HF污染的叶片坏死带出现在叶子尖端和边缘,逐渐内向发展;机场安检使用狗侦测化学有毒试剂等。

(三)试纸法

此法主要是用来判断已给出的某化合物是否存在、是否超过某一浓度。常用的有pH试纸、石蕊试纸(红-蓝)、酚酞试纸;普通定性试纸,如乙酸铅试纸、二氧化硫试纸、砷试纸、油测定试纸;还有测定某种特定化学物质的分析定量试纸,如硝酸盐试纸、亚硝酸盐试纸、甲醛试纸等。

试纸法的特点有:①简单便捷,只要将试纸浸入试样中即可;②配有标准色阶,可迅速得到测试结果;③标准色阶同时浸入,不必担心有色、浑浊影响;④器具齐全,包装多,多人同时测定;⑤色阶较粗,精度较差。因此,试纸法是一种前导性测试。

(四)检测管法

此种方法类似于试纸法,也是用来判断已给出的某种化合物是否存在或是否超过某一浓度,可定性或半定量地测量特定的污染物。比较有代表性的检测管有直接检测管,聚乙烯材质、玻璃自吸式水质检测管,氯化物检测管,铬酸盐 + 硅胶检测管,硫酸盐检测管,短时检测管,长时检测管等。

(五)电化学法

电化学法用于环境监测的方法主要有两种。一种是利用电化学传感器来检测有毒气体，称之为传感器法。其工作原理是被测气体由进气孔扩散到工作电极表面，在工作电极、电解液、电极对之间进行氧化还原反应。

另一种电化学法是阳极扫描伏安法。其工作原理是：向工作电极施加负电压，经过一段时间预电解富集后，溶液中的金属离子得到电子还原并在阴极表面析出沉淀，在溶出过程中，同一电极施加线性增加的正电压，析出的金属重新被氧化溶出或以离子状态进入溶液，测定金属被氧化时产生的微小电流可指示溶液中金属离子的浓度。

（六）化学测试组件法

化学测试组件法是采用比色法或定量分析方法进行快速分析。将特定分析试剂加入一定量的样品中，通过显色反应产生颜色变化，将颜色深浅程度与标准色阶相对照，即可得到待测污染物的浓度值。常用的有目视比色法、比色柱、比色盘、比色卡、计数滴定器。

（七）光度分析法

常用的光度分析法有：滤光片式和滤光二极管阵列式分光光度计法、便携式分光光度计分析法、现场快速光学分析技术、X-荧光光谱法、反射光谱技术、透射光谱技术、红外光谱技术等。其工作原理：某一种化合物均吸收红外光、纯的化合物吸收红外光具有特定的频率，其是一种利用红外光照射物质获得其内部分子性质的分析手段。

（八）色谱分析法

色谱分析法是一种利用混合物中诸组分在两相间的分配原理获得分离的方法。常用的有便携式离子色谱仪、便携式气相色谱仪、便携式气相色谱/质谱联用仪等。色谱法利用不同物质在不同相态的选择性分配性质，固定相对流动相中的混合物进行洗脱，混合物中不同的物质以不同的速度沿固定相移动，最终达到分离的效果。

（九）应急监测车（组合式流动实验室）

应急监测车根据不同的需要配置装有实验操作台、全球定位装置（GPS）及车载电话、通风照明装置、水电气供给接口、通信接口、低温冰箱、仪器柜，配备了视频图像采集及传输、数据采集与传输单元、电子地图、工控机等辅助设施用于数据采集、电子地图和通信管理，还配备了野外工作用的交流发电机和必要的供水系统及排水系统。它是一种新型流动实验室，可以在发生污染事故后，迅速到达事故现场，为环境应急监测提供高效、快速、机动的综合流动检测、实时监测平台。

习　题

1. 应急监测技术方案应遵循的基本原则是什么？
2. 简述应急监测的常用方法。

习题解析

任务三　典型污染事故应急监测和处置方法

一、爆炸性环境污染事故

爆炸性环境污染事故是指当物质从一种状态通过物理或化学变化在瞬间变为另一种

状态并伴随释放出巨大能量而做机械功的过程。爆炸分为物理爆炸(如锅炉爆炸)、化学爆炸(物质的化学结构发生变化,如炸药爆炸、瓦斯爆炸等)和核爆炸。

化学爆炸是爆炸性环境污染事故中最多的一类。按爆炸物质的性质可分为混合气体爆炸、气体分解爆炸、粉尘爆炸、混合危险废物爆炸、爆炸性化合物爆炸及蒸汽爆炸等。化学爆炸的基本特征是反应在瞬间完成,产生大量能量和气体物质。爆炸的危害:一是爆炸所引起的直接破坏,二是爆炸引起火灾,三是如果爆炸中产生有毒有害物,或爆炸是由有毒有害物泄漏、燃烧所引起,则将造成严重的环境污染。

(一)应急监测方法

现场监测的主要目的是判断是否存在有毒有害气体、监测浓度范围,这对判断事故性质、事故能否再发生或对人体的毒害至关重要。为负责处理事故人员提供可靠和准确的信息,为制定正确的应急措施提供科学的依据。

检测事故现场环境中的有害气体,检测管分析技术已受到各方面的极大重视。它具有简便、快速的特点,适合于现场测定,而且采样和测定一步完成,简化了分析步骤。有毒气体检测管是一种内部充满化学试剂显色指示粉的小玻璃管,一般选用内径为 2~3 mm、长度为 120~180 mm 的无碱细玻璃管。指示粉为吸附有化学试剂的多孔固体细粒,每种化学试剂通常只对一种化合物或一组化合物有特效。当被测空气通过检测管时,空气中含有欲测的有毒气体便和管内的指示粉迅速发生化学反应,并显示出颜色。管壁上标有刻度(通常是 mg/m^3),根据变色环(柱)部位所示的刻度位置就可以定量或半定量地读出污染物的浓度值。

在现场使用时,首先要备好采样(也可用 100 mL 注射器抽吸)。第一步用小砂轮片将检测管两端头切断,把检测管进气端插入到采样器的抽气口上,然后按照规定速度均匀拉动采样器,所采空气的体积按检测管的规定。全部气体采完后,及时从管上刻度读取变色柱长度所示的浓度值。

现场监测技术很难满足实际监测需要。实际上,根据对事故性质的初步调查、了解和分析,如引起事故的物质名称或有什么物质在现场等,判断事故的性质。往往是一种简便、快速和实用的监测方法。

(二)处理处置技术

若发生爆炸事故,应立即打开窗户通风,人员迅速撤离现场,有伤者和中毒者及时抢救或送医院治疗。若爆炸后,伴有火灾发生,应急处理人员要戴好防毒面具,穿好化学防护服,先行灭火,并抢救受伤人员。

1. 灭火措施

灭火措施分为初期灭火和正规灭火。

初期灭火指刚刚起火时的应急措施。在初期灭火中,可使用灭火器,使用沙土、水等也是最为有效的方法。当火灾扩大到某种规模以上时,必须请消防队来灭火,即为正规灭火。在灭火时,一定要注意灭火方法,不要让水和有毒物质到处流,以免污染周围的环境。火灾扑灭后,对水和废弃物进行无害化处理后再清理。

2. 受伤人员的急救和处置

烧伤时的急救和处置:烧伤包括烫伤及火伤,急救的目的是减轻痛的感觉并保护皮肤表面不受感染。为此,当灼伤遍及身体表面积大时,应将伤者衣服脱掉,用消过毒的布单包好。

创伤时的急救和处置:用消毒镊子或消毒纱布把伤口清理干净,并用碘酒涂在伤口四周。

二、化学毒物污染事故

有毒化学污染物种类繁多、性质各异,有毒化学品污染事故的突发性、持续性和累积性决定了环境监测任务的困难程度。当发生污染事故时,有毒化学品的污染程度和范围具有很强的空间性,所以对污染物的监测必须从静态到动态,从地区性到区域性,乃至更大范围的实时监测现场快速监测,以了解当时当地的环境污染状况与程度,并快速提供有关的监测报告和应急处理处置措施。分析对象的时空变化决定了现场监测的技术和方法应具有以下特点:

(1)简便、快速和连续监测。

(2)能对浓度分布非常不均匀的各类样品进行选择性分析。

(3)从定性到定量分析能做到快速实现。

由于在发生污染事故时,必须准确地搞清楚事故所涉及的是何种化学物质,以便评价其可能的影响并采取适当的保护和补救措施。所以,为了对污染物进行快速监测,就必须提供最一般的检测技术,达到更快地使用各种仪器设备,以便迅速有效地进行全面的应急监测。一个好的现场快速应急监测方案可以在以下几个方面发挥重要作用:

(1)能迅速提供污染事故的初步分析结果,包括污染物的种类和性质、释放量和浓度等;估计污染的地区、范围和程度。

(2)能迅速提出适当的应急处理处置措施,以将事故的有害影响降至最低限度。

(3)根据现场测试结果,可以较全面准确地确定用于实验室分析的采样地点、采样方法及分析方法。

当然,由于应急监测需要对事故的特征予以表征,如化学品的释放量、形态及浓度,向环境扩散的速率、污染的区域、有无叠加作用、降解速率等,以及化学品的特点,如毒性、挥发性和残留性等。凡此种种,现场试验设备往往是不够用的。因此,实验室分析也是不可或缺的。

(一)有毒物质应急监测技术与方法

目前对于有毒化学物质的监测,更多地依赖于实验室分析方法,一般主要的方法有试纸法、速测管法及分光光度分析法等。

(二)有毒物质事故处理处置措施

(1)消防:一般用雾状水、泡沫、二氧化碳、干粉等灭火,消防人员必须穿戴专业防护服。

(2)急救:应及时把中毒者送进医院进行治疗。

(3)泄漏处理及治污措施:发生有毒物质泄漏,应切断一切火源,戴好防毒面具等全部防护用品,同时应注意水体污染和突然污染的监测。

三、有毒气体污染事故

所谓有毒气体是指吸入后能引起人畜中毒,甚至死亡,有些还能燃烧的气体,主要有氯气、光气、溴甲烷、氰化氢等。为了便于储运和使用,将有毒气体用加压法、降温法压缩或液化后储存于钢瓶内。由于各种有毒气体的性质不同,有的较易液化,在室温下单纯加压就能呈液态;有的在室温下无论加多大的压力都不会变为液体,必须在加压的同时再降温才能液化。有毒气体在钢瓶中处于气态的称为压缩气体,处于液态的称为液化气体。

储存在各类容器中的易燃有毒气体泄漏到外部空气中,经过一定程度的扩散后,遇到火源,则会发生火灾或爆炸。由于这种气态爆炸混合物分布在大的空间范围内,而且会有大量的不能参加反应的氮气等成分,因此有毒气体爆炸与炸药爆炸相比,释放能量的密度小,相应爆炸压力较低。但有毒气体爆炸作用范围广,易引起燃烧,破坏面大,而且爆炸性混合气体可以弥散,侵入到很小的空间和缝隙中,以致被人、畜吸入呼吸道,一旦爆炸,人、畜呼吸道被烧坏或引起伤亡。

有毒气体进入空气、水、土壤和食物里,严重威胁着人们的健康和正常生活。因此,迫切需要一种能在短时间内及时准确地检测各种有害物质的分析方法,以便采取相应的措施,减少危害。

四、腐蚀性物质污染事故

在化学危险物品中,腐蚀品是化学性质比较活泼,能和很多金属、有机化合物、动植物机体发生化学反应的物质。这类物品能灼伤人体组织,对金属、动植物机体、纤维制品等具有强烈的腐蚀作用,使其遭受破坏。其主要品种是酸类和碱类。

(一)腐蚀性污染物的初步判定

一旦发生腐蚀性物质的污染事故,首先要判断导致污染事故的原因是人为的,还是由于某种设备的损坏而引起的,进而估计污染事故的大小及污染物质的种类、性质和状态,并选用相应的应急处理处置技术和措施。

若对于不明污染源的突发性污染事故,判断其是否具有腐蚀性,可按照本节介绍的“腐蚀性污染物的分析方法——pH 试纸法”,在现场进行 pH 的快速检测,根据腐蚀性的判断标准进行判定。

判断因突发性污染事故产生的废弃物是否具有腐蚀性的标准可参照《有色金属工业固体废物污染控制标准》(GB 5085—85)中的有色工业固体废物腐蚀性的鉴别标准来判断。鉴别标准:含水废物,或本身不含水,但加入定量水后的浸出液的 $pH \leq 2.0$,或 $pH \geq 12.5$ 的废物均属具有腐蚀性。

(二)腐蚀性污染物的分析方法

具有腐蚀性的物质发生泄漏等事故后,主要被污染的环境介质为水或土壤等固体物质。因此,只要能判定被污染的环境介质是否具有腐蚀性,便可知是否发生了腐蚀性污染事故。测定方法可选 pH 试纸法、便携式 pH 计法、酸碱滴定法或玻璃电极法等。

pH 试纸法和便携式 pH 计法主要适用于现场简易、快速检测被污染环境的 pH。pH 试纸法可以定性甚至半定量地判定被污染环境中的介质(如水和土壤等)是否具有腐蚀性;玻璃电极法或酸碱滴定法因需要专用仪器和实验条件所限,一般均在实验室进行。因此,可作为进一步定量地判定腐蚀性污染事故程度的监测分析方法。

现场判定污染事故的腐蚀性时,首先应选择 pH 试纸法,若 pH 范围为 2~12,再选择便携式 pH 计法准确测定 pH。每次监测,必须分别于不同地点采集至少两个以上的样品进行测定。

(三)腐蚀性污染事故的处理处置

腐蚀性污染事故处理处置的目的是去除被污染的环境介质所具有的腐蚀性,它的特点在于所用的方法或技术应简便快速,且易操作,与废弃物的处理处置技术的要求相比有较大的差异,后者主要应考虑处理效果应满足国家或地方环境质量标准和污染物排放标准,处置方法应在经济上合理,在技术上成熟可靠。

中和作用最广泛地应用在处理含有强酸(如硫酸和盐酸等)或强碱(如苛性钠和铵水)的废液中,也可用于处理无水物质,如苯酚(该物质不溶于水)。虽然中和是液相反应,但它也可以用于处理气体和固体物质。气体可以用适当的液相吸收处理,如碱液洗涤酸蒸气。适当考虑悬浮固体的性质和其溶解性,则泥浆状的污染物也可用中和的方法来处理。因酸和碱的混合接触是中和处理技术的基本点,故污泥的黏度将对酸碱间的物理混合有很大的影响。

由于事故为突发性的,处置处理技术主要考虑应急。因此,事故一旦发生,处理腐蚀性废物的措施和技术主要要求简便、快速,在选择处理剂(或化学物质)时,主要应从以下几个方面来考虑:

(1)选择浓度较稀的酸、弱酸、弱碱性物质,即处理剂本身腐蚀性很小或不具腐蚀性。

(2)事故现场或其附近易得到的物质,且易运输。

(3)使用安全,操作方便。

(4)处理后产生的固体或液体废弃物,不会给环境带来二次污染或使污染最小。

(5)能迅速减少或控制被污染的环境或介质的腐蚀性,可有效地防止事故进一步扩大。

(6)价格便宜,尽量减少成本。

实际上,都满足这些条件,对突发性污染事故的应急处理来说,不太客观。因此,可根据污染事故的大小或影响的大小等具体情况,尽量选择更符合要求的处理剂。

五、农药污染事故

农药属有毒化学品,在其生产、储运、应用等每个环节都潜藏着对人类生活及生态环境的污染危害。农药污染事故在全球范围内都时有发生,由农药引发的污染事故多为突发事件,事故发生后的危害程度取决于是否能采取迅速合理的应急处置措施。

任何农药污染事故都直接或间接地危害人类本身。农药属有毒化学品,经皮肤接触、呼吸道吸入及食入都能使人直接中毒死亡。被农药污染的空气、水源、果品、食物可通过呼吸或饮食进入体内,若农药摄入量超过体内毒性极限即可造成中毒甚至死亡。

(一)农药污染事故应急监测的分析方法

农药污染事故应急监测的目的就是应用相应的分析测试技术快速确认污染物类型及

组成,为事故应急处理处置提供决策依据。对于农药污染事故,一般情况下,根据现场调查及事故起因即能初步确认污染物类型,应用相应的测试技术可进一步确定污染物。现将农药污染物实验室分析测试方法介绍如下。

1. 比色法

比色法具有简单、快速、灵敏度高的特点,特别适用于微量组分的测定。其应用范围广,可用于测定多种元素、有机化合物及某些气体等,在农药分析中是一种重要的定量手段。

2. 紫外光谱法

利用有机化合物吸收紫外光的特征,对有机农药进行定性、定量或结构分析的方法。

3. 气相色谱法

气相色谱法既可用于定性分析,又可用于定量分析,且主要用于定量分析。该方法具有应用范围广、分析速度快、灵敏度高等优点。但气相色谱法不能测定分子量大、易热分解、不挥发性物质和解离性物质。

4. 高效液相色谱法

高效液相色谱法的定性定量分析原理与气相色谱相同,但由于固定相和流动相都参与样品组分的分离,故分离效果更好,在农药原药、制剂和残留分析中的应用迅速发展。

5. 气相色谱-质谱联用技术

色相色谱-质谱联用技术综合了气相色谱仪具有高度分离能力和质谱计具有准确结合鉴别能力的优点,能够对复杂的有机混合物同时进行组分分离和结构鉴定。目前这一技术已广泛应用于有机化学的各个领域,成为有机分析实验室不可缺少的实验工具。

(二)农药污染事故的应急处理处置

农药污染事故发生后,若能及时采取相应的处理处置措施,可减小事故的危害程度,并可能挽回损失。由于农药事故的突发性往往会使人惊慌失措,因此对于现场应急处理人员,首先应保持头脑冷静,注意自我保护,并能根据现场情况迅速做出判断,尽快实施处理措施。

农药对农产品污染事故主要指作物药害事故。其原因较多,危害程度也轻重不一,常用的急救措施有:

(1)施肥补救。对产生叶面药斑、叶缘枯焦或植株黄化症状的药害,增施肥料可减轻药害程度。如麦苗出现绿麦隆药害以后,可追施人粪尿,根外追施尿素加磷酸二氢钾,促使植物恢复生长。

(2)排灌补救。对一些除草剂引起的药害,适当排灌可减轻药害程度。例如,杀草丹有时会引起水稻矮化症,原因是土壤中杀草丹在嫌气条件下脱氯形成脱氯杀草丹的结果。为此,当出现初期矮化症时,立即排水露天,以后采取间隙排灌,或少施未腐熟的有机肥等措施,可缓解或减轻药害。

(3)激素补救。对于抑制或干扰植物的除草剂,如2,4-D,二甲四氯、甲草胺、杀草丹、禾大壮等在发生药害后,喷洒赤霉素可缓解药害程度。

习　题

习题解析

1. 简述爆炸性环境污染事故的概念及分类。
2. 简述有毒物质事故处理处置措施。

项目五　环境监测质量保证与控制

【知识目标】

1. 了解质量保证的意义和内容。
2. 掌握监测实验室的基本要求和质量控制方法。
3. 熟练掌握监测数据的统计处理和结果表述的要求和方法。
4. 了解环境标准物质及其分类方法。

【能力目标】

1. 能独立进行分析结果的统计处理与检验。
2. 会进行精密度、准确度、最低检出浓度检验。
3. 能够应用质量控制图进行室内分析质量控制。
4. 会填写质量保证检查单和绘制环境质量图。

任务一　环境监测质量保证的内容与管理

环境监测对象范围广泛,成分复杂、多变,不易准确测量。特别是在区域性、国际的大规模环境调查中,常需要在同一时间内,由许多实验室同时参加,同步测定。这就要求各实验室从采样到结果所提供的数据,满足一定的准确性和可比性,以得到正确的结论。如果没有一个完整的、科学的环境监测质量保证程序,由于人员的技术水平、仪器设备、地域等差异,难免出现调查资料互相矛盾、数据不能利用的现象,造成大量人力、物力、财力的浪费。环境监测质量保证就是通过系统的科学有效的手段,使得不同的监测人员具有相同的技术依据和保证程序,使大家的一切工作在一个完整的统一格式下进行,最终保证环境监测中的分析误差降低到最低的程度。它是环境监测工作中一项十分重要的技术工作和管理工作。

一、质量保证与控制

环境监测质量保证是一种保证监测数据准确可靠的重要手段,是科学管理实验室和监测系统的有效措施。

环境监测质量保证是整个环境监测过程全面的质量管理。它包括:制订质量保证的任务和计划;根据计划和任务确定一些监测指标和数据的质量要求;规定相应的分析测量系统;实验室分析质量控制,以及与此有关的标准物质定值和分析方法要求等。其内容包括采样,样品的现场处理,运输和储存,实验室供应,仪器设备,试剂要求,器皿的选择和校准,试剂、溶剂和基准物质的选用,统一测量方法,质量控制的程序,数据的记录、计算等。

环境监测质量保证工作是一件十分复杂系统的工作,它要求环境监测人员有完整的监测概念理论,熟悉全部的监测程序,对分析系统有扎实的误差理论知识和实际分析操作能力,这样才能使分析结果产生的误差最小。

目前,人们对实验室内的质量保证研究得比较多,也逐渐形成了一些比较成熟的质量保证程序、措施和方法,而对实验室外的质量保证,如采样点布设、采样方式、方法等则研究得还不够,这些原因主要是:一方面,由于环境中各种样品的不均匀性、不稳定性、含量高低及组成的不可预测性等,使得质量保证工作难以做到在一个统一的前提下进行,再加上不同的分析人员对事件的判断存在不同的看法,也可能会使环境监测质量保证局限在一个狭小的范围内进行;另一方面,我们在进行环境监测质量保证时,由于实际工作的限制,一个人不可能在各个监测环节上从一而终,这样不同的人员操作之间就必定存在着系统误差;即使是同一个人从头至尾进行布点、采样、处理、分析,分析中的系统误差仍然会不可避免地产生。这样,我们也就只能将系统误差控制在一定的可接受数值之内,这也给质量保证带来了一定的局限性。当然,在进行环境监测时,我们的观点还是要立足在用最少的投入,获得最大的收益,用现有的分析仪器对环境样品进行分析,能够获得最高的精密度和准确度。

二、环境监测管理

环境监测管理是以环境监测质量、效率为中心对环境监测系统整体进行全过程的科学管理。环境监测管理的具体内容包括监测标准的管理、监测点位的管理、采样技术的管理、样品储运保存管理、监测方法的管理、监测数据的管理、监测质量管理、监测综合管理和监测网络管理等。总的可归结为四方面管理:监测技术管理、监测计划管理和监测网络管理,最后服务于环境监督管理。监测技术管理的内容很多,核心内容是环境监测质量保证。

环境监测管理原则是:

(1)实用原则。监测不是目的,是手段,监测数据不是越多越好,而是实用;监测手段不是越现代化越好,而是准确、可靠、实用。

(2)经济原则。确定监测技术路线和技术装备,要经过技术经济论证,进行费用-效益分析。

为达到上述目的,环境监测质量保证系统应该控制的要点见图 5-1。

习　题

1. 为什么在环境监测中要开展质量保证工作?它包括哪些内容?
2. 监测过程的质量保证和质量控制有何关系?
3. 环境监测管理原则是什么?

习题解析

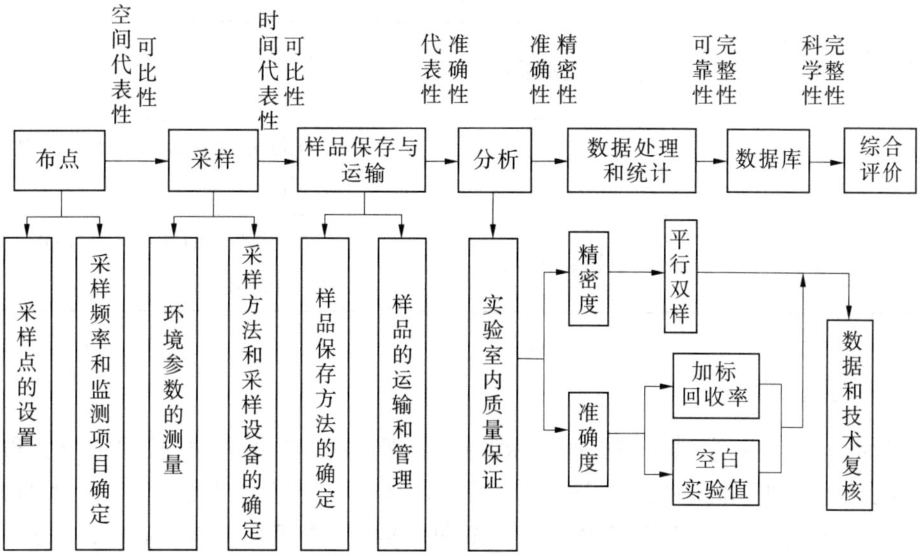

图 5-1　环境监测质量保证系统控制要点

任务二　环境监测实验室要求

实验室是获得监测结果的关键部门，要使监测质量达到规定水平，必须要有合格的实验室和合格的分析操作人员。具体内容包括：仪器的正确使用和定期校正；玻璃仪器的选用和校正；化学试剂和溶剂的选用；溶液的配制和标定、试剂的提纯；实验室的清洁和安全工作；分析人员的操作技术和分离操作技术等。

一、实验用水

水是最常用的溶剂，配制试剂、标准物质、洗涤均需大量使用。它对分析质量有着广泛和根本的影响，对于不同用途需要不同质量的水。市售蒸馏水或去离子水必须经检验合格才能使用。实验室中应配备相应的提纯装置。纯水的分级见表 5-1。

表 5-1　纯水分级

级别	电阻率(25 ℃)(MΩ·cm)	制水设备	用途
特级	>16	混合床离子交换柱；0.45 μm 滤膜；亚沸蒸馏器	配制标准水样
1	10~16	混合床离子交换柱；石英蒸馏器	配制分析超痕量(ppb 级)物质用的试液
2	2~10	双级复合床或混合床离子交换柱	配制分析痕量(ppb~ppm 级)物质用的试液

续表 5-1

级别	电阻率(25 ℃)(MΩ · cm)	制水设备	用途
3	0.5~2	单级复合床离子交换柱	配制分析 ppm 级以上含量物质用的试液
4	<0.5	金属或玻璃蒸馏器	配制测定有机物(如 COD、BOD_5 等)用的试液

二、化学试剂

实验室中所用试剂、试液应根据实际需要,合理选用相应的规格,按规定浓度和需要量正确配制。试剂和配好的试液需按规定妥善保存,注意空气、温度、光、杂质等的影响。另外,要注意保存时间,一般浓溶液稳定性较好,稀溶液稳定性较差。通常,较稳定的试剂,其 10^{-3} mol/L 溶液可储存一个月以上,10^{-4} mol/L 溶液只能储存一周,而 10^{-5} mol/L 溶液需当日配制,故许多试液常配成浓溶液储存液,临用时稀释成所需浓度即可。配制溶液均须注明配制日期和配制人员,以备查核追溯。由于各种原因,有时需对试剂进行提纯和精制,以保证分析质量。

一般化学试剂分为三级,其规格见表 5-2。一级试剂用于精密的分析工作,在环境分析中用于配制标准溶液;二级试剂常用于配制定量分析中的普通试液,如无注明,环境监测所用试剂均应为二级或二级以上;三级试剂只能用于配制半定量、定性分析中的试液和清洁液等。

表 5-2 化学试剂的规格

级别	名称	代号	标志颜色	某些国家通用等级和符号
一级品	保证试剂、优级纯	G · R	绿色	G · R
二级品	分析试剂、分析纯	A · R	红色	A · R
三级品	化学纯	C · P	蓝色	C · P

另外,化学试剂的其他表示方法有:高纯物质(E · P);基准试剂;pH 基准缓冲物质;色谱纯试剂(G · C);实验试剂(L · R);指示剂(Ind);生化试剂(B · R);生物染色剂(B · S)和特殊专用试剂等。

三、分析仪器

(一)常用玻璃仪器

玻璃仪器具有透明、耐热、耐腐蚀、易清洗等特点,在水质分析中应用较广。

化学实验室常用的玻璃器皿及其他简单仪器见图 5-2。

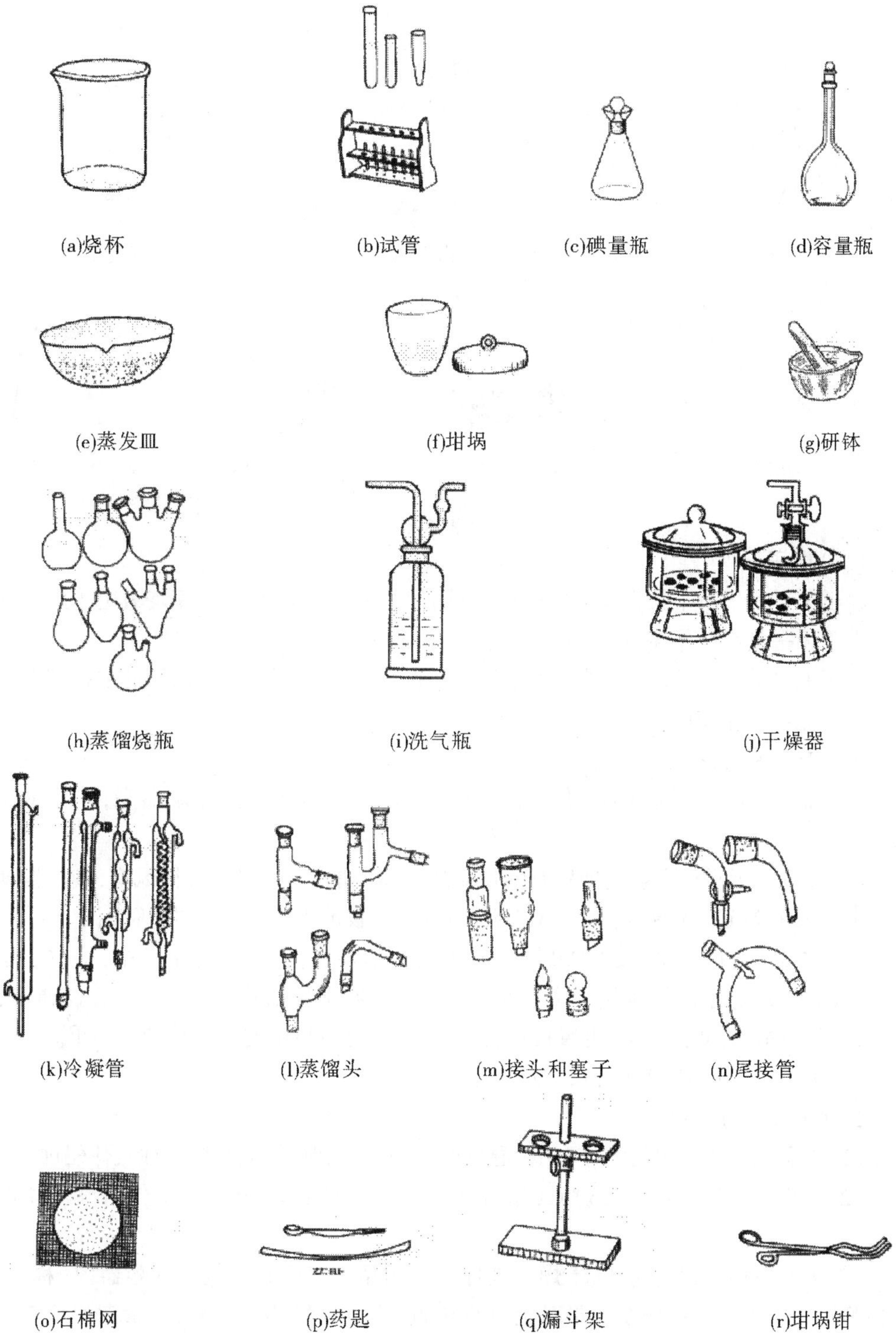

图 5-2　化学实验室常见的玻璃器皿及其他简单仪器

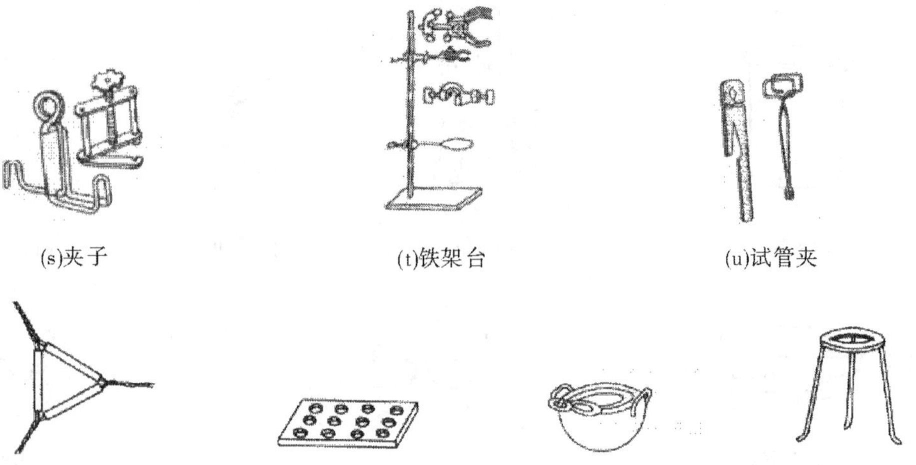

(s)夹子　(t)铁架台　(u)试管夹

(v)泥三角　(w)点滴板　(x)水浴锅　(y)三脚架

续图 5-2

(二)电子天平

电子天平是天平中最新发展的一种。目前大多数水质分析实验室均有电子天平的使用。电子天平具有操作简单、智能化等优点。

电子天平的型号较多,不同型号的电子天平操作步骤有很大差异,因此要按仪器使用说明书的操作程序使用。

1. 电子天平的使用

(1)开机。天平接通电源,预热至指示时间。按动"ON"键,显示器亮,并显示仪器状态。

(2)校准。天平校准前应把所有的物品从称盘中取走,关闭所有挡风窗,按仪器使用说明书将天平调至校准模式,按"CAL"天平校准键,校准天平,使天平准确无误。

(3)称量。直接称量:按"TAR"键,显示器显示零后,置被称物于盘中,待数字稳定后,该数字即为被称物的质量。去皮重:置被称容器于称盘中,天平显示容器质量,按"TAR"键,显示零,即去皮重,再置被称物于容器中,这时显示的是被称物的净重。

(4)关天平。轻按"OFF"键,显示器熄灭。

2. 电子天平的维护

(1)天平应置于稳定的工作台上,避免振动、阳光照射、气流和腐蚀性气体侵蚀。

(2)工作环境温度:(20±5)℃,相对湿度 50%~70%,其余维护工作可参考说明书要求。

(3)天平箱内应保持清洁、干燥。被称量的物品一定要放在适当的容器内(称量瓶、烧杯等),一般不得直接放在天平盘上进行称量;不可称量热的物品;称量潮湿或有腐蚀性的物品时,应放在密闭的容器中进行。

(4)不可使天平的称量超过其最大称量限度的物品,以免损坏天平。

(5)天平有故障时应请专业人员检查维修,不准随意拆卸。

(三)电热干燥箱

电热温干燥箱又称干燥箱或烘箱,主要用于干燥试样、玻璃器皿及其他物品,常用温度在100~150 ℃,最高温度可达300 ℃。

使用干燥箱时必须按设备使用说明书操作,并注意以下事项。

(1)干燥箱应安装在室内通风、干燥、水平处,防止振动和腐蚀。

(2)使用前应检查电源,并有良好的地线。

(3)使用干燥箱前,必须先打开干燥箱上部的排气孔,然后接通电源,注意烘箱顶部小孔内插入温度计与表盘显示的温度是否一致。

(4)干燥箱无防爆装置,切勿将易燃、易爆及挥发性物品放入箱内加热,箱体附近不要放置易燃、易爆物品。

(5)待烘干的试剂、样品必须放在称量瓶、玻璃器皿或瓷皿中,不得直接放置在隔板上,或用纸衬垫或包裹。

(6)带鼓风的干燥箱,在加热和恒温过程中必须开动鼓风机,否则会影响烘箱内温度的均匀性和损坏加热元件。

(7)保持箱内清洁,避免使干燥物品交叉污染。

四、实验室环境条件

实验室内的空气中如果含有固体、液体的气溶胶和污染气体,对痕量分析和超痕量分析会导致较大误差。例如,在一般通风柜中蒸发200 g溶剂,可得6 mg残留物,若在清洁空气中蒸发可降至0.08 mg。因此,痕量和超痕量分析及某些高灵敏度的仪器,应在超净实验室中进行或使用。超净实验室中空气清洁度常采用100号。这种清洁度是根据悬浮固体颗粒的大小和数量多少分类的。具体见表5-3。

表5-3　空气清洁度的分类单

清洁度分类	工作面上最大污染颗粒数(颗粒/m^2)	颗粒直径(μm)
100	100 0	≥0.5 ≥5.0
10 000	10 000 65	≥0.5 ≥5.0
100 000	100 000 700	≥0.5 ≥5.0

要达清洁度为100号标准,空气进口必须用高效过滤器过滤。高效过滤器效率为85%~95%。对直径为0.5~5.0 μm颗粒的过滤效率为85%,对直径大于5.0 μm颗粒的过滤效率为95%。超净实验室一般较小,约12 m^2,并有缓冲室,四壁涂环氧树脂油漆,桌面用聚四氟乙烯或聚乙烯膜,地板用整块塑料地板,门窗密闭,采用空调,室内略带正压,通风柜用层流。

没有超净实验室条件的可采取相应措施。例如，样品的预处理、蒸干、消化等操作最好在专门的毒气柜内进行，并与一般实验室、仪器室分开。几种分析同时进行时应注意防止交叉污染。

五、实验室管理制度

监测质量的保证是以一系列完善的管理制度为基础的。严格执行科学的管理制度是评定一个实验室的重要依据。

（一）对监测分析人员的要求

（1）具有相当于中专以上的文化水平，经培训、考试合格，方能承担监测分析工作。

（2）熟练地掌握本岗位的监测分析技术，对承担的监测项目要做到理解原理、操作正确、严守规程、准确无误。

（3）接受新项目前，应在测试工作中达到规定的各种质量控制实验要求，才能进行项目的监测。

（4）认真做好分析测试前的各项技术准备工作，如实验用水、试剂、标准溶液、器皿、仪器等均应符合要求，方能进行分析测试。

（5）负责填报监测分析结果，做到书写清晰、记录完整、校对严格、实事求是。

（6）及时完成分析测试后的实验室清理工作，做到现场环境整洁，工作交接清楚，做好安全检查。

（二）实验室安全制度

（1）实验室内需设置各种必备的安全设施（通风橱、防尘罩、排气管道及消防灭火器材等），并应定期检查，保证随时可供使用。使用电、气、水、火时，应按有关使用规则进行操作，保证安全。

（2）实验室内各种仪器、器皿应有规定的放置处所，不得任意堆放，以免错拿错用，造成事故。

（3）进入实验室应严格遵守实验室规章制度，尤其是使用易燃、易爆和剧毒试剂时，必须遵照有关规定进行操作。实验室内不得吸烟、会客、喧哗、吃零食或私用电器等。

（4）下班时要有专人负责检查实验室的门、窗、水、电、煤气等，切实关好，不得疏忽大意。

（5）实验室的消防器材应定期检查，妥善保管，不得随意挪用。一旦实验室发生意外事故，应迅速切断电源、火源，立即采取有效措施，随时处理，并上报有关领导。

（三）药品使用管理制度

（1）实验室使用的化学试剂应有专人负责发管、分类、存放，定期检查使用和管理情况。

（2）易燃、易爆物品应存放在阴凉通风的地方，并有相应安全保障措施。易燃、易爆试剂要随用随领，不得在实验室内大量积存。保存在实验室内的少量易燃品和危险品应严格控制，加强管理。

（3）剧毒试剂应有专人负责管理，加双锁存放，批准使用，两人共同称量，登记用量。

（4）取用化学试剂的器皿（如药匙、量杯等）必须分开，每种试剂用一件器皿，至少洗净后再用，不得混用。

(5)使用氰化物时，切实注意安全，不在酸性条件下使用，并严防溅洒沾污。氰化物废液必须经处理后再倒入下水道，并用大量流水冲稀。其他剧毒试液也应注意经适当转化处理后再行清洗排放。

(6)使用有机溶剂和挥发性强的试剂的实验操作，应在通风良好的地方或在通风橱内进行。任何情况下，都不允许用明火直接加热有机溶剂。

(7)稀释浓酸试剂时，应按规定要求操作和储存。

(四)仪器使用管理制度

(1)各种精密贵重仪器及贵重器皿(铂器皿和玛瑙研钵等)要有专人管理，分别登记造册、建卡立档。仪器档案应包括仪器说明书、验收和调试记录、仪器的各种初始参数、定期保养维修、检定、校准及使用情况的登记记录等。

(2)精密仪器的安装、调试、使用和保养维修，均应严格遵照仪器说明书的要求。上机人员应该考核，考核合格方可上机操作。

(3)使用仪器前应先检查仪器是否正常。仪器发生故障时，应立即查清原因，排除故障后方可继续使用，严禁仪器带故障运转。

(4)仪器用完之后，应将各部件恢复到所要求的位置，及时做好清理工作，盖好防尘罩。

(5)仪器的附属设备应妥善安放，并经常进行安全检查。

习　题

1. 玻璃仪器是如何分类的？
2. 实验室的纯水分几个等级？分别都有哪些用途？
3. 分析天平在使用前应进行哪些检查？

习题解析

任务三　环境监测数据统计处理

环境监测的结果将会得到许多环境质量的代表值，它们是描述和评价环境质量的基本数据。由于测量系统的条件限制，以及操作人员的技术水平，测定值或测量值总是存在着差异，环境污染的流动性、变异性与时间、空间因素有很大的关系，以有限次的分析测定怎样才能较好地代表总体，这是环境监测数据处理中十分关注的问题。环境监测数据处理的质量保证，要求监测结果的数据处理必须保证其真实性、有效性和可操作性。

一、数据处理和结果表述

(一)有效数字的概念

有效数字是指在分析过程中实际能测量到的数字，在记录数据和计算结果时，保留的有效数字中，只有最后一位是可疑的数字，其余位数都应是准确数字。例如，从滴定管中读得标准溶液体积为23.45 mL，由于滴定管的读数可精确到±0.01 mL，即前三位都有刻度，可以准确读出，第四位数没有刻度，是估读出来的，不太确切，称为“不定数字”，但它不是主观臆造的，所以记录时应保留。记录数据 23.45 mL 的意义，是该标准溶液的体积为 23.45 mL±0.01 mL，不但表示了数量大小而且反映了读数的精度。有效数字的位数所反映的测量准确度受测量方法的限制，不能随意书写。如 1.5 mL 和 1.50 mL，数值本身大小没有差别，但二者所反映的测量准确度是不同的，前者准确到 0.1 mL，即数字 5 是可疑的；后者准确到 0.01 mL，即数字 0 是可疑的，而数字 5 是准确的。数字“0”是一个比较特殊的数字，它是不是有效数字，要视具体情况而定。

(1) 在非零数字中间或小数的末尾的“0”，是有效数字，它与普通数字起的作用相同，如 1.000 5 g 及 10.50 mL 分别为五位有效数字和四位有效数字，其中的“0”均为有效数字。

(2) 第一个非零数字前的“0”，起定位作用，不是有效数字，它只是用来表明小数点位置，如：0.054 3 g 就只有三位有效数字，其中的“0”不是有效数字。

(3) 以“0”结尾的整数，有效数字难以判断，如 38 900，可能是三位、四位甚至五位有效数字。在这种情况下，应根据测定值的准确度改写成指数形式，例如，3.89×10^4 是三位有效数字，$3.890\,0\times10^4$ 是五位有效数字。

对于一般数值有效数字位数的判断方法可以归纳为：从第一个非零数字起往后所有数字均为有效数字。

对于 pH、pM、lgK 等对数值，其有效数字仅取决于小数部分数字的位数，而整数部分只说明该数的方次，例如 pH=11.46，即 $[H^+]=3.4\times10^{-2}$ mol/L，其有效数字均为两位。在计算有效数字位数时，若第一位有效数字等于或大于 8，其有效数字的位数可多算一位。如 9.37 虽是三位，但它接近 10.00，故可认为是四位有效数字。

(二) 有效数字的运算规则

在数据处理时，常用到以下几条规则：

(1) 记录测量数据时，保留的有效数字应与使用仪器的准确度相适应，只保留一位可疑数字，如滴定管的读数正好是 22 mL，应记为 22.00 mL。

(2) 在数字运算中，当有效数字确定后，其余数字按下述规则修约：

①拟舍弃数字的最左一位数字小于 5 时，则舍去，即保留的各位数字不变。

②拟舍弃数字的最左一位数字大于 5 或虽等于 5 而其后并非全部为零时，则进一位，即保留的末位数字加 1。

③拟舍弃数字的最左一位数字等于 5，而其后无数字或全部为零时，若所保留的末位数字为奇数则进 1，为偶数则舍弃。

④拟修约的数字应一次修约获得结果，不得多次连续修约。如将 15.454 6 修约成两位有效数字的结果，正确的做法是：15.454 6→15，错误的做法是：15.454 6→15.455→15.46→15.5→16。

(3) 在几个近似数值相加减时，其和或差的有效数字取决于绝对误差最大的近似数，即最后结果的小数点后的位数，与近似数中小数点后位数最少者相同。例如，求 0.012 1、25.64、1.057 82 数之和，以上三个数应以 25.64 为标准，按照数值修约规则保留小数点后两位，所以计算结果为：0.012 1+25.64+1.057 82=26.709 92→26.71。

(4)在几个近似数值相乘除时,其积或商的有效数字取决于相对误差最大的近似数,即最后结果的有效数字,与近似数中有效数字位数最少者相同。例如,求 0.012 1、25.64 和 1.057 82 三数之积,应以 0.012 1 为标准,按照数值修约规则保留三位有效数字,所以计算结果为:0.0121×25.64×1.057 82=0.328 182 308 08→0.328。

(5)在近似数的对数和反对数计算中,所取对数的小数点后位数(不包括首数)应与真数的有效数字位数相同。

(6)在数值计算中,某些倍数、分数及常数的有效数字位数可认为无限多,计算中需要几位就是几位。如 π、e 等。

(7)在运算过程中,对中间结果不做修约,只将最后结果修约到要求的位数。

在分析过程中,测量数据多于四位有效数字时,计算结果一般只需保留四位有效数字。

(三)监测结果的表述

对一个试样某一指标的测定,其结果表达方式一般有如下几种。

1. 用算术均数($\bar{x}$)代表集中趋势

测定过程中排除系统误差和过失误差后,只存在随机误差,根据正态分布的原理,当测定次数无限多($n \to \infty$)时的总体均值(μ)应与真值(x_t)很接近,但实际只能测定有限次数。因此,样本的算术均数是代表集中趋势表达监测结果的最常用方式。

2. 用算术均数和标准偏差表示测定结果的精密度($\bar{x} \pm s$)

算术均值代表集中趋势,标准偏差表示离散程度,算术均值代表性的大小与标准偏差的大小有关,即标准偏差大,算术均数代表性小,反之亦然,故而监测结果常以($\bar{x} \pm s$)表示。

3. 用($\bar{x} \pm s, C_v$)表示结果

标准偏差大小还与所测均数水平或测量单位有关。不同水平或单位的测定结果之间,其标准偏差是无法进行比较的,而变异系数是相对值,故可在一定范围内用来比较不同水平或单位测定结果之间的变异程度。例如,用镉试剂法测定镉,当镉含量小于 0.1 mg/L 时,最大相对偏差和变异系数分别为 7.3%和 9.0%。

(四)均数置信区间和“t”值

均数置信区间是考察样本均数($\bar{x}$)与总体均数(μ)之间的关系,即以样本均数代表总体均数的可靠程度。从正态分布曲线可知,68.26%的数据在 $\mu \pm \sigma$ 区间之间,95.44%的数据在 $\mu \pm 2\sigma$ 区间之间。正态分布理论是从大量数据中列出的。当从同一总体中随机抽取足够量的大小相同的样本,并对它们测定得到一批样本均数,如果原总体是正态分布,则这些样本均数的分布将随样本容量(n)的增大而趋向正态。

样本均数的均数符号为 $\bar{x}$;样本均数的标准偏差符号为 $S_{\bar{x}}$。标准偏差(s)只表示个体变量值的离散程度,而均数标准偏差是表示样本均数的离散程度。

均数标准偏差的大小与总体标准偏差成正比,与样本含量的平方根成反比。

$$S_{\bar{x}} = \frac{s}{\sqrt{n}} \tag{5-1}$$

由于总体标准偏差不可知,故只能用样本标准偏差来代替,这样计算所得的均数标准

偏差仅为估计值,均数标准偏差的大小反映抽样误差的大小,其数值愈小则样本均数愈接近总体均数,以样本均数代表总体均数的可靠性就愈大;反之,均数标准偏差愈大,则样本均数的代表性愈不可靠。

样本均数与总体均数之差对均数标准偏差的比值称为 t 值。

$$t = \frac{\bar{x} - \mu}{s_{\bar{x}}} \tag{5-2}$$

根据正态分布的对称性特点,应写成

$$\mu = \bar{x} \pm t \frac{s}{\sqrt{n}} \tag{5-3}$$

式中右面的 $\bar{x}$、s 和 n 从测定可得,t 与样本容量(n)和置信度有关,而后者可以直接要求指定。当 n 一定时,要求置信度愈大则 t 愈大,其结果的数值范围愈大。而置信度一定时,n 愈大 t 值愈小,数值范围愈小。置信水平不是一个单纯的数学问题。置信度过大反而无实用价值。例如,100%的置信度,则数值区间为[$-\infty$,$+\infty$],通常采用 90%~95%置信度(0.10~0.05)。

二、测量结果的统计检验

在环境监测中,对所研究的对象往往是不完全了解,甚至是完全不了解,例如测定值的总体均值是否等于真值,某种方法经过改进,其精密度是否有变化等,这就需要统计检验。下面讨论两均数差别的显著性检验(t 检验)。

相同的试样由不同的分析人员或不同分析方法所测得均数之间的差异,在实验室质量考核中,对标准样的实际测定均值与其保证值之间的差异,到底是由抽样误差引起的,还是确实存在本质的差别,可用计算 t 值和查 t 表的方法来判断两均数之差是属于抽样误差的概率有多大,即对这些差异进行"显著性检验",简称"t 检验"。当抽样误差的概率较大时,两均数的差异很可能是抽样误差所致,亦即两均数的差别无显著性意义;如其概率很小,即此差别属于抽样误差的可能性很小,因而差别有显著意义。

t 检验判断的通则是:

当 $t < t_{0.05(n')}$,即 $P>0.05$,差别无显著意义;

当 $t_{0.05(n')} < t < t_{0.01(n')}$,即 $0.01 < P \leqslant 0.05$,差别有显著意义;

当 $t \geqslant t_{0.01(n')}$,即 $P \leqslant 0.01$,差别有非常显著意义。

【例 5-1】 某含铁标准物质,已知铁的保证值为 1.06%,对其 10 次测定的平均值为 1.054%,标准偏差为 0.009%,检验测定结果与保证值之间有无显著性差异。

解　$\mu = 1.06\%$　$\bar{x} = 1.054\%$　$n = 10$

$$n' = 10 - 1 = 9$$

$$s = 0.009\%$$

$$S_{\bar{x}} = \frac{s}{\sqrt{n}}$$

$$t = \frac{\bar{x} - \mu}{s_{\bar{x}}} = \frac{1.054\% - 1.06\%}{0.009\% / \sqrt{10}} = -2.11$$

$$|t| = 2.11$$

查 $t_{0.05(9)} = 2.262$

$|t| = 2.11 < 2.262 = t_{0.05(9)}$　　　　$P > 0.050$

即差别无显著意义，测定正常。

三、监测数据的回归处理与相关分析

在环境监测中经常要了解各种参数之间是否有联系，例如 BOD 和 TOC 都是代表水中有机污染的综合指标，它们之间是否相关？又如在水稻田施农药，水稻叶上农药残留量与施药后天数之间是否相关？下面将介绍怎样判断各参数之间的联系。

（一）相关和直线回归方程

变量之间的关系有两种主要类型：

1. 确定性关系

例如，欧姆定律 $V=IR$，已知三个变量中任意两个就能按公式求第三个量。

2. 相关关系

有些变量之间既有关系又无确定性关系，称为相关关系，它们之间的关系式叫回归方程式，最简单的直线回归方程为

$$\hat{y} = ax + b \tag{5-4}$$

式中　a、b——常数。

当 x 为 x_1 时，实际 y 值在按计算所得 $\hat{y}$ 左右波动。

上述回归方程可根据最小二乘法来建立。即首先测定一系列 $x_1, x_2, \cdots, x_n$ 和相对应的 $y_1, y_2, \cdots, y_n$，然后按下式求常数 a 和 b。

$$a = \frac{n\sum x - \sum x \sum y}{n\sum x^2 - (\sum x)^2} \tag{5-5}$$

$$b = \frac{\sum x^2 \sum y - \sum x \sum xy}{n\sum x^2 - \left(\sum x\right)^2} \tag{5-6}$$

（二）相关系数及其显著性检验

相关系数是表示两个变量之间关系的性质和密切程度的指标，符号为 γ，其值在 $-1 \sim +1$。公式为

$$\gamma = \frac{\sum (x - \overline{x})(y - \overline{y})}{\sqrt{\sum (x - \overline{x})^2 \sum (y - \overline{y})^2}} \tag{5-7}$$

x 与 y 的相关关系有如下几种情况：

（1）若 x 增大，y 也相应增大，称 x 与 y 呈正相关。此时 $0<\gamma<1$，若 $\gamma=1$，称完全正相关。图 5-3 是正相关的两种图形。

（2）若 x 增大，y 相应减小，称 x 与 y 呈负相关。此时，$-1<\gamma<0$，当 $\gamma=-1$ 时，称完全负相关。图 5-4 是负相关的两种图形。

（3）若 y 与 x 的变化无关，称 x 与 y 不相关。此时 $\gamma=0$。图 5-5 是不相关的四种图形。

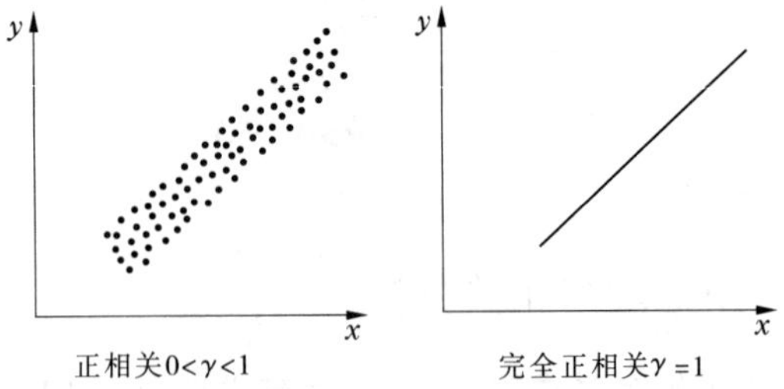

图 5-3　正相关的两种图形

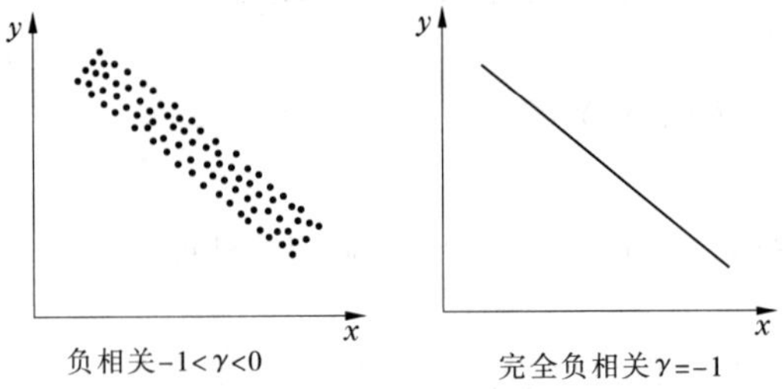

图 5-4　负相关的两种图形

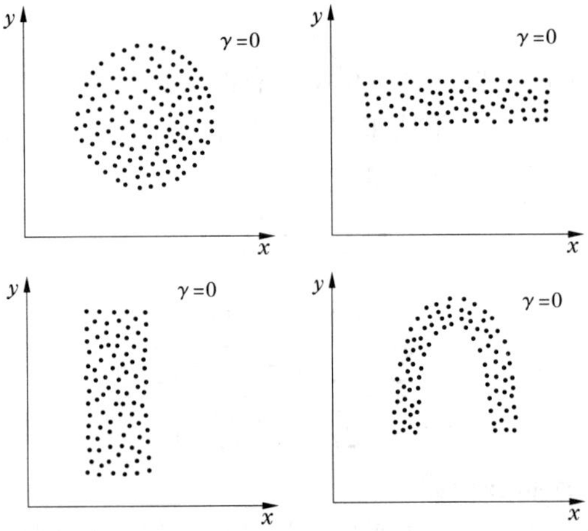

图 5-5　不相关的四种图形

四、方差分析

方差分析是分析试验数据和测量数据的一种常用的统计方法。环境监测是一个复杂的过程，各种因素的改变都可能对测量结果产生不同程度的影响。方差分析，就是通过分析数据，弄清和研究对象有关的各个因素对该对象是否存在影响，以及影响程度和性质。在实验室的质量控制、协作试验、方法标准化和标准物质的制备工作中，都经常采用方差分析。

(一)方差分析中的统计名词

1. 单因素试验和多因素实验

一项实验中只有一种可改变的因素称为单因素实验;具有两种以上可改变因素的实验称为多因素实验。在数理统计中,通常用 A、B 等表示因素,在实际工作中可酌情自定,如不同实验室用 L 表示,不同方法用 M 表示等。

2. 水平

因素在实验中所处的状态称为水平。例如,比较使用同一分析方法的五个实验室是否具有相同的准确度,该因素有五个水平;比较三种不同类型的仪器是否存在差异,该因素有三个水平;比较九瓶同种样品是否均匀,该因素有九个水平。在数理统计中,通常用 a、b 等表示因素 A、B 等的水平数。在实际工作中可酌情自定,如因素 L 的水平数用 l 表示,因素 M 的水平数用 m 表示等。

3. 总变差及总差方和

在一项试验中,全部实验数据往往参差不齐,这一总的差异称为总变差。总变差可以用总差方和(S_T)来表示。S_T 可分解为随机作用差方和与水平间差方和。

4. 随机作用差方和

产生总变差的原因中,部分原因是试验过程中各种随机因素的干扰与测量中随机误差的影响,表现为同一水平内实验数据的差异,这种差异用随机作用差方和(S_E)表示。在实际问题中 S_E 常代之以具体名称,如平行测定差方和、组内差方和、批内差方和、室内差方和等。

5. 水平间差方和

产生总变差的另一部分原因是来自实验过程中不同因素,以及因素所处的不同水平的影响,表现为不同水平实验数据均值之间的差异,这种差异用各因素(包括交互作用)的水平间差方和 S_A、S_B、$S_{A\times B}$ 等表示,在实际问题中常代之以具体名称,如重复测定差方和、组间差方和、批间差方和、室间差方和等。

6. 交互作用

在多因素试验中,不仅各个因素在起作用,而且各因素间有时能联合起来起作用,这种作用称为交互作用。如因素 A 与 B 的交互作用表示为 A×B。

(二)方差分析的方法步骤

(1)建立假设(H_0)。相应的因素及交互作用对试验结果无显著影响,即各因素不同水平试验数据总体均值相等。

(2)选取统计量并明确其分布。

(3)给定显著性水平(α)。

(4)查出临界值(F)。

(5)列表(或用其他方式)计算有关的统计量。

(6)根据方差分析表作方差分析。

(7)如有必要,对有关参数做进一步估算。

在实际工作中,只需进行上述步骤中的(1)、(6),(3)、(4)的内容已包括在步骤(6)中。为了简化计算,在方差分析中采用编码公式对原始数据(x)做适当变换:

$$x = c(X - X_0) \tag{5-8}$$

通常,X_0 取接近原始数据平均值的某个值,c 的取值应使 x 为某个整数。原始数据(x)可由编码数据(X)经译码公式译出:

$$x = c^{-1}X + X_0 \tag{5-9}$$

习　题

习题解析

1. 将下列数据修约到保留一位小数:1.445 5,1.554 5,1.490 0,14.501,1.350 0,1.360 0。

2. 用比色法测定水中的挥发酚,得到如表 5-4 所示的一系列数据,试计算出吸光度 y 和苯酚浓度 x(mg/L)对应的回归方程及相关系数,同时检验该曲线是否符合要求(检验相关系数)。

表 5-4

酚浓度(苯酚,mg/L)	0	0.010	0.020	0.030	0.040	0.050
吸光度(A)	0.005	0.046	0.095	0.129	0.172	0.222

任务四　环境监测实验室的质量控制

一、基本概念

(一)准确度

准确度是分析方法的综合指标,也是数据可信程度的综合指标。当样本容量足够多时,准确度取决于系统误差。

(1)准确度的概念。准确度是指在规定的条件下,试样的分析结果(单次测定值或重复测定的均值)与真值(假定的或公认的)之间的符合程度。

(2)准确度用绝对误差、相对误差表示。

$$\text{绝对误差} = \text{测定值} - \text{真值} = x_i - \mu \tag{5-10}$$

$$\text{相对误差} = \frac{\text{测定值} - \text{真值}}{\text{真值}} \times 100\% = \frac{x_i - \mu}{\mu} \times 100\% \tag{5-11}$$

由于实际工作中样品的真值往往未知,因而用上述方法表示准确度只是限于真值已知的情形。在指定的情况下,百分回收率也能反映准确度的好坏。对于回收率的计算有两种情形:一种是以标准物作为标准控制样,此时的回收率也称标准物测定回收率;另一种是采用加标样分析进行测定,也称为加标测定回收率。

$$\text{标准物测定回收率}P_{\text{标}} = \frac{\text{测定值}}{\text{保证值}} \times 100\% = \frac{x_i}{A} \times 100\% \tag{5-12}$$

$$\text{标准物测定回收率}P_{\text{加}} = \frac{\text{加标测定值} - \text{未加标测定量}}{\text{加入标准的量}} \times 100\% = \frac{x_{\text{加标}} - x_{\text{未加标}}}{\Delta x_{\text{加标}}} \times 100\% \tag{5-13}$$

(二)精密度

1. 精密度的概念

精密度是指在规定的条件下,重复分析某一均匀试样所得分析结果之间的符合程度。精密度是分析方法的评价指标之一,在消除了系统误差的前提下,精密度主要由分析的随机误差决定,它不仅与偶然因素有关,也与待测物质的含量有关,通常物质的含量越低,分析的精密度越差,它能够反映一个分析人员的分析操作水平。精密度决定了准确度的好坏。因而,要提高分析的准确度,首先要提高分析的精密度。

2. 精密度的表示方法

精密度用标准偏差和相对标准偏差表示。

(1)标准偏差。

用某一种方法对某一均匀样品进行 n 次重复测定时,n 个重复测定结果为 $x_1, x_2, x_3, \cdots, x_i, \cdots, x_n$,标准偏差的计算公式为

$$s = \sqrt{\frac{\sum_{i=1}^{n}(x_i - \bar{x})^2}{n-1}} = \sqrt{\frac{\sum_{i=1}^{n} x_i^2 - \frac{1}{n}\left(\sum_{i=1}^{n} x_i\right)^2}{n-1}} \tag{5-14}$$

式中 $\bar{x} = \frac{\sum_{i=1}^{n} x_i}{n}$,标准偏差的单位与 x_i 的单位相同。

(2)相对标准偏差。

$$\text{相对标准偏差} = \frac{s}{\bar{x}} \times 100\% \tag{5-15}$$

相对标准偏差也称变异系数,用符号 C_V 表示,相对标准偏差没有单位。当两组变量单位不同,或变量单位虽然相同,但平均值相差较大时,可用变异系数 C_V 表示它们的离散程度。在环境监测分析中,一般说来,$C_V<5\%$,说明精密度很好;$C_V=5\%\sim10\%$,表示精密度较好;$C_V=10\%\sim15\%$,可以接受,但与浓度有关,当浓度≤1 μg/L 时,$C_V=25\%$仍然可以接受。

(3)极差。

极差 R 是测定数值中最大值与最小值之差,它说明了数据的伸展情况,也可表示方法的精密度。

$$R = x_{\max} - x_{\min} \tag{5-16}$$

式中 R 的单位与 x 单位相同。

(三)灵敏度

灵敏度也是评价分析方法的指标之一。ISO 定义的灵敏度是指对于一个给定的检测量数值,灵敏度用观测到的变量增值除以检测量的相应增值。在分析领域中,对“灵敏度”一词常有两种理解:一种是认为灵敏度是表示方法检出最低含量的能力;另一种是更多的学者认为,灵敏度是反映信号的输出量(Y,信号值)和信号的输入量(X,物质含量)的比值,两者的比率越大,则校准曲线的斜率也越大,灵敏度就越高,因而灵敏度可以用校

准曲线的斜率来表示,而不用最低检出限来表示灵敏度,这跟 ISO 定义的灵敏度具有一样的含义。

(四)检出限

检出限也称检测限,为某特定分析方法在给定的置信度内可从样品中检出待测物质的最小浓度或最小量。这里的“检出”是指定性检出,即判断样品中是否存在着浓度高于空白浓度的待测物质。

在《全球环境监测系统水监测操作指南》中规定:给定置信水平为 95%时,样品测定值与零浓度的测定值有显著性差异即为检出限 L。零浓度样品为不含待测物质的样品。

分光光度分析中规定,以吸光度等于 0. 010 时所对应的待测物质浓度值为检出限大小。原子吸收分析中规定,以产生 3 倍空白吸光度标准偏差时对应的待测元素的浓度或含量来表示其检出限大小。

气相色谱分析中的检出限即指最小检测量,系指监测器恰能产生和噪声相鉴别的信号时,所需进入色谱柱的物质的最小量。一般认为恰能产生和噪声相鉴别的信号最小应为噪声的两倍,而最小检测浓度为最小检测量与进样量的体积之比。某些离子选择电极测定中规定,当校准曲线的直线部分外延的延长线与通过空白电位且平行于浓度轴的直线相交时,其交点所对应的浓度值即为该离子选择电极法的检出限。

(五)校准曲线

校准曲线是用于描述待测物质的浓度或量与相应的测量仪器的响应量或其他指示量之间的定量关系的曲线。校准曲线包括工作曲线(绘制校准曲线的标准溶液的分析步骤与样品分析步骤完全相同)和标准曲线(绘制校准曲线的标准溶液的分析步骤与样品分析步骤相比有所省略,如省略样品的前处理)。

监测中常用校准曲线的直线部分。某一方法的标准曲线的直线部分所对应的待测物质浓度(或量)的变化范围,称为该方法的线性范围。

(六)空白实验

空白实验又叫空白测定,是指用蒸馏水代替试样的测定,其所加试剂和操作步骤与试验测定完全相同。空白实验应与试样测定同时进行,试样分析时仪器的响应值(如吸光度、峰高等)不仅是试样中待测物质的分析响应值,还包括所有其他因素,如试剂中杂质、环境及操作进程的沾污等的响应值,这些因素是经常变化的,为了了解它们对试样测定的综合影响,在每次测定时,均作空白实验,空白实验所得的响应值称为空白实验值。对试验用水有一定的要求,即其中待测物质浓度应低于方法的检出限。当空白实验值偏高时,应全面检查空白实验用水、试剂的空白、量器和容器是否沾污、仪器的性能及环境状况等。

二、实验室内质量控制

实验室内质量控制也称内部分析质量控制,是实验室分析人员对分析质量进行自我控制的过程,一般是通过分析和应用某种质量控制图或其他方法来控制分析质量。通过建立质量控制图,分析人员对自己的分析质量进行系统的经常的核对,以保证分析结果的可重复性和正确性。

(一)质量控制图的绘制及使用

对经常性的分析项目常用控制图来控制质量。质量控制图的基本原理是由 W. A . Shewart 提出的,他指出:每一个方法都存在着变异,都受到时间和空间的影响,即使在理想的条件下获得的一组分析结果,也会存在一定的随机误差。但当一个结果超出了随机误差的允许范围时,运用数理统计的方法,可以判断这个结果是异常的、不足信的。质量控制图可以起到这种监测的仲裁作用。因此,实验室内质量控制图是监测常规分析过程中可能出现的误差,控制分析数据在一定的精密度范围内,保证常规分析数据质量的有效方法。

在实验室工作中每一项分析工作都由许多操作步骤组成,测定结果的可信度受到许多因素的影响,如果对这些步骤、因素都建立质量控制图,在实际工作中是无法做到的,因此分析工作的质量只能根据最终测量结果来进行判断。

对经常性的分析项目,用控制图来控制质量,编制控制图的基本假设是:测定结果在受控的条件下具有一定的精密度和准确度,并按正态分布。若以一个控制样品,用一种方法,由一个分析人员在一定时间内进行分析,累积一定数据。如这些数据达到规定的精密度、准确度(处于控制状态),以其结果——分析次序编制控制图。在以后的经常分析过程中,取每份(或多次)平行的控制样品随机地编入环境样品中一起分析,根据控制样品的分析结果,推断环境样品的分析质量。质量控制图的基本组成见图 5-6。

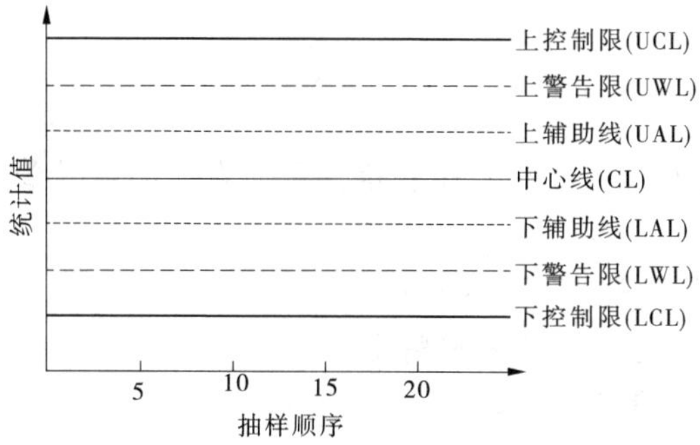

图 5-6　质量控制图的基本组成

图中,预期值——图中的中心线;目标值——图中上、下警告限之间区域;实测值的可接受范围——图中上、下控制限之间的区域;辅助线——上、下各一线,在中心线两侧与上、下警告限之间各一半处。

(二)其他质量控制方法

用加标回收率来判断分析的准确度,由于方法简单、结果明确,故而是常用方法。但由于在分析过程中对样品和加标样品的操作完全相同,以致干扰的影响、操作损失或环境污染也很相似,使误差抵消,因而分析方法中某些问题尚难以发现,此时可采用以下方法。

1. 比较实验

对同一样品采用不同的分析方法进行测定,比较结果的符合程度来估计测定准确度。对于难度较大而不易掌握的方法或测定结果有争议的样品,常采用此法,必要时还可以进一步交换操作者,交换仪器设备或两者都交换。将所得结果加以比较,以检查操作稳定性和发现问题。

2. 对照分析

在进行环境样品分析的同时，对标准物质或权威部门制备的合成标准样进行平行分析，将后者的测定结果与已知浓度进行比较，以控制分析准确度，也可以由他人(上级或权威部门)配制(或选用)标准样品，但不告诉操作人员浓度值密码样，然后由上级或权威部门对结果进行检查。这也是考核人员的一种方法。

三、实验室间质量控制

实验室间质量控制常用于协作实验(指为了某个特定目的，按照一个预定的程序，组织一定数量的实验室进行合作研究，如分析方法的标准化、标准物质的协作定值、组织协作实验完成某项质量调查或科研任务等)、仲裁实验、分析人员的测试技术评定、实验室的分析质量评价等方面。

实验室间质量控制的目的是检查实验室是否存在着系统误差，以及系统误差的大小是否对分析结果产生根本性影响，以便让实验室人员及时纠正分析中存在的问题。通常包括实验室质量考核、标准溶液的比对、实验室误差测试等方面。实验室间质量控制通常由某一系统的中心实验室、上级机关或权威单位负责，也可由有经验的实验室或分析人员负责主持。

习　题

1. 何为准确度？何为精密度？怎样表示？它们在监测质量管理中有何作用？
2. 精密度、灵敏度和检出限有何区别？
3. 环境监测实验室应建立哪些管理制度？
4. 实验室质量控制的意义、内容、方法。

习题解析

任务五　环境标准物质与标准分析方法

一、环境标准物质

环境标准物质具有按规定的准确度和精密度所确定的某些组分的含量值，并且在相当长的时间内具有可被接受的均匀性和稳定性。我们把在组成和性质上与待测环境样品相似、均匀而稳定、组分的含量已知，并用来做分析测定标准的物质称为环境标准物质。

标准物质的名称尚未统一。国际标准化组织(ISO)建议使用“有证参考物质”，也有称“参比物质”或“标准样品”。我国国家标准局规定“标准物质”，代号为BW，与国际标准化组织提出的“有证参考物质”属于同一级别。与其他标准物质相比，环境标准物质具有这样的特性，即一般都是环境样品或模拟样品的混合物，其基体组成比较复杂；待测成分的浓度不能过低，以免受分析方法检出限和精密度的影响；具有良好的均匀性、稳定性，制备量足够大;通过协作实验,用绝对测量法或两种以上的测量方法进行含量定值,且保证定值的不确定度水平,保证测量的溯源性。

环境标准物质在钢铁、有色冶金、核材料、陶瓷、医学和食品等方面较早就有应用,对生产和科研起了积极作用。标准物质的作用就是要通过标准物质的准确度传递系统和追溯系统,实现国际之间、行业之间、各实验室之间的数据可比性和一致性。如果一个实验室在分析工作中定期使用了环境标准物质,则称该实验室采用了分析质量控制技术。

具体说来,环境标准物质有以下作用:

(1)直接用环境标准物质与环境样品一起比较分析,作为分析测定的标准依据。

(2)校正并标定分析测定仪器、标准曲线的截距和斜率等。

(3)为新的分析技术与分析方法的研究提供真值依据。

(4)检验和测定分析方法的精密度、准确度、灵敏度及检出限指标,即进行分析方法的分析,以实现分析方法的标准化。

(5)以一级标准物质作为真值,控制二级标准物质及质量控制样品的制备和定值,使之能够符合规定要求,也可以为新的标准物质的研制与生产提供保证。

(6)评价和考核实验室内部及实验室之间的分析质量,以及进行监测数据仲裁等。

二、环境监测的质量控制样品

由于标准物质研制的周期长、工作量大、难度高、价格昂贵,使其得到推广使用有一定的困难。而使用质量控制样品是解决问题的好办法。

质量控制样品对每个实验室的质量控制,能够起到分析质量保证的作用。它可以用来检验分析仪器的稳定性与准确性,检查标准曲线,检查分析的精密度和准确度,还可以用来对分析人员的分析技能进行考核等。

质量控制样品要符合以下一些要求:

(1)含有已知浓度的待测物质。

(2)组成具有多参数,即可以进行多种项目的分析。

(3)样品在组成上具有较大的均匀性,不会产生挥发损失、氧化还原、发生沉淀和其他任何的化学反应、生化反应、光化反应等。

(4)样品在浓度上具有很强的稳定性,稳定期要在六个月甚至一年以上。

(5)浓度要处于实际样品的浓度范围,既能够满足低浓度时使用,又能够满足高浓度时使用。

所以,应防止样品从储存的容器中蒸发和泄漏,样品在储存中要避开光、高温、电磁辐射等的干扰。

目前,质量控制样品基本是由人工合成得到的,即所谓的人工水样就是属于如此的质量控制样品。它的“真值”是由准确计算得到的,这和环境标准物质的定值、真值是不一样的。合成标准物质的定值是实际测定的结果,而质量控制样品是由委托的一些实验室先检验样品制备的准确性,如果实测结果与制备值的允许误差范围不能吻合,必须舍弃这批样品,而不能通过修正真值的方法来得到真值。检验真值的方法与常规监测实际样品的方法是一致的。因此,质量控制样品中应指明该样品适用的方法,这一点也是与标准物质使用范围不一致的。

三、标准分析方法

在环境监测分析中,同一个测定项目往往有多种可供选择的分析方法。由于方法的原理不同,使用的仪器种类、型号不同,对操作的要求不同,导致分析结果的灵敏度、精密度、准确度等都不同。这样,就有可能导致测定同一项目时,产生的数据结果之间没有可比性。因此,我们有必要通过某种程序,使这些不同的分析方法在测定同一项目时的数据结果仍然具有可比性,这种活动就称为分析方法的标准化活动。标准化活动的结果,就使这些分析方法成为测定这一项目的标准分析方法。

(一)标准分析方法

标准分析方法又称为分析方法标准,是技术标准中的一种,它是由权威机构对某分析项目的分析所做的统一规定的技术准则和各方面共同遵守的技术依据。它是一种标准文件。

(二)标准分析方法的要求

标准分析方法的选定要符合这样一些要求:

(1)分析方法必须要达到规定要求的检出限。

(2)分析方法要能够满足足够小的随机误差和系统误差。

(3)分析方法对各种环境样品的分析结果要能够得到相近的精密度和准确度。

(4)分析方法必须要考虑到技术能力、现实条件、推广使用的可能性等方面。

(三)标准分析方法的条件

标准分析方法必须要满足下列几个条件:

(1)按照规定的程序编制。

(2)按照规定的格式编写。

(3)方法的成熟性得到公认,并通过协作试验确定方法的误差范围。

(4)由权威机构审批,并用文件的形式发布。

编制和推行标准分析方法,是为了保证分析结果的重复性、再现性和准确性,无论采用什么标准分析方法、在什么地方、由什么人、通过什么仪器进行某一项目的分析,不但同一实验室的分析人员分析同一样品的结果一致,而且不同实验室的分析人员分析同一样品的结果也能够达到一致,由此实现了不同分析方法之间或同一分析方法不同人员的分析结果之间,分析结果的数据完全具有可比性。

四、监测实验室间的协作实验

协作实验是指实验室间为了一个特定的目的和按照预定的程序所进行的合作研究活动。协作实验可用于分析方法标准化、标准物质浓度定值、实验室间分析结果争议的仲裁和分析人员技术评定等项工作。

分析方法标准化协作实验的目的,是确定拟作为标准的分析方法在实际应用的条件下可以达到的精密度和准确度,制定实际应用中分析误差的允许界限,以此作为方法选择、质量控制和分析结果仲裁的依据。

进行协作实验预先要制订一个合理的实验方案。应注意下列因素：

(1)实验室的选择。参加协作实验的实验室要选择在地区和技术上有代表性,并具备参加协作实验的基本条件。如分析人员、分析设备等,避免选择技术太高和太低的实验室,实验室数目以多为好,一般要求5个以上。

(2)分析方法。选择成熟和比较成熟的方法,方法应能满足确定的分析目的,并已写成了较严谨的文件。

(3)分析人员。参加协作实验的实验室应指定具有中等技术水平的分析人员参加工作,分析人员应对被估价的方法具有实际经验。

(4)实验设备。参加的实验室要尽可能用已有的可互换的同等设备。各种量器、仪器等按规定校准,如同一实验有两人以上参加,除专用设备外,其他常用设备(如天平、玻璃器皿和分光光度计等)不得共用。

(5)样品的类型和含量。样品基体应有代表性,在整个实验期间必须均匀稳定。

由于精密度往往与样品中被测物质浓度水平有关,一般至少要包括高、中、低三种浓度。如要确定精密度随浓度变化的回归方程,至少要使用5种不同浓度的样品。

只向参加实验室分送必需的样品量,不得多余,样品中待测物质含量不应恰为整数或为一系列有规则的数,作为商品或浓度值已为人们知道的标准物质不宜作为方法标准化协作实验或考核人员的样品,使用密码样品可避免"习惯性"偏差。

(6)分析时间和测定次数。同一名分析人员至少要在两个不同的时间进行同一样品的重复分析。一次平行测定的平行样数目不得少于两个。每个实验室对每种含量的样品的总测定次数不应少于6次。

(7)协作实验中质量控制。用在正式分析以前要分发类型相似的已知样品让分析人员进行操作练习,取得必要的经验,检查和消除实验室的系统误差。

协作试验设计不同,数据处理的方法也不尽相同。以方法标准化为例,一般计算步骤是:

(1)整理原始数据,汇总成便于计算的表格。

(2)核查数据并进行离群值检验。

(3)计算精密度,并进行精密度与含量之间的相关性检验。

(4)计算允许差。

(5)计算准确度。

五、实验室认可和计量认证/审查认可

按照国际惯例,申请实验室认可是实验室的自愿行为。实验室为完善其内部质量体系和技术保证能力向认可机构申请认可,由认可机构对其质量体系和技术保证能力进行评审,进而做出是否符合认可准则的评价结论。如获得认可证书,则证明其具备向用户、社会及政府提供自身质量保证的能力。

计量认证是通过计量立法,对为社会出具公证数据的检验机构(实验室)进行强制考核的一种手段,也可以说计量认证是具有中国特色的政府对实验室的强制认可。审查认可(验收)是政府质量管理部门对依法设置或授权的承担产品质量检验任务的检验机构

的设立条件、界定任务范围、检验能力考核、最终授权（验收）的强制性管理手段。这种最终授权（验收）前的评审，当然也完全可以建立在计量认证/审查认可评审或实验室认可评审的基础上，这样就可以减少对实验室的重复评审。将计量认证和审查认可（验收）评审内容统一是必然趋势。

计量认证与实验室认可的异同比较见表 5-5。

表 5-5　计量认证与实验室认可的异同比较

类别	计量认证	实验室认可
目的	提高实验室管理水平	提高实验室管理水平
依据	《中华人民共和国计量法》第二十二条，《中华人民共和国计量法实施细则》第七条 GB/T 15481—2000 或 ISO/IEC 导则 25	GB/T 15481—2000 或 CNACL 202—2001 等同采用 ISO/IEC 170215;2005
性质	计量认证是强制性的，根据《中华人民共和国计量法》的规定，未经计量认证的检验机构，不得向社会提供公证数据	实验室认可是自愿性的，CNACL 的认可原则中，第一项就是资源原则
对象	产品质量检验机构的检测实验室（部分扩展到国防科研、地质分析、能源和环境监测、检测实验室）	第一、二、三方的检测和（或）校准实验室
管理模式	分两级（国家和省级）进行	一级国家认可
实施	各级政府的质量监督部门	中国实验室国家认可委员会
考核内容	公正性和技术能力（13 个要素，56 条）	公正性和技术能力，两大方面：管理要求、技术要求，24 条
结果	发证书，可使用 CMA 标志	发证书，可使用认可标志
与国际惯例接轨	对国内适用	国际通行做法，CNACL 为亚太实验室认可合作组织（APLAC）和国际实验室认可合作组织（ILAC）的正式成员，并签署了 ILAC-MRA 和 APLAC-MRA
发展动态	继续维持（因有法律依据）	最新修改稿涵盖了 ISO 9000 系列标准，已成为正式国际标准，ISO/IEC 17025

综上所述，计量认证/审查认可（验收）是法律法规规定的强制性行为，其管理模式为国家和省两级管理，以维护国家法制的需要，其考核工作是在注重国际通行做法的基础上充分考虑我国国情和计量认证/审查认可（验收）实践的基础上而实施的。实验室认可工作是我国完全与国际惯例接轨的一套国家实验室认可体系，目前已有亚太、欧洲、南非和南美洲等地区实验室认可机构承认其认可结果。

习　题

习题解析

1. 什么是标准分析方法?
2. 标准物质具有哪些特性?
3. 监测实验室间协作实验的目的是什么?
4. 质量控制样品应满足的基本要求有哪些?

【课程思政】

环境监测是用科学的数据呈现环境质量,为科学管理环境和环境执法监督提供重要的数据,实事求是的专业态度是环境工程人才的基本素养。

项目六　水环境评价

【知识目标】

1. 熟悉环境质量评价的概念、内容、分类和方法。
2. 了解环境影响评价的概念、分类和方法。
3. 掌握水环境评价工作分级的依据。
4. 掌握地表水及地下水质量评价方法。
5. 掌握建设项目的水环境影响评价文件的编制与报批。

【能力目标】

1. 能够进行水环境预测模型的选用及预测参数的选择估算。
2. 能够进行水环境质量及影响评价。

任务一　环境质量评价与环境影响评价

一、环境质量与环境质量评价

（一）环境质量与环境质量评价的概念

环境质量与环境质量评价的概念

环境质量是指环境系统的内在结构和外部所表现的状态和对人类及生物界的生存与繁衍的适宜性。例如，空气质量是由氮、氧和稀有气体等恒定组分和二氧化碳、水蒸气、尘埃、硫氧化物、氮氧化物与臭氧等不定组分以一定的含量构成的，表现出无色、无味、透明、流动性好等状态。空气的这种结构和状态很适宜于人类和其他生物的生存与发展。但是一旦空气的组成结构被破坏，例如氧气含量降低或硫氧化物浓度过高，就会不适宜人和生物生存，这时我们称之为空气质量恶化或变坏。

对环境质量的概念有两种解释。一种认为环境质量是环境状态惯性大小的表示，即环境从一种状态变化到另一种状态，是其变化难易程度的表示。另一种认为环境质量是环境状态品质优劣的表示，其准确定义应该是环境系统客观存在的一种本质属性，并能用定性和定量的方法加以描述的环境系统所处的状态。环境质量是不断变化的。引起环境质量变化的原因有自然作用过程，也有人为生活、生产作用过程。通常采用环境质量指标体系来表述环境质量。

环境质量评价是按照一定的程序和方法，对环境质量现状进行定性和定量的分析、评估和描述，并客观地反映环境质量现状，为环境规划和管理提供科学依据，是对一切可能引起环境变化的人类社会行为，包括政治、立法在内的一切活动，从保护环境的角度进行定性和定量的评定。

环境质量评价的核心问题，是以人类生存和发展的适应性为标准，研究环境质量的好坏。环境质量评价的目的在于为制定城市环境规划，进行环境综合整治，制定区域污染物排放标准、环境标准和环境法规,为做好环境管理提供依据,为比较各地区所受污染的程度和变化趋势提供科学依据。

(二)环境质量评价的分类

1. 按时间因素划分

按时间因素划分,环境质量评价主要分为环境质量回顾评价、环境质量现状评价和环境质量影响评价。

(1)环境质量回顾评价。

环境质量回顾评价是指根据有关资料对区域过去较长时期环境质量的历史性变化进行的评价。通过回顾评价可以了解区域环境污染的发展变化过程。

(2)环境质量现状评价。

环境质量现状评价是指根据近几年的环境监测资料对某地区的环境质量进行评价。通过现状评价来阐明环境污染现状,为区域环境污染综合防治、区域规划提供科学依据。

(3)环境质量影响评价。

环境质量影响评价是指对区域今后的开发活动将会给环境质量带来的影响进行评价。研究内容包括开发项目在开发、建设和生产过程中对自然环境、社会和经济的影响。环境质量影响评价要求提出环境影响报告书,制定防止环境破坏的对策,为项目的设计和管理提供科学依据。环境质量影响评价使用预测评价的方法,研究范围较小。

2. 按研究问题的空间范围划分

按研究问题的空间范围划分,环境质量评价主要分为单项工程环境质量评价、城市环境质量评价、区域(流域)环境质量评价和全球环境质量评价。

3. 按环境要素划分

按环境要素划分,环境质量评价主要分为大气环境质量评价、水体环境质量评价、土壤环境质量评价和噪声环境质量评价等。

4. 按评价内容划分

按评价内容划分,环境质量评价主要分为健康影响评价、经济影响评价、生态影响评价、风险评价和美学景观评价等。

5. 按评价规模划分

按评价规模划分,环境质量评价主要分为单个基本建设项目环境影响评价和区域性的环境质量综合评价。

任何评价都必须依据当地的历史环境监测数据,当地的气候气象数据,地质微量元素数据,水文、水质数据等。由于任何城镇规划都应以满足人的生活舒适需求为主要原则之一,所以都离不开当地环境质量评价。

(三)环境质量评价的内容

环境质量评价的内容随研究对象和类型的不同而有所区别。其主要内容包括以下 4 个方面。

1. 环境质量的识别

环境质量识别是环境质量评价的前提和基础,是环境质量评价工作的必要组成部分。环境质量识别包括两大部分内容:一是通过调查、监测及分析处理,确定环境质量现状;二是根据环境质量的变异规律,预测在人类行为作用下环境质量的变化。

2. 人类对环境质量的需求

环境质量评价实际上是评价人类社会生存发展对环境质量需要的满足程度。人类社会生存发展对环境质量的需要包括维持生态系统良性循环的需要、维持人类自身健康生存的需要、促进人类社会发展经济的需要等。随着人类社会的不断发展,以及人们的物质文化生活水平的不断提高,人们对环境质量的要求也会不断地提高。

3. 人类行为与环境质量的关系

人类行为的内容很丰富,其中与环境质量关系最为密切的是人类的经济发展行为。人类的经济发展行为对环境质量影响最大,在人类进行经济发展的同时,也会给环境质量带来或大或小的不利影响。为了确保环境质量不致恶化,在环境质量评价中应研究经济发展与环境质量的关系。

4. 协调发展与环境的关系

经济要发展,环境要保护。经济建设应与环境保护做到协调、持续发展。对某项经济发展行为,应该通过环境质量评价,协调两者的关系,求得两者的共同发展。

(四)环境质量评价的方法

环境质量评价实际上是对环境质量优劣的评定过程。这个过程包含许多层次,评价方法也有很多种,包括专家评价法、指数评价法、模糊数学评价法、经济分析法等。目前在环境质量现状评价中使用比较多的是指数评价法。

二、环境影响与环境影响评价

(一)环境影响与环境影响评价的概念

环境影响是指人类活动对环境的作用和导致的环境变化,以及由此引起的对人类社会和经济的效应。人类活动对环境产生的影响既有长期的,也有短期的;既有潜在的,也有现实的;既有有利的一面,也有有害的一面。要识别这些影响,并制定出减轻对环境不利影响的对策措施,是一项技术性极强的工作。

环境影响评价又称为环境影响分析,是对建设项目、区域开发计划及国家政策、法律实施后可能对环境造成的影响进行预测与估计。它是对拟议中的人类重要决策(如规划、立法或制定政策)和开发建设活动,可能对环境产生的物理性、化学性或生物性的作用及其造成的环境变化,以及对人类健康和福利的可能影响进行系统的分析和评估,并提出减少这些影响的对策措施。

环境影响评价是用于规划和建设项目环境管理的一种战略防御手段,它是由多学科组成的应用技术,既属于"软科学"的范畴,又含有"硬科学"的成分,它具有与环境质量评价不同的内涵。通过对人类社会、经济活动的规划和建设项目的环境影响评价,可以了解环境资源的开发利用现状,预测规划实施后或者建设项目实施必须预先采取的环境污染防治与生态保护对策措施,做到防患于未然。

环境质量评价与环境影响评价的区别

环境影响评价制度,则是国家通过法定程序,以法律或规范性文件的形式确立的对环境影响评价活动进行规范的制度。这一制度对环境影响评价的主体、对象、内容、程序等予以确定,具有强制执行力,任何单位和个人都不得违反,否则就要承担相应的责任。一旦国家把环境影响评价作为一种国家行为,作为开发建设活动和制定方针政策的重要决策依据，并通过法律规定了进行环境影响评价的程序、分类审批，以及违反环境影响评价要求的法律责任时，就建立了环境影响评价制度。

(二)环境影响评价的分类

根据开发建设活动的规模和种类，环境影响评价可分为建设项目环境影响评价、区域环境影响评价、战略环境影响评价、技术和产品发展规划环境影响评价4种类型。

1. 建设项目环境影响评价

为了使拟建项目在合理布局和选址、确定生产类型和规模及拟采取的环境保护措施等决策方面提供服务而进行的环境影响评价，称为建设项目环境影响评价。包括单个建设项目和多个建设项目的环境影响评价，这类评价种类繁杂，数量最大。

单个建设项目环境影响评价是为单个建设项目的优化选址、优化设计和制定环境保护措施服务的。这种评价应与项目可行性研究同步完成。其基本任务是根据某一建设项目的性质、规模和所在地区的自然环境、社会环境特征，通过调查、分析与预测，了解其对环境的影响程度和规律，在此基础上提出保护环境的对策措施和要求。这一类评价的基本特点是紧密结合具体项目并抓住其重点进行评价，工作内容有工程实用性，评价对象有针对性，评价结论有客观公正性。

多个建设项目环境影响联合评价是指在同一地区或同一评价区域内进行建设的两个以上项目的整体评价。其基本任务和评价方法与单个建设项目的环境影响评价相同，只是把多个建设项目作为整体视同一个建设项目进行预测。所得预测结果能比较确切地反映出各单个建设项目对环境影响的叠加值，防治对策也有整体性实用价值，同时可节约时间和费用。这种评价在我国现阶段更具有实用意义。

单个、多个建设项目与区域开发项目的环境影响评价，从评价对象的性质、规模来看，基本上属于点源评价或微观评价。

2. 区域环境影响评价

单个建设项目的环境影响评价虽然很重要，但有一定的局限性。往往存在这样的问题，从单个建设项目的环境影响评价看，布局是合理的，环境保护是可行的。但从这个区域的全局来看却可能是不合理和不可行的。这说明，仅仅从一个小小的局部进行环境影响评价是不够的。因此，必须从一个区域的自然资源和生态环境对经济、社会发展的支持能力出发，开展范围比较广阔的区域环境影响评价。

这里所指的区域的范围比国家和地区小。以区域为单元进行整体性规划和开发是近代世界各国发展的重要方式。在一个区域内，将容纳许多建设项目。要协调好区域发展与建设和环境保护的关系，必须按照一定的发展战略制定全面的环境规划，而区域环境规划的基础工作是区域环境影响评价。

区域环境影响评价的对象是该区域内所有的开发建设活动。评价的重点是论证区域内未来建设项目的布局、结构和时序，提出技术上可行、生产力布局合理、对整个区域环境影响较小的整体优化方案，促使区域内社会、经济发展与人口、资源、环境相协调。区域环境影响评价与单个建设项目的环境影响评价相比，区域环境影响评价具有宏观上的系统性与完整性。

3. 战略环境影响评价

战略环境影响评价是针对政策、计划和规划等宏观活动对环境的影响进行评价的战略行为。

它与其他环境影响评价,如建设项目环境影响评价、累积影响的评价和审核一样被看作一种环境评价工具,是一个国际或地区在拟定立法议案、重大方针政策、战略发展规划、计划和采取战略行动前开展的环境影响评价。它是基于政策、规划和计划水平上的决策手段中的一个战略组成,只有与政策、规划、计划的内容和方法相结合,才能使发展目标更为具体化,战略环境影响评价也才真正有效。

4. 技术和产品发展规划环境影响评价

技术和产品发展规划环境影响评价主要包括新产品和新技术开发的环境影响评价与生命周期评价等。

技术评价是从20世纪70年代起在国际上广为开展的工作。新产品和新技术开发的环境影响评价是其重要组成部分。这类评价的对象是新产品和新技术在开发、生产和应用过程中的潜能影响。其特点是范围广,时间跨度大。

生命周期评价又称为产品的生命周期分析,是详细研究一种产品从原料开采、生产到产品使用后最终处置的全过程,即生命周期内的能源需求、原材料利用、生产过程产生的废物、产品在消费和报废后的处置过程中能量与材料的流失及其环境影响定量化。当一种老产品因消耗资源多、造成的污染严重,需要开发新产品替代时,可通过对老产品做“生命周期评价”,找出问题的症结,以利于新产品的研制和设计中的革新。如果已有多个新产品开发方案,则可对每个新产品方案做“生命周期评价”,通过比较,选出资源消耗少、在生产过程中对环境污染少、投入市场消费后对人和环境危害小、需处置的废物最少的方案。

(三)环境影响评价的方法

环境影响评价的方法有三种职能,即识别、预测、提出对策或措施。识别方法有助于详细说明可能发生的影响区域,包括它们的空间范围和时间阶段。识别方法要回答的问题是可能受人类活动影响的有哪些环境要素。预测环境影响的方法和技术最多,既有物理的、化学的、生物的、美学的、经济的,也有综合的,从不同的角度来回答人类活动对环境要素产生影响的后果。对环境影响提出对策或措施,就是要协调人类活动与环境的关系,需要根据一个国家或地区的社会、经济发展状况,科学技术水平,以及人类活动的性质决定。

对环境影响进行识别的目的就是要描述现在的环境系统,确定人类活动的具体过程,明确受影响的环境因素。目前经常使用的有核查表法和矩阵法。

环境影响预测的目的是在识别出可能是重大的环境影响之后,预测环境价值的变化量、空间的变化范围、时间的变化阶段等。

环境影响信息解释和传播的目的是及时向公众提供环境影响信息,使公民个人或团体有效地投入检讨人类行为的工作中去。目前比较流行的方法是公众参与。

环境影响评价的方法包括定性分析法、数学模型法、系统模型法和综合评判法。

(四)环境影响报告

国家根据建设项目对环境的影响程度,对建设项目的环境影响评价实行分类管理。建设单位应当按照下列规定组织编制环境影响报告书、环境影响报告表或者填报环境影响登记表(统称环境影响评价文件)。

（1）可能造成重大环境影响的，应当编制环境影响报告书，对产生的环境影响进行全面评价。

（2）可能造成轻度环境影响的，应当编制环境影响报告表，对产生的环境影响进行分析或者专项评价。

（3）对环境影响很小、不需要进行环境影响评价的，应当填报环境影响登记表。

建设项目的环境影响评价分类管理名录，由国务院环境保护行政主管部门制定并公布。

习　题

1. 什么是环境质量？
2. 环境质量评价的核心问题是什么？
3. 环境质量评价是如何分类的？
4. 环境影响评价有哪几种职能？
5. 环境影响评价的方法有哪些？

习题解析

【课程思政】

生态文明，关系人民福祉、关乎民族未来，是实现中华民族伟大复兴中国梦的重要内容。

保护生态环境，推动绿色发展，功在当代、利在千秋。从党的十八大首提“推进绿色发展”“建设美丽中国”以来，习近平总书记曾在多个场合对绿色发展、生态环境保护进行阐述。十八届五中全会更把绿色发展作为五大发展理念之一。党的二十大报告中又提出“推动绿色发展，促进人与自然和谐共生”。

大自然是人类赖以生存发展的基本条件。尊重自然、顺应自然、保护自然，是全面建设社会主义现代化国家的内在要求。必须牢固树立和践行绿水青山就是金山银山的理念，站在人与自然和谐共生的高度谋划发展。

我们要推进美丽中国建设，坚持山水林田湖草沙一体化保护和系统治理，统筹产业结构调整、污染治理、生态保护、应对气候变化，协同推进降碳、减污、扩绿、增长，推进生态优先、节约集约、绿色低碳发展。

一是加快发展方式绿色转型。推动经济社会发展绿色化、低碳化是实现高质量发展的关键环节。加快推动产业结构、能源结构、交通运输结构等调整优化。实施全面节约战略，推进各类资源节约集约利用，加快构建废弃物循环利用体系。完善支持绿色发展的财税、金融、投资、价格政策和标准体系，发展绿色低碳产业，健全资源环境要素市场化配置体系，加快节能降碳先进技术研发和推广应用，倡导绿色消费，推动形成绿色低碳的生产方式和生活方式。

二是深入推进环境污染防治。坚持精准治污、科学治污、依法治污，持续深入打好蓝天、碧水、净土保卫战。加强污染物协同控制，基本消除重污染天气。统筹水资源、水环境、水生态治理，推动重要江河湖库生态保护治理，基本消除城市黑臭水体。加强土壤污染源头防控，开展新污染物治理。提升环境基础设施建设水平，推进城乡人居环境整治。全面实行排污许可制，健全现代环境治理体系。严密防控环境风险。深入推进中央生态环境保护督察。

三是提升生态系统多样性、稳定性、持续性。以国家重点生态功能区、生态保护红线、自然保护地等为重点，加快实施重要生态系统保护和修复重大工程。推进以国家公园为主体的自然保护地体系建设。实施生物多样性保护重大工程。科学开展大规模国土绿化行动。深化集体林权制度改革。推行草原森林河流湖泊湿地休养生息，实施好长江十年禁渔，健全耕地休耕轮作制度。建立生态产品价值实现机制，完善生态保护补偿制度。加强生物安全管理，防治外来物种侵害。

四是积极稳妥推进碳达峰碳中和。实现碳达峰碳中和是一场广泛而深刻的经济社会系统性变革。立足我国能源资源禀赋，坚持先立后破，有计划分步骤实施碳达峰行动。完善能源消耗总量和强度调控，重点控制化石能源消费，逐步转向碳排放总量和强度“双控”制度。推动能源清洁低碳高效利用，推进工业、建筑、交通等领域清洁低碳转型。深入推进能源革命，加强煤炭清洁高效利用，加大油气资源勘探开发和增储上产力度，加快规划建设新型能源体系，统筹水电开发和生态保护，积极安全有序发展核电，加强能源产供储销体系建设，确保能源安全。完善碳排放统计核算制度，健全碳排放权市场交易制度。提升生态系统碳汇能力。积极参与应对气候变化全球治理。

任务二　水环境影响评价工作分级

水环境包括地球表面上的各种水体，如海洋、江河、湖泊、水库等地表水，以及潜藏在土壤岩石空隙中的地下水。水环境影响评价的目的是定量地预测未来的开发行动或建设项目向受纳水体排放的污染物的量，确定建设前水环境的现状，分析建设项目竣工投产后水环境质量的变化；解释污染物在水体中的输送和降解规律；提出建设项目和区域环境污染源的避免、消除与减轻负面影响的对策，为开发行动或建设项目方案的优化提供依据。

按水体所处的位置，可分为地表水、地下水两大类。对于水环境影响评价，本节主要介绍地表水环境影响评价。

一、评价工作分级依据

建设项目地表水环境影响评价等级按照影响类型、排放方式、排放量或影响情况、受纳水体环境质量现状、水环境保护目标等综合确定。依据《环境影响评价技术导则 地表水环境》(HJ 2.3—2018)规定，直接排放建设项目评价等级分为一级、二级和三级 A，根据废水排放量、水污染物污染当量数确定，间接排放建设项目评价等级为三级 B。具体分级判定依据见表 6-1。

表 6-1　水污染影响型建设项目评价等级判定

评价等级	判定依据	
	排放方式	废水排放量 Q(m^3/d) 水污染物当量数 W(无量纲)
一级	直接排放	$Q\geq20\ 000$ 或 $W\geq600\ 000$
二级	直接排放	其他
三级 A	直接排放	$Q<200$ 或 $W<6\ 000$
三级 B	间接排放	—

注:①水污染物当量数等于该污染物的年排放量除以该污染物的污染当量值,计算排放污染物的污染物当量数,应区分第一类水污染物和其他类水污染物,统计第一类污染物当量数总和,然后与其他类污染物按照污染物当量从大到小排序,取最大当量数作为建设项目评价等级确定的依据。

②废水排放量按行业排放标准中规定的废水种类统计,没有相关行业排放标准要求的通过工程分析合理确定,应统计含热量大的冷却水的排放量,可不统计间接冷却水、循环水,以及其他含污染物极少的清洁下水的排放量。

③厂区存在堆积物(露天堆放的原料、燃料、废渣等以及垃圾堆放场)、降尘污染的,应将初期雨污水纳入废水排放量,相应的主要污染物纳入水污染当量计算。

④建设项目直接排放第一类污染物的,其评价等级为一级;建设项目直接排放的污染物为受纳水体超标因子的,评价等级不低于二级。

⑤直接排放受纳水体影响范围涉及饮用水水源保护区、饮用水取水口、重点保护与珍稀水生生物的栖息地、重要水生生物的自然产卵场等保护目标时,评价等级不低于二级。

⑥建设项目向河流、湖库排放温排水引起受纳水体水温变化超过水环境质量标准要求,且评价范围有水温敏感目标时,评价等级为一级。

⑦建设项目利用海水作为调节温度介质,排水量≥500 万 m^3/d,评价等级为一级;排水量<500 万 m^3/d,评价等级为二级。

⑧仅涉及清洁下水排放的,如其排放水质满足受纳水体环境质量标准要求的,评价等级为三级 A。

⑨依托现有排放口,且对外环境未新增排放污染物的直接排放建设项目,评价等级参照间接排放,定为三级 B。

⑩建设项目生产工艺中有废水产生,但作为回水利用,不排放到外环境的,按三级 B 评价。

二、水环境影响评价任务

(一)明确工程项目的区域环境背景

水环境影响评价应该明确工程项目所处的区域大环境背景状况,从地理区位、气候水文等条件上宏观评价水资源和水环境的承载能力与相容性,特别是从水资源压力指数来论证所评价的项目选择的合理性。同时,为了维持陆地生物生长和适当的生态系统,以及必要的生物多样性,要有一定的降水量和保持一定的地表径流深。在国际上通常认定生态缺水线是径流深小于 150 mm。

人均水资源量是评价一个国家或地区水资源丰缺的基础指标之一。每人每年有 1 000 m^3 可重复利用的淡水资源,被定为基础下限指标;缺水上限指标定为年人均 3 000 m^3。自然生态和人文生态两种水资源压力指标是任何项目的环境影响评价的基础依据。

（二）明确工程及环境影响性质

全面了解建设项目的背景、进度和规模，调查生产工艺和可能造成的环境影响因素，明确工程及环境影响性质。

（三）调查和评价地表水环境现状

通过水质与水文调查，以及现有污染源调查，搞清水环境现状，明确环境问题的性质和类型，绘制出建设项目水环境影响示意图，运用水质评价方法对水质现状进行评价。

（四）分析建设项目污染情况

对拟建项目与地表水环境有关的各种情况进行了解，在调查分析单位定额的用水、耗水、排水及排污系数的水平及水循环利用率的基础上，比较同行业的相关技术经济指标，分析其工艺技术水平。同时弄清该项目所产生的污染物量、污染指标和可能造成地表水污染的范围，分析项目的生产工艺，确定污染负荷。

（五）对项目的环境影响进行预测与评价

通过现状调查和工程分析的有关数据，确定水质参数和计算条件，选择合适的水质模型，建立水质输入响应关系，设计各种计算情景，预测出建设项目对地表水环境的影响。根据环境影响预测结果，依据国家污染物排放标准和环境质量标准，对建设项目环境影响进行综合分析评价。

（六）提出污染控制方案和环境保护措施

根据项目的环境影响预测和评价，比较优化建设方案，评估建设项目对地表水影响的程度和范围，预测受影响水体的环境质量和达标率，为实现环境质量保护目标，提出环境保护建议和措施。

三、水环境影响评价工作程序

水环境影响评价的工作程序大体分为三个阶段。

第一阶段为准备阶段，主要工作为研究有关文件，进行初步的工程分析和环境现状调查，筛选重点评价项目，确定各单项环境影响评价的工作等级，编制评价大纲。

第二阶段为正式工作阶段，其主要工作为进一步进行工程分析和环境现状调查，并进行环境影响预测和环境影响评价。

第三阶段为报告书编制阶段，其主要工作为汇总、分析第二个阶段工作所得的各种资料、数据，给出结论，完成环境影响报告书的编制。

在进行建设项目的环境影响评价时，如需进行多个厂址的优选，应对各个厂址分别进行预测和评价。若通过评价对厂址给出否定结论时，对新选厂址的评价应按规定重新进行。

习　题

1. 试述水环境影响评价的概念及工作分级的依据。
2. 水环境影响评价的任务是什么？
3. 水环境影响评价的工作程序大体分哪几个阶段？

习题解析

任务三　地表水环境质量评价

一、地表水环境质量现状评价

(一)地表水环境现状评价原则与依据

评价地表水环境质量现状主要采用文字分析与描述,并辅之以数学表达式。在文字分析与描述中,有时可采用检出率、超标率等统计值。数学表达式分两种:一种用于单项水质参数评价;另一种用于多项水质参数综合评价。单项水质参数评价简单明了,可以直接了解该水质参数现状与标准的关系,一般均可采用。多项水质参数综合评价只在调查的水质参数较多时方可应用。此方法只能了解多个水质参数的综合现状与相应标准的综合情况之间的某种相对关系。

地表水环境质量标准和有关法规及当地的环保要求是评价的基本依据。地表水环境质量标准应采用 GB 3838—2002 或相应的地方标准,地下水环境质量标准应采用 GB/T 14848—2017 或相应的地方标准,有些水质参数国内尚无标准,可参照国外或建议临时标准,所采用的国外标准应按国家环保总局规定的程序报有关部门批准。评价区内不同功能的水域应采用不同类别的水质标准。

地表水环境质量标准

(二)地表水环境质量现状评价方法

1. 水质参数数值的确定

在单项水质参数评价中,一般情况,某水质参数的数值可采用多次监测的平均值,但如该水质参数变化甚大,为了突出高值的影响可采用内梅罗(Nemerow)平均值,或其他计算高值影响的平均值,下式为内梅罗平均值的表达式:

$$C=\left(\frac{C_{\max}^{2}+\overline{C}^{2}}{2}\right)^{\frac{1}{2}} \tag{6-1}$$

式中　C——污染物浓度,mg/L;

$C_{\max}$——污染物多次监测的最大浓度,mg/L;

$\overline{C}$——污染物多次监测的平均浓度,mg/L。

2. 单项水质参数评价方法

单项水质参数评价建议采用标准指数法。单项水质参数 i 在第 j 点的标准指数:

$$S_{ij}=C_{ij}/C_{si} \tag{6-2}$$

式中　S_{ij}——(i,j)点的污染物浓度或污染物 i 在预测点(可监测点)j 的标准指数;

C_{ij}——(i,j)点的污染物浓度或污染物 i 在预测点(可监测点)j 的浓度,mg/L;

C_{si}——水质参数 i 的水质标准,mg/L。

3. 多项水质参数综合评价方法

多项水质参数综合评价的方法很多,可以采用下述方法之一进行综合评价。

(1)幂指数法。

幂形水质指数 S 的表达式为

$$S_j = \prod_{i=1}^{m} I_{ij}^{w_i} \quad , \quad 0 \leqslant I_{ij} \leqslant 1.0 \quad , \quad \sum_{i=1}^{m} w_i = 1 \tag{6-3}$$

式中 S_j ——在预测点(可监测点)j 的综合评价指数；

I_{ij} ——污染物 i 在 j 点的水质指数；

w_i ——污染物的权重值。

权重值的计算：

$$\left.\begin{aligned} w_i &= \frac{C_i}{\overline{C}_i}(C_i \leqslant C_i) \\ w_i &= 1 \quad (C_i > \overline{C}_i) \\ \overline{C}_i &= \frac{1}{n}\sum_{j=1}^{n} C_{ij} \end{aligned}\right\} \tag{6-4}$$

首先根据实际情况和各类功能水质标准绘制 I_i-C_i 关系曲线，然后由 C_{ij} 在曲线上找到相应的 I_{ij} 值。

(2)加权叠加法。

加权叠加法所求 j 点的综合评价指数 S 可表达为

$$S_j = \sum_{i=1}^{m} w_i S_{ij} \quad , \quad \sum_{i=1}^{m} w_i = 1 \tag{6-5}$$

式中 S_j——在预测点(可监测点)j 的综合评价指数；

S_{ij}——污染物 i 在预测点(可监测点)j 的标准指数；

w_i——污染物的权重值；

m——监测点数目。

(3)向量模法(平方和的平方根法)。

此法所求 j 点的综合评价指数 S 可表达为

$$S_j = \left[\sum_{i=1}^{m} S_{ij}^2\right]^{1/2} \tag{6-6}$$

式中 S_j——在预测点(可监测点)j 的综合评价指数；

S_{ij}——污染物 i 在预测点(可监测点)j 的标准指数。

(4)算术平均法。

此法所求 j 点的综合评价指数 S 可表达为

$$S_j = \frac{1}{m}\sum_{i=1}^{m} S_{ij} \tag{6-7}$$

式中 S_j——在预测点(可监测点)j 的综合评价指数；

S_{ij}——污染物 i 在预测点(可监测点)j 的标准指数。

(5)加权平均法。

$$S_j = \frac{1}{n}\sum_{i=1}^{m} w_i S_{ij} \quad , \quad \sum_{i=1}^{m} w_i = 1 \tag{6-8}$$

(6)叠加法。

$$S_j = \sum_{i=1}^{m} S_{ij} = \sum_{i=1}^{m} \frac{C_{ij}}{C_{si}} \tag{6-9}$$

(7)内梅罗指数法。

$$S_j = \sqrt{\frac{(S_{ij})_{\max}^2 + (\overline{S_j})^2}{2}} \tag{6-10}$$

(8)几何均数法。

$$S_j = [(S_{ij})_{\max}(\overline{S_j})]^{1/2} \tag{6-11}$$

式中各项符号的含义同前。

二、地表水环境影响预测的技术要求

(一)地表水环境影响预测的原则

如果建设项目不进行地表水环境的单项影响评价时,应根据现有资料选择下述部分或全部内容,概要说明地表水状况,即地表水资源的分布及利用情况,地表水各部分(河、湖、库)之间及其与海湾、地下水的联系,地表水的水文特征及水质现状,以及地表水的污染来源。

如需进行建设项目的地表水环境影响评价,除应详细叙述上面的部分或全部内容外,还需根据有关标准中的规定,增加有关内容。

(二)地表水环境影响评价的基本思路

根据国家地表水环境质量标准和区域可持续发展的要求,明确包括水质要求和环境效益在内的环境质量目标;根据国家污染源排放标准,对建设项目可能带来的污染性质和污染量进行预测和评估;选择合理的水质模型,建立污染源和环境质量目标之间的输入响应关系;改变设计情景进行各种条件下的情景计算和分析,得出建设项目各种环境影响方案;运用社会-环境-经济综合分析方法,优化污染控制方案并合理削减负荷,进行污染总量控制;综合各种条件和因素,得出项目可行性结论。

(三)地表水环境影响预测的方法

预测环境影响时应尽量选用通用、成熟、简便并能满足准确度要求的方法。目前使用较多的预测方法有:数学模型法、物理模型法、类比调查法和专业判断法。

1. 数学模型法

数学模型法又称数学模式法,这种方法一般比较简便,能给出定量的预测结果,通常是首选方法,但需一定的计算条件和输入必要的参数、数据。选用数学模型时要注意模型的应用条件,如实际情况不能很好地满足模型的应用条件而又拟采用时,要对模型进行修正并验证。

2. 物理模型法

物理模型在地表水环境影响预测中主要指水工模型。水工模型法定量性较高,再现性较好,能反映出比较复杂的地表水环境的水力特征和污染物迁移的物理过程,但需要有合适的实验场所和条件及必要的基础数据,制作这种模型需要较多的人力、物力和时间。

水工模型法只适用于解决个别特定问题或有现成模型可以利用的情况。在无法利用数学模型法预测而又要求预测结果定量精度较高时,应选用此方法。

3. 类比调查法

类比调查法只能做半定量或定性预测。对三级评价或二级评价的个别情况(如对地表水环境影响较小的水质参数或在地表水环境中迁移转化过程复杂而其影响又不太大的水质参数),由于评价时间短,无法取得足够的数据,不能利用数学模型法或物理模型法预测建设项目的环境影响时可采用此法。建设项目对地表水环境的某些影响,如感官性状、有害物质在底泥中的累积释放等,目前尚无实用的定量预测方法,这种情况可以采用类比调查法。

预测对象与类比调查对象之间应满足以下要求:

(1)两者地表水环境的水力、水文条件和水质状况类似。

(2)两者的某种环境影响来源应具有相同的性质,其强度应比较接近或成比例关系。

4. 专业判断法

专业判断法是定性地反映建设项目的环境影响,只能做定性预测。建设项目对地表水环境的某些影响(如感官性状、有毒物质在底泥中的累积和释放等),以及某些过程(如pH值的沿程恢复过程)等,目前尚无实用的定量预测方法。对于这种情况,当没有条件进行类比调查法时,可以采用专业判断法。评价等级为三级且建设项目的某些环境影响不大而预测又费时费力时也可以采用此法预测。

三、地表水环境影响预测的数学模型

(一)地表水水质模型

污染物在大气和水中的运动具有相似的特征。污染物进入环境之后,做着复杂的运动,随着介质的迁移运动,污染物发生分散运动及衰减转化运动。水质模型是根据物质守恒原理,用数学的语言和方法描述参加水循环的水体中水质组分所发生的物理、化学、生物化学和生态学诸方面的变化、内在规律和相互关系的数学模型。

为了选择使用的方便,地表水水质模型可以分为以下几类:

(1)按时间特性分类,分为动态模型和静态模型。水体中水质组分的浓度随时间变化的水质模型称为动态模型。水体中水质组分的浓度不随时间变化的水质模型称为静态模型。

(2)按水质模型的空间维数分类,分为零维、一维、二维、三维水质模型。当系统内质点的水力水质要素只在一个方向有梯度存在,另外两个方向上均匀分布时的模型称为一维模型;在两个方向上有梯度存在,另一个方向上均匀分布时的模型称为二维模型;若在三个方向上分布都不均匀、有梯度存在时的模型称为三维模型。若三个方向上都均匀分布,水体处于完全混合状态时,这种模型称为零维模型。

(3)按描述水质组分的多少分类,分为单一组分和多组分水质模型。水体中某一组分的迁移转化与其他组分没有关系的水质模型称为单一组分水质模型。水体中一组分的迁移转化与另一组分(或几个组分)的迁移转化是相互联系、相互影响的水质模型称为多组分水质模型。

(4)按水体的类型分类,分为河流水质模型、河口水质模型、湖泊水质模型、水库水质模型和海湾水质模型等。

(二)河流水质模型

在众多的水质模型中,我们重点阐述河流水质模型。河流水质数学模型是描述水体中污染物随时间和空间迁移转化规律的数学方程。水质模型的建立可以为排入河流中污染物的数量与河水水质之间提供定量描述,从而为水质评价、预测及影响分析提供依据。它是水体环境影响评价与规划的有力工具。下面以持久性污染物和酸碱污染物为例进行讲解。

1. 持久性污染物

(1)充分混合段。

河流污染物充分混合,计算河段较短时(<3~5 km),一至三级评价均可采用河流完全混合模型。其适用条件:河流充分混合段;持久性污染物;河流恒定流动;废水连续稳定排放。

一股废水排入河流后能与河水迅速完全混合,则混合后的污染物浓度为

$$C=\frac{C_pQ_p+C_hQ_h}{Q_p+Q_h} \tag{6-12}$$

式中　C——混合后的污染物浓度,mg/L;

C_p——污染物排放浓度,mg/L;

C_h——河流上游河流中污染物浓度,mg/L;

Q_p——排入河流的废水流量,m^3/s;

Q_h——河流的流量,m^3/s。

(2)平直河流混合过程段。

一至三级评价建议采用二维稳态混合模型,计算公式如下:

岸边排放时

$$C(x,y)=C_h+\frac{C_pQ_p}{H\sqrt{\pi E_y xu}}\left\{\exp\left(\frac{uy^2}{4E_yx}\right)+\exp\left[-\frac{u(2B-y)^2}{4E_yx}\right]\right\} \tag{6-13}$$

非岸边排放时

$$C(x,y)=C_h+\frac{C_pQ_p}{H\sqrt{\pi E_y xu}}\left\{\exp\left(\frac{uy^2}{4E_yx}\right)+\exp\left[-\frac{u(2B-y)^2}{4E_yx}\right]+\exp\left[-\frac{u(2B-2a-y)^2}{4E_yx}\right]\right\} \tag{6-14}$$

式中　$C(x,y)$——点(x,y)处的污染物垂向平均浓度,mg/L;

x,y——河流纵向及横向距离,m;

H——平均水深,m;

B——河宽,m;

E_y——横向扩散(横向)系数,m^2/d;

u——流速,m/d;

a——排污口至岸边的距离,m;

其余符号含义同前。

(3)弯曲河流混合过程段。

一级和二级评价可采用稳态混合累积流量模型,其计算公式为

岸边排放时

$$C(x,q)=C_h+\frac{C_pQ_p}{H\sqrt{\pi E_q x}}\left\{\exp\left(-\frac{q^2}{4E_q x}\right)+\exp\left[-\frac{(2Q_h-q)^2}{4E_q x}\right]\right\} \tag{6-15}$$

非岸边排放时

$$C(x,q)=C_h+\frac{C_pQ_p}{H\sqrt{\pi E_q x}}\left\{\exp\left(-\frac{q^2}{4E_q x}\right)+\exp\left[-\frac{(2aHu+q)^2}{4E_q x}\right]+\exp\left[-\frac{(2Q_h-2aHu-q)^2}{4E_q x}\right]\right\} \tag{6-16}$$

式中　$C(x,q)$——点(x,q)处的污染物垂向平均浓度,mg/L;

Q——累计流量,m^3/d;

H——平均水深,m;

u——流速,m/d;

E_q——累计流量坐标系下的横向混合系数,m^2/d, $E_q=H^2uE_y$;

y——水深,m;

$q=Huy$。

其余符号同前。

2. 酸碱污染物(以 pH 表征)

(1)充分混合段。

一至三级评价均可以采用河流 pH 模型,公式为

排放酸性物质时

$$pH=pH_h+\lg\left[\frac{C_{bh}(Q_p+Q_h)-C_{ap}Q_p}{C_{bh}(Q_p+Q_h)+Q_pC_{ap}K_{a1}\cdot 10pH_h}\right] \tag{6-17}$$

排放碱性物质时

$$pH=pH_h+\lg\left[\frac{C_{bh}(Q_p+Q_h)+C_{bp}Q_p}{C_{bh}(Q_p+Q_h)-Q_pC_{bp}K_{a1}\cdot 10pH_h}\right] \tag{6-18}$$

(本公式适用于 pH≤9 的情况)

式中　pH_h——河流现状 pH 值;

C_{bh}——河流碱度,mN/L;

C_{ap}——排放污水中的酸度,mN/L;

C_{bp}——排放污水中的碱度,mN/L;

K_{a1}——碳酸一级平衡常数,其值见表 6-2;

其余符号含义同前。

表 6-2　碳酸一级平衡常数 K_{a1}

温度(℃)	0	5	10	15	20	25	30	40
K_{a1}	26.5	30.4	34.3	38.0	41.5	44.5	47.1	50.6

(2)混合过程段。

目前尚没有预测混合过程段 pH 值的模型。当受纳水体水质要求高时可按下述方法预测:假设拟排入的酸碱污染物在河流中只有混合作用,则可按照持久性污染物模型预测混合过程段各点的该酸碱物的浓度,然后通过室内实验找出该污染物浓度与 pH 值的关系曲线,最后根据各点污染物的计算浓度查曲线近似求得相应点的 pH 值。

四、地表水环境影响评价及对策

地表水环境影响评价的方法在前面已经做过具体的介绍,对环保措施的建议一般包括污染消减措施建议和环境管理措施建议两部分。

(一)污染物消减措施

污染物消减措施建议应尽量做到具体、可行,以便对建设项目的环境工程设计起指导作用。对消减措施,应主要评述其环境效益(应说明排放物的达标情况),也可进行简单的技术经济分析。常用消减措施有:

(1)对拟建项目实施清洁生产、预防污染和防止生态破坏是最根本的措施。

(2)进行节约用水和废水再利用,减少新鲜水利用量,结合项目特点,对排放的废水采用适宜的处理措施。

(3)在项目建设期因清理场地和基坑开挖、堆土造成的裸土层,应就地建雨水拦蓄池和种植速生植被,减少沉积物进入地表水体。

(4)施用农用化学品的项目,可通过安排好化学品施用时间、施用率、施用范围和流失到水体的途径等方面想办法,将土壤侵蚀和进入水体的化学品减至最少。

(5)应采取生物、化学、管理、文化和机械手段一体的综合方法。

(6)在有条件的地区,可以利用人工湿地控制非电源污染(包括营养物、农药和沉积物污染等)。人工湿地必须精心设计,污染负荷和处理能力应匹配。

(7)在地表水污染负荷总量控制的流域,通过排污消减保持排污总量不增长。

(二)环境管理措施

环境管理措施建议包括环境监测(含监测点、监测项目和监测次数)的建议、水土保持措施建议、防止泄漏等事故发生的措施建议、环境管理机构设置的建议等。

五、地表水环境保护与修复

(一)地表水环境保护措施

1. 工业污染控制措施

包括调整工业布局和产业结构、推行清洁生产、达标排放、加大工业废水处理及关停污染严重的企业等措施。各地方应根据各水功能区排污总量控制的要求和工业污染源承担的污染物消减责任,采取综合治理措施,防治水污染。

2. 加强城市污水处理设施建设

城市污水处理设施的建设包括城市集中污水处理厂、居民小区污水处理设施、排污管网改造等,清污分流、导污及入河排污口整治和严格控制设置排污口等。

3. 提高水环境容量和水体自净能力的工程措施

主要包括水利工程调度、引水减污、疏浚清淤等工程措施,适用于已污染水体的治理,具体措施安排可不要求与水功能区对应。水利工程调度主要适用于有闸坝控制的水体,应提出调度方案。引水减污应提出具体的工程规模、调水量,并分析其提高水环境容量的作用,以及减污效果。清淤措施应提出清淤量及实施方案。

4. 加强地表水水质监测

包括加强保障规划实施的水功能区水质监测,加强污染事故应急处理系统及信息能力建设等。水质监测为水质规划及水功能区管理服务,其主要目的是检验地表水水质保护工作的进展情况。应根据保护措施实施需要设置水质监测站点,提出站网建设规划。水质站点的监测项目根据水体现状、功能区使用功能、相应的水质标准,以及水体的基本特征而定。

(二)地表水环境修复技术

1. 河流水生态修复

河流修复是指将受污染的河流恢复至原来没有受干扰的状态,或者恢复到某种合适的状态。在实际修复中,一般很难将河流恢复到原来没有受到人为干扰的状态。因此,一般只是适当修复,既恢复河流的生态功能,又能满足人类的需要。

河流修复的基本方法有:

(1)自然净化修复。

自然净化是河流的一个重要特征,指河流受到污染后能够在一定程度上通过自然净化使河流恢复到受污染以前的状态。污染物进入河流后,有机物在微生物作用下,进行氧化降解,逐渐被分解,最后变为无机物。当有机物被去除后,河水水质改善,河流中的其他生物也逐渐重新出现,生态系统最后得到恢复。

(2)岸边植被。

岸边植被也可称为岸边隔离区、岸边湿地或者岸边走廊等。它的作用包括植被覆盖地表,可以避免溅蚀,减缓雨滴的冲力,能够减缓雨水的流速,使雨水向土壤渗透的时间延长,从而减少土壤的流失,降低洪水的危害程度。据报道,植被可以将侵蚀率降低数十倍;加强了土壤的结构稳固性,增强了其凝聚力;增加了粗糙度,降低了表面径流的速度,阻止颗粒物的迁移;截留农业面源污染对河流的影响。

(3)裁弯工程。

裁弯能够加快上游河水的流速,增加洪峰流量,使上游水位有所下降。但是,裁弯工程却可能引起下游洪峰加大和水位抬高。在实施裁弯工程时,可能的情况下,开始可以只挖掘小断面,利用裁弯后河水的冲刷作用,使之逐渐扩大成河,从而大大减小裁弯工程量。

人工裁弯存在的问题

(4)河床隔离和覆盖。

需要隔离的物质一般都是永久或者半永久限制的物质,如重金属离子。用铝盐、铁盐或者锰离子等在好氧条件下沉淀磷是控制富营养化的重要途径。

(5)河流维护。

定期维护修理对于河流工程的正常发挥具有非常重要的作用。维护内容包括定期取样检测河流水文水质变化，监测河流变化趋势；维护岸边植被，进行定期的收割或者整理；定期清理河床淤泥，避免过度淤积，清理周期的长短取决于底泥淤积的程度，一般1~5年一次。

2. 水体的生物修复

生物修复是生物特别是微生物催化降解有机污染物，从而去除或消除环境污染的一个受控的过程，即利用培育的植物或培养、接种的微生物的生命活动，对水中污染物进行转移、转化及降解，从而使水体得到净化的技术。

水体修复的主要处理方法有：

(1)生物处理技术。

包括好氧处理、厌氧处理、厌氧-好氧组合处理。其主要原理是人工驯化、培养适合于降解某种污染物的微生物，通过控制室和微生物生长的环境以稳定和加速污染物的降解。

(2)生态塘处理法。

生态塘是以太阳能为初始能源，通过在塘中种植水生作物，进行水产和水禽养殖，形成人工生态系统。在太阳能的推动下，通过生态塘中多条食物链的物质迁移、转化和能量的逐级传递、转化，将进入塘中污水中的有机污染物进行降解和转化，最后不仅处理了污染物，而且以水生作物、水产的形式作为资源回收，净化的污水也作为再生水资源予以回收再用，使污水处理与利用结合起来，实现了污水处理资源化。

(3)人工湿地处理技术。

人工湿地的原理是利用自然生态系统中物理、化学和生物的三重作用来实现对污水的净化。这种湿地系统是在一定长宽比及底面有坡度的洼地中，由土壤和填料混合组成填料床，污染水可以在床体的填料缝隙中曲折地流动，或在床体表面流动。在床体的表面种植具有处理性能好、成活率高的水生植物(如芦苇等)，形成一个独特的动植物生态环境，对污染水进行处理。

(4)土壤处理技术。

土壤处理技术是一种古老、但行之有效的水处理技术。它是以土壤为处理设施，利用土壤-植物系统的吸附、过滤及净化作用和自我调控功能，达到某种程度对水的净化的目的。土壤处理系统可分为快速渗滤、慢速渗滤、地表漫流、湿地处理和地下渗滤生态处理等几种形式。国外的实践经验表明，土壤处理系统对于有机化合物尤其是有机氯和氨氮等有较好的去除效果。

习　题

1. 地表水环境质量现状评价方法有哪些？
2. 怎样进行地表水环境影响评价？
3. 地表水环境保护措施有哪些？

习题解析

4. 地表水环境主要修复技术包括哪些?

任务四　地下水环境影响评价

一、地下水环境质量现状评价

地下水质量评价以地下水水质调查分析资料或水质监测资料为基础,可分为单项组分评价法、综合评价法、污染指数法、系统聚类分析法、灰色聚类分析法、模糊数学法、人工神经网络分析法等。以下重点介绍前三种方法。

(一)地下水质量单项组分评价法

按地下水质量标准所列分类指标,划分为五类,代号与类别代号相同,不同类别标准值相同时,从优不从劣。例如,挥发性酚类Ⅰ、Ⅱ类标准值均为 0. 001 mg/L,若水质分析结果为 0. 001 mg/L 时,应定为Ⅰ类,不定为Ⅱ类。

(二)地下水质量综合评价法

地下水质量综合评价法是一种采用加附注的评分法。具体要求与步骤如下:

(1)参加评分的项目,应不少于本标准规定的监测项目,但不包括细菌学指标。

(2)首先进行各单项组分评价,划分组分所属质量类别。

(3)对各类别按表 6-3 的规定分别确定单项组分评价分值 F_i。

表 6-3　地下水分类级别及单项评价分值

类别	Ⅰ	Ⅱ	Ⅲ	Ⅳ	Ⅴ
F_i	0	1	3	6	10

(4)按式(6-19)和式(6-20)计算综合评价分值 F。

Nemerow 公式:

$$F = \sqrt{\frac{\overline{F}^2 + F_{max}^2}{2}} \tag{6-19}$$

$$\overline{F} = \frac{1}{n}\sum_{i=1}^{n} F_i \tag{6-20}$$

式中　$\overline{F}$——各单项组分评价分值 F_i 的平均值;

F_{max}——单项组分评价分值 F_i 中的最大值;

n——项数。

(5)根据 F 值,按表 6-4 的规定划分地下水质量级别,再将细菌学指标评价类别注在级别定名之后。如“优良(Ⅱ类)”“较好(Ⅲ类)”。

表 6-4　地下水质量级别划分标准

级别	优良	良好	较好	较差	极差
F	$F<0.80$	$0.80 \leqslant F<2.50$	$2.50 \leqslant F<4.25$	$4.25 \leqslant F<7.20$	$F>7.20$

使用两次以上的水质分析资料进行评价时，可分别进行地下水质量评价，也可根据具体情况，使用全年平均值和多年平均值或分别使用多年的枯水期、丰水期平均值进行评价。

（三）地下水质量污染指数法

地下水污染程度主要取决于地下水中污染物的种类、浓度和性质等，这些具有不同量纲的量很难进行比较。综合污染指数法就是把具有不同量纲的量进行标准化处理，换算成某一统一量纲的指数（各项污染指数），使其具有可比性，然后进行数学上的归纳和统计，得出一个较简单的数值（综合污染指数），用它代表地下水的污染程度，并以此作为地下水污染分级和分类的依据。

1. 分项污染指数法

分项污染指数是污染物在地下水中的实测浓度与评价的允许值之比，其计算可分以下3种情况。

（1）对于随着污染物浓度的增加，对环境的危害也增加，即环境质量标准具有上限值的污染物，其分项污染指数计算公式为

$$P_i = \frac{C_i}{C_{oi}} \tag{6-21}$$

式中　P_i——某污染物分项污染指数；

C_i——某污染物实测浓度；

C_{oi}——某污染物的评价标准。

（2）对于随着浓度增加，对地下水的危害程度减小，即有下限环境质量标准值的污染物，其分项污染指数计算公式为

$$P_i = \frac{C_{i\max} - C_i}{C_{i\max} - C_{oi}} \tag{6-22}$$

式中　$C_{i\max}$——第 i 种污染物在地下水中的最大浓度；

其余符号含义同前。

（3）对其浓度只允许在一定范围内，过高或过低对环境都有危害的污染物，其分项污染指数的计算式为

$$P_i = \left| \frac{C_i - \overline{C}_{oi}}{C_{oi}^{\max} - C_{oi}^{\min}} \right| \tag{6-23}$$

式中　$\overline{C}_{oi}$——第 i 种污染物在地下水中的允许值区间的中间值；

$C_{oi}^{\max}$，$C_{oi}^{\min}$——第 i 种污染物评价标准中允许的最高、最低浓度。

分项污染指数表征了单一污染物对地下水产生等效影响的程度，P_i 越大，说明该污染物污染程度越高。

2. 综合污染指数法

综合污染指数依计算方法的不同有多种多样的类型，包括叠加型综合污染指数、均值型综合污染指数和极值型综合污染指数。综合污染指数反映地下水的污染程度，综合污染指数越大，说明地下水污染程度愈严重。各种综合污染指数具体的指标分级界线视研

究区地下水中污染物的类型、浓度等确定。

1)叠加型综合污染指数

(1)简单叠加型指数。

简单叠加型综合污染指数计算公式如下：

$$P = \sum_{i=1}^{n} P_i = \sum_{i=1}^{n} \frac{C_i}{C_{oi}} \tag{6-24}$$

式中 P——综合污染指数；

n——参加评价污染物的个数；

其余符号含义同前。

(2)加权叠加型指数。

由于地下水中不同污染物所起的危害作用很不相同，上述简单叠加型综合污染指数表示污染程度很不合理，它掩盖了含量虽少但危害大的物质的作用的实质。为了反映污染物的危害差别，有人提出采用加权的方法来求和，危害小的给予轻权，危害大的给予加重权。加权叠加型综合污染指数的计算公式如下：

$$P = \sum_{i=1}^{n} W_i P_i = \sum_{i=1}^{n} W_i \frac{C_i}{C_{oi}} \tag{6-25}$$

式中 W_i——第 i 种污染物的权重；

其余符号含义同前。

2)均值型综合污染指数

由于所选择的评价因子数不同，叠加型污染指数计算结果差异较大，为避免这个问题，可选用均值型污染指数。

(1)均权平均型指数。

均权平均型指数计算公式如下：

$$P = \frac{1}{n} \sum_{i=1}^{n} P_i = \frac{1}{n} \sum_{i=1}^{n} \frac{C_i}{C_{oi}} \tag{6-26}$$

符号含义同前。

(2)加权平均型指数。

加权平均型指数计算公式如下：

$$P = \frac{1}{n} \sum_{i=1}^{n} W_i P_i = \frac{1}{n} \sum_{i=1}^{n} W_i \frac{C_i}{C_{oi}} \tag{6-27}$$

符号含义同前。

3)极值型综合污染指数

在计算污染物分指数时，往往某种污染物超标倍数很高，而其他若干污染物都不超标，平均状况也不超标。实际上某种污染物超标就会造成对环境的危害。极值型综合污染指数的特点是既考虑了污染物的平均浓度，又兼顾了浓度最大的污染物对地下水污染的影响。

(1)内梅罗指数。

计算公式为

$$P=\sqrt{\frac{(P_i)_{\max}^2+(\overline{P}_i)^2}{2}}=\sqrt{\frac{\left(\frac{C_i}{C_{oi}}\right)_{\max}+\left(\frac{1}{n}\sum_{i=1}^{n}\frac{C_i}{C_{oi}}\right)^2}{2}} \tag{6-28}$$

符号含义同前。

(2)再次平均型指数。

计算公式如下：

$$P=\frac{(P_i)_{\max}+\overline{P}_i}{2} \tag{6-29}$$

式中　$(P_i)_{\max}$——各项污染指标中污染指数 P_i 的最大值；

$\overline{P}_i$——各项污染指数的平均值；

其余符号含义同前。

综合污染指数反映地下水的污染程度，综合污染指数越大，说明地下水污染程度越严重。各综合污染指数具体的指标分级界线视研究区地下水中污染物的类型、浓度等确定。

二、地下水环境影响预测

(一)地下水环境预测的任务与内容

地下水环境预测评价是根据调查区经济发展规划，预测该地区将来地下水污染变化情况，根据预测结果进行评价。建设项目地下水环境影响预测的任务是根据环境现状调查、勘察实验等资料，利用数学模型等相应的方法将拟建项目不同建设阶段对地下水环境影响程度和影响范围进行预测，为地下水环境影响评价提供依据。

当建设项目不进行与地下水直接有关的环境影响评价时，只需根据现有资料，全部或部分简述下列内容：当地地下水的开采利用情况，地下水埋深，地下水与地面的联系，以及水质状况与污染来源。若需进行地下水环境影响评价，除要比较详细地叙述上述内容外，还应根据需要，选择以下内容进一步调查：水质的物理、化学特性，污染源情况，水的储量与运动状态，水质的演变与趋势，水源地及其保护区的划分，水文地质方面的蓄水层特性，承压水状况等。当资料不全时，应进行现场采样分析。对于已确定的评价项目，都应预测建设项目对其产生的影响，预测的范围、时段、内容及方法均应根据其评价工作等级、工程与环境的特性、当地的环保要求而定。同时应尽量考虑预测范围内，规划的建设项目可能产生的环境影响。

(二)拟预测的地下水水质参数确定

建设项目各时期拟预测的地下水水质参数，应根据工程分析、评价等级，结合当地水质现状与环保要求筛选和确定。拟预测的水质参数，应首先在现状调查水质参数中筛选，筛选的重点应是类比区对地下水环境影响的主要污染因子、建设项目外排废水中经土壤淋渗后的主要污染因子，以及地下水污染现状评价中的主要超标因子。建设过程、生产运行过程和服务期满后各阶段，均应根据各自的具体情况，决定其拟预测水质参数，各时期筛选的水质参数可不一定相同。

(三)地下水水质模型选择

地下水水质预测模型的选择，要遵循以下原则：定解条件简单、确定已取得足够的水文地质资料和弥散参数资料时,可采用解析解模型或数值解模型求解水动力弥散方程进行水质预测;含水层的边界条件、结构和水文地球化学条件比较复杂,难以确定汇源项和难以求得弥散参数时,可采用径流函数法、水动力学渗流网法等近似的水质模型并加以修正的方法进行预测;当影响水质的随机因素较多而又有较长时间的实测数据系列时,可采用统计学方法(回归分析方法)、趋势外推、时序分析、灰色模型等随机模型进行预测。

三、地下水环境影响评价内容及方法

(一)地下水环境影响评价目的与原则

地下水环境影响评价的目的是从环境保护角度出发,为控制污染、促进生产、保护地下水环境及保护人体健康的决策提供科学依据。

由于环境评价是为生产、环境及人体健康服务的,同时评价工作往往是在时间紧、经费少的情况下进行的,因此地下水环境影响评价应遵循以下几个原则。

(1)根据拟建项目或活动的排污特点及当地地质和水文地质等环境特征,有针对性地进行评价,突出重点。

(2)以国家或地方的法规为准绳,评判对地下水的影响。在评判时,要特别强调浓度控制和总量控制相结合的原则。

(3)坚持评价与防治并重、评价先行,以及短期与长期影响一并考虑的原则。

(4)充分利用现有有效资料,并根据评价需要,尽可能取得实际勘探及测量数据。在必要时,开展相应的野外实验和实验室模拟实验工作。

(二)地下水环境影响评价内容

人类工程技术活动及地下水开发工程,将会对地下水及其环境产生影响。重点考虑地下水位(水量)、水质、水温的变化,分析污染物渗入的途径,特殊工程项目建设产生的其他影响等。地下水环境影响评价的基本内容包括以下几个方面。

(1)分析、确定拟建项目或活动的污染物的排放特征,包括污染物的组成、含量和物理化学性质,以及排放速率等,对地下水直接或间接的污染途径、污染范围、污染程度及持续时间,确定主要污染物及主要污染源。

(2)根据调查,分析所处地区的环境特征及地下水的补、径、排关系,确定污染治理目标及治理原则,根据环境特征及污染物特征,估算被排出污染物浓度增量的时空分布。

(3)研究污染物在地下水中的迁移、转化规律,利用它对地下水污染状况进行预测,评估污染物排放对环境的影响范围、影响时段,以及影响程度;并提出相关地区地下水污染防治方案及措施。

(4)分析地下水变化(包括水质和水量)对拟建项目或活动的可能影响,依照有关法规,判断水质的优劣和水量的多少,提出相应的防治对策、措施及建议,由此为拟建项目或活动的选址决策、工程设计和环境管理提供依据。

(三)地下水环境影响评价方法

地下水环境影响评价一般情况下除采用前述的标准指数法、综合指数法、加附注的评分法、模糊数学法、灰色理论法、地下水质模型等评价地下水质污染外,也可采用类比法和数学模拟法进行评价。

1. 类比法

由于污染物的迁移除取决于污染物本身特征外，还取决于环境水文地质条件和地球化学条件，环境水文地质和地球化学条件的相似性决定了其污染影响的可比性，这就是类比法的理论基础。在查明相似工程项目及其所处地区的环境水文地质条件和地球化学条件的基础上，通过量化处理，即可对拟建项目的环境影响范围、大小做出评估。在量化处理中，将开发因素与环境后果都转化为数值指标，并确定出类比系数。依此，即可进行环境预测。

2. 数学模拟法

这是在区域水文地质特征调查基础上，根据污染途径分析结果，通过建立数学模型，获取计算参数等步骤进行的。数学模型包括污染物迁移和水质评价两大类。在污染物迁移模型中，可视情况和条件采用数值方法或解析法，而模型中所需参数需要通过现场调查、现场试验及实验室测量来获取。

四、地下水环境保护与修复

（一）地下水环境保护措施

对由于不合理开发利用地下水而造成地下水超采、海水入侵、咸水入侵和地下水受到污染的地区，在利用现有成果的基础上，研究提出治理、保护和改善的对策措施。对地下水有一定开发利用前景和地下水规划开采区，要制定相应的预防、监督和保护对策。

地下水保护总体目标：全国总体来讲，到 2030 年，要实现合理开发利用地下水，基本达到采补平衡；使超采区的地下水开采得到有效控制，全面遏制地下水位持续下降趋势，不再发生新的环境地质灾害，明显改善生态环境；地下水污染地区的水质状况均得到改善，地下水基本达到Ⅲ类水质标准；其他地区的地下水得到合理有效的利用和保护，控制其达到采补平衡；地下水饮用水水源地保护区的水质得到保护；建立比较完善的地下水管理体系和监测监督系统，实现地下水资源的可持续利用。

在水资源开发利用现状调查评价成果及其他有关研究成果的基础上，划分地下水开发利用及管理的类型区，确定浅层地下水和深层承压水的超采区范围和超采量，以及其他各类型区的范围和开发利用现状及存在问题。根据经济社会发展对水的需求和可获取其他水资源供给的实际状况，提出各规划水平年各类型区地下水的控制水位，控制开采的目标、范围、措施，以及相应的管理制度，如消减地下水开采量、合理布井、科学安排开采计划、进行地下水人工回灌、地下水开发利用管理规程等。

在已有研究成果和水资源规划相关工作的基础上，分析研究海水、咸水入侵现状及发展趋势，提出防治海水、咸水入侵的目标，制订控制地下水开发利用的方案，有效控制海水、咸水入侵。分析导致地下水污染的污染源及污染途径，制订有效措施，截断污染地下水的通道，防治地下水水质继续恶化。同时，提出地下水污染区的治理对策，如采取生物工程措施等。对尚未遭受污染的地区，要求制订地下水保护的目标和相应的对策措施。

在已有成果和水资源规划相关工作的基础上，划定地下水饮用水水源地保护范围，做好地下水水源地保护区的生态环境建设，建立健全地下水动态监测网络和水质保护的监督管理机制，保证地下水水质符合饮用水水质标准。

（二）地下水环境修复技术

地下水中的有机污染物主要来源于石油化工工业、化石燃料工业、化工溶剂和非溶剂，以及各种物质制造过程等。无机污染物主要是金属污染物，包括铬、锌、铅、铜、汞等，主要来源为市政垃圾、工业废弃物、采矿、冶炼和电镀等。

地下水水环境修复的基本方法主要有以下几种：

（1）传统修复技术。

在地下水受到污染时，传统的方法是采用水泵将地下水抽取出来，在地面进行处理净化。这样，一方面可以防止受污染的地下水向周围迁移，减少污染扩散；另一方面，抽取出来的地下水可以在地面得到合适的处理净化，然后再重新注入地下或者排放进入地表水体，从而减少了地下水和土壤的污染程度。

（2）气体抽提技术。

利用真空泵和井，在受污染区域诱导产生气流，将有机污染物蒸气，或者将被吸附的、溶解状态的或者自由相的污染物转变为气相，抽提到地面，然后进行收集和处理。

（3）空气吹脱技术。

在一定的压力条件下，将压缩空气注入受污染区域，将溶解在地下水中的挥发性化合物、吸附在土壤颗粒表面上的化合物及阻塞在土壤空隙中的化合物驱赶出来。空气吹脱包括3个过程：现场空气吹脱、挥发性有机物的挥发和有机物的好氧生物降解。比较而言，吹脱和挥发作用进行得比较快，而生物降解过程进行得比较缓慢，在比较长的时间内才显现出来。

（4）生物修复技术。

利用微生物降解土壤地下水中污染物，将其最终转化为无机物的技术。生物修复技术分为地面生物处理和原位生物修复两类。地面生物处理，是将受污染的土壤挖掘出来，在地面建造的处理设施内进行生物处理，主要有地面堆肥和泥浆生物反应器等。原位生物修复是在基本不破坏土壤和地下水自然环境的条件下，将受污染的土壤和地下水原位进行修复。在原位生物修复技术中，一种途径是提供微生物生长所需要的营养，改善微生物生长的环境条件，从而大幅度提高野生微生物的数量和活性，提高其降解污染物的能力，这种途径称为生物强化修复；另一种途径是投加实验室培养的对污染物具有特殊亲和性的微生物，使其能够降解土壤和地下水中的污染物，称为生物接种修复。

（5）污染带阻截墙技术。

阻截墙是在污染物区域下游设置的具有渗透性的障碍墙。当污染物或者受污染的地下水流经此障碍墙时，污染物被截留下来并得到处理或者处置，地下水得到净化，至少能够降低下游受污染的程度。

习　题

习题解析

1. 地下水环境质量现状评价方法有哪些？
2. 地下水环境质量评价的主要内容有哪些？
3. 地下水环境影响评价的方法有哪些？

4. 地下水环境保护措施有哪些?

任务五　建设项目的水环境影响评价

一、建设项目的水环境影响评价的管理

国家根据建设项目对水环境的影响程度,按照环境影响评价工作的要求,对建设项目的水环境影响评价实行分类管理。建设单位应当按照下列规定组织编制水环境影响报告书、水环境影响报告表或者填报水环境影响登记表。

(1)建设项目对水环境可能造成重大影响的,应当编制水环境影响报告书,对建设项目产生的污染和对水环境的影响进行全面、详细的评价。

①原料、产品或生产过程中涉及的污染物种类多、数量大或毒性大、难以在水环境中降解的建设项目。

②可能造成生态系统结构重大变化、重要生态功能改变或生物多样性明显减少的建设项目。

③可能对脆弱生态系统产生较大影响或可能引发和加剧自然灾害的建设项目。

建设项目的水环境影响评价的管理

④容易引起跨行政区环境影响纠纷的建设项目。

⑤所有流域开发、开发区建设、城市新区建设和旧区改建等区域性开发活动或建设项目。

(2)建设项目对水环境可能造成轻度影响的,应当编制水环境影响报告表,对建设项目产生的污染和对水环境影响进行分析或者专项评价。

①污染因素单一,而且污染物种类少、产生量小或毒性较低的建设项目。

②对地形、地貌、水文、土壤、生物多样性等有一定的影响,但不改变生态系统结构和功能的建设项目。

③基本不对环境敏感区造成影响的小型建设项目。

(3)建设项目对环境影响很小,不需要进行水环境影响评价的,应当填报水环境影响登记表。

①基本不产生废水、废渣、热污染、放射性等不利环境影响的建设项目。

②基本不改变地形、地貌、水文、土壤、生物多样性等,不改变生态系统结构和功能的建设项目。

③不对环境敏感区造成影响的小型建设项目。

建设项目水环境影响评价分类管理中环境敏感区是指具有下列特征的区域。

需特殊保护地区:国家法律、法规、行政规章及规划确定或经县级以上人民政府批准的需要特殊保护的地区,如饮用水水源保护区、自然保护区、风景名胜区、生态功能保护区、基本农田保护区、水土流失重点防治区、森林公园、地质公园、世界遗产地、国家重点文物保护单位、历史文化保护地等。

生态敏感与脆弱区:沙尘暴源区、荒漠中的绿洲、严重缺水地区、珍稀动植物栖息地或

特殊生态系统、天然林、热带雨林、红树林、珊瑚礁、鱼虾产卵场、重要湿地和天然渔场等。

社会关注区：人口密集区、文教区、党政机关集中的办公地点、疗养地、医院等，以及具有历史、文化、科学、民族意义的保护地等。

位于环境敏感区的建设项目，如其水环境影响特征(包括污染因子和生态因子)对该敏感区环境保护目标不造成主要环境影响的，该建设项目水环境影响评价是否按敏感区要求管理，由有审批权的环境保护行政主管部门征求当地环境保护部门的意见后确认。

二、建设项目的水环境影响评价文件的编制与报批

(一)建设项目的水环境报告书的法定内容

建设项目的水环境影响报告书应当包括下列内容：

(1)建设项目概况。

(2)建设项目周围环境现状。

(3)建设项目对水环境可能造成影响的分析、预测和评估。

(4)建设项目环境保护措施及其技术、经济论证。

(5)建设项目对环境影响的经济损益分析。

(6)对建设项目实施环境监测的建议。

(7)环境影响评价的结论。

(二)环境影响报告的编写原则

(1)报告中的水环境影响评价总结报告应概括全部评价工作内容及结果，简要说明环境质量现状达标情况，直接指出超标因子的污染程度和范围，明确建设项目对评价区域的污染影响程度和范围，阐述清楚建设项目的主要污染因子及其排放总量和必须的控制要求，提出防治对策和建议，得出评价结论，为建设单位和主管部门提供管理和决策依据。

(2)报告的内容和深度应满足评价大纲要求，需要提交专题报告的，内容直接反映在总报告的相应部分中。

(3)编写报告书的结论要客观地总结建设项目实施过程各阶段的生产和生活活动与当地环境的关系。要求文字简洁、准确，同时最好分条叙述，以便阅读。

评价报告除用文字叙述外，还应附以必要的图标和照片，使资料能够得以清楚表达，以便阅读和审查。对用数据说明的问题必须说明数据的出处、计算方法和采用的模式，而计算过程和原始数据可不列入正文，必要时可编制附录。

水环境影响评价报告书的结论一般应包括下列内容：

①概括地描述环境现状，同时要说明环境中现已存在的主要水环境质量问题，例如某些污染物浓度超过了标准，某些重要的生态破坏现象等。

②简要说明污染源的位置、数量，污染物的种类、数量、排放浓度、排放量与排放方式等。

③概括总结水环境影响的预测和评价结果。结论中要明确说明建设项目实施过程各阶段在不同的时期对环境的影响及其评价，特别要说明叠加背景值后的影响。

④对环境保护措施的改进建议。

若报告书中有专门章节评述环境保护措施，则结论中应有该章节的总结。当报告书没

有专门章节时,在结论中应简单评述拟采用的环境保护措施。同时,还应结合环境保护措施的改进与执行,说明建设项目在实施过程的各个阶段,能否满足环境质量要求的具体情况。

(三)环境影响报告表和环境影响登记表

《建设项目环境影响报告表(试行)》、《建设项目环境影响登记表(试行)》(环发〔1999〕178号),由国家环境保护总局于1999年8月公布。

《建设项目环境影响报告表(试行)》包括建设项目的基本情况、建设项目所在地自然环境与社会环境简况、环境质量状况、评价适用标准、建设项目工程分析、项目主要污染物产生及预计排放情况、环境影响分析、建设项目拟采取的防治措施及预期治理效果和结论与建议。特别要注意报告表如不能说明项目产生的污染及对环境造成的影响,应进行专项评价。根据建设项目的特点和当地环境特征,可进行1~2项专项评价。专项评价按照《环境影响评价技术导则 总纲》(HJ 2.1—2016)中的要求进行。报告表应有必要的附件和附图。

《建设项目环境影响登记表(试行)》包括项目内容及规模、原辅材料(包括名称、用量)及主要设施规格、数量、水及能源消耗量、废水排水量及排放去向、周围环境简况、生产工艺流程简述、拟采取的防治污染措施。

(四)建设项目环境影响评价的公众参与

除国家规定需要保密的情形外,对环境可能造成重大影响、应当编制环境影响报告书的建设项目,建设单位应当在报批建设项目环境影响报告书前,举行论证会、听证会,或者采取其他形式,征求有关单位、专家和公众的意见。

建设单位报批的环境影响报告书应当附有对有关单位、专家和公众的意见采纳或者不采纳的说明。

(五)报批时限

建设单位应当在建设项目可行性研究阶段报批建设项目环境影响报告书、环境影响报告表或者环境影响登记表。但是,铁路、交通等建设项目,经有审批权的环境保护行政主管部门同意,可以在初步设计完成前报批环境影响报告书或者环境影响报告表。

按照国家有关规定,不需要进行可行性研究的建设项目,建设单位应当在建设项目开工前报批建设项目环境影响报告书、环境影响报告表或者环境影响登记表。其中,需要办理营业执照的,建设单位应当在办理营业执照前报批建设项目环境影响报告书、环境影响报告表或者环境影响登记表。

(六)报批过程及审批时限

建设项目的环境影响评价文件,由建设单位按照国务院的规定报有审批权的环境保护行政主管部门审批。建设项目有行业主管部门的,其环境影响报告书或者环境影响报告表应当经行业主管部门预审后,报有审批权的环境保护行政主管部门审批。

海岸工程建设项目环境影响报告书或者环境影响报告表,经海洋行政主管部门审核并签署意见后,报环境保护行政主管部门审批。

审批部门应当自收到环境影响报告书之日起60日内,收到环境影响报告表之日起30日内,收到环境影响登记表之日起15日内,分别做出审批决定并书面通知建设单位。

预审、审核、审批建设项目环境影响报告书、环境影响报告表或者环境影响登记表,不得收取任何费用。

(七)重新报批和重新审核

建设项目的环境影响评价文件经批准后,建设项目的性质、规模、地点、采用的生产工艺或者防治污染、防止生态破坏的措施发生重大变动的,建设单位应当重新报批建设项目的环境影响评价文件。

建设项目的环境影响评价文件自批准之日起超过5年,决定该项目开工建设的,其环境影响评价文件应当报原审批部门重新审核。原审批部门应当自收到建设项目环境影响评价文件之日起10日内,将审核意见书面通知建设单位。逾期未通知的,视为审核同意。

(八)分级审批

(1)国务院环境保护行政主管部门负责审批下列建设项目的环境影响评价文件。

①审批设施、绝密工程等特殊性质的建设项目。

②跨省、自治区、直辖市行政区域的建设项目。

③由国务院审批的或者由国务院授权有关部门审批的建设项目。

以上规定以外的建设项目的环境影响评价文件的审批权限,由省、自治区、直辖市人民政府规定。建设项目可能造成跨行政区域的不良环境影响,有关环境保护行政主管部门对该项目的环境影响评价结论有争议的,其环境影响评价文件由共同的上一级环境保护行政主管部门审批。

海洋工程建设项目的海洋环境影响报告书的审批,依照《中华人民共和国海洋环境保护法》的规定办理。

涉及水土保持的建设项目,还必须有经水行政主管部门审查同意的水土保持方案。

海岸工程建设项目环境影响报告书或者环境影响报告表,经海洋行政主管部门审核并签署意见后,报环境保护行政主管部门审批。

(2)省、自治区、直辖市环境保护行政主管部门,按照下列原则提出建设项目环境影响评价文件的分级审批建议或调整建议。

①以建设项目对环境影响程度、建设项目投资性质、立项主体、建设规模、工程特点等因素为依据,分政府财政性投资项目和非政府财政性投资项目两类规定审批级别。

②对化工、印染、酿造、化学制浆、农药、电镀及其他严重污染环境的建设项目,其环境影响评价文件应由市(地)级以上环境保护行政主管部门审批。

③符合法律、法规、规章关于环境影响评价文件审批管理的其他有关规定。

三、建设项目的水环境影响评价的实施

(一)建设项目实施环境保护对策措施

在建设项目建设过程中,建设单位应当同时实施水环境影响报告书、报告表及环境影响评价文件审批部门审批意见中提出的水环境保护对策措施。

建设项目需要配套建设的环境保护设施,要做到"三同时",即必须与主体工程同时设计、同时施工、同时投产使用。建设项目的初步设计,应当按照环境保护设计规范的要求,编制独立的水环境保护篇章,并依据经批准的建设项目环境影响报告书或者环境影响报告表,在水环境保护篇章中落实防治环境污染和生态破坏的措施及环境保护设施投资概算。

建设项目的主体工程完工后，需要进行试生产的，其配套建设的环境保护设施必须与主体工程同时投入试运行。

建设项目试生产期间，建设单位应当对水环境保护设施运行情况和建设项目对水环境的影响进行监测。

建设项目竣工后，建设单位应当向审批该建设项目的环境保护行政主管部门申请该建设项目需要配套建设的水环境保护设施竣工验收。

环境保护设施竣工验收，应当与主体工程竣工验收同时进行。需要进行试生产的建设项目，建设单位应当自建设项目投入试生产之日起3个月内，向审批该建设项目水环境影响报告书（报告表或登记表）的环境保护行政主管部门申请该建设项目需要配套建设的环境保护设施竣工验收。

分期建设、分期投入生产或者使用的建设项目，其相应的水环境保护设施应当分期验收。

环境保护行政主管部门应当自收到水环境保护设施竣工验收申请之日起30日内，完成验收。

建设项目需要配套建设的环境保护设施经验收合格，该建设项目方可正式投入生产或者使用。

（二）建设项目水环境影响后评价

在项目建设、运行过程中产生不符合经审批的水环境影响评价文件的情形的，建设单位应当组织水环境影响的后评价，采取改进措施，并报原环境影响评价文件审批部门和建设项目审批部门备案。原环境影响评价文件审批部门也可以责成建设单位进行水环境影响的后评价，采取改进措施。

（三）违规处理

建设单位未依法报批建设项目水环境影响评价文件，水环境影响评价文件未经批准或者未经重新审核同意，擅自开工建设的，由有权审批该项目水环境影响评价文件的环境保护行政主管部门责令停止建设，限期补办手续。逾期不补办手续的，可以处以相应的罚款，对相关责任人员依法给予行政处分。

习　题

1. 建设项目水环境影响报告书的法定内容有哪些？
2. 试述建设项目水环境影响报告书结论的内容。

习题解析

任务六　水环境影响评价案例分析

一、项目简介

（一）项目意义

蓝蒲镇地处××市南端，距市区约18 km，属薄水地带。辖区面积149.98 km^2，辖66个行政村,1个居委会,1个工业小区,辖区总人口约5万人,其中镇区范围常住人口约1万人。随着蓝蒲镇经济的发展,工业废水、生活污水直排至蓝蒲镇主河流蓝惠河的现象时有发生,目前蓝惠河已无环境容量。为从根本上改变这一现象,对照创建国家卫生模范城的具体要求,营造更好的招商引资环境及良好的生态人居环境,发展有效利用资源和保护环境为基础的循环经济,改变传统生产消费方式,实现可持续发展战略,蓝蒲镇政府决定出资将工业废水及镇区生活污水进行集中处理,污水处理厂总体规划4万t,一期工程建2万t,二期2万t。建成后在今后5~10年内将能基本满足全镇污水处理的要求。处理后的污水根据生产需要回用,余量经规范排污口排放。从而做到水资源综合利用,彻底改善区域水环境较差的目的,为××市的投资环境和生活环境的进一步改善做出积极的贡献。

(二)工程分析

1. 工程概况

蓝蒲镇污水处理厂属新建环保基础设施项目,性质为城镇污水处理厂。本污水处理厂主要接纳处理某实业集团的造纸废水、印染废水、热电厂和其环保热电有限公司的除尘废水和离子交换树脂再生水,园区工业污水和镇区生活污水。

预计总投资约3 150万元,按总体规划,本项目建设总规模为污水处理能力40 000 m^3/d,分两期实施,一期工程建2万t,二期2万t。建成后在今后5~10年内将能基本满足全镇污水处理的要求。

2. 水量分析

本项目几种污水的水量差别较大,以造纸废水为主,其次为工业区的工业废水和综合生活污水。纳入污水处理厂的主要废水来源汇总如表6-5所示。

表6-5　纳入蓝蒲镇污水处理厂的主要废水来源一览表

废水来源			近期废水排放量(m^3/d)	远期废水排放量(m^3/d)
工业废水排放量	某集团	造纸废水	9 800	14 800
		印染废水	2 000	3 000
		热电厂	150	150
		环保热电厂	50	50
	园区工业废水		4 400	4 400
	远期新建企业		—	8 000
生活废水排放量	镇区范围		1 200	3 600
不可预见废水排放量(按10%计)			1 760	3 400
合计			19 360	37 400

由此可见,污水处理厂按近期20 000 t/d、远期40 000 t/d规模实施与预计排水情况还是相吻合的,能够满足近期及远期工业废水和生活废水的处理要求。

3. 水质分析

由前述分析,近期纳入污水处理厂的工业废水和生活污水之比约为13.6∶1,主要以工业废水为主。本项目近期污水处理厂的进水水质预计如表6-6所示。

表 6-6　污水综合水质预测表　　（单位：mg/L）

污水名称	参数				
	COD_{Cr} (mg/L)	pH	SS (mg/L)	色度（稀释倍数）	BOD_5 (mg/L)
造纸废水	≤800	7～10	≤100	≤10	≤250
印染废水	≤600	7～10	≤150	≤50	≤150
热电厂	≤250	3～4	≤200	—	—
环保热电	≤40	3～4	≤20	—	—
镇区生活污水	≤400	6～9	≤140	—	≤180
园区工业污水	≤500	6.5～8	≤150	≤50	≤250
混合污水	≤650	7～10	≤180	≤50	≤200

4. 处理工艺比较分析

针对进入本项目的污水综合特性及所要求达到的出水标准，建议采用二级生化处理工艺。具体处理方案有传统活性污泥法、A-B 法、A/O 及 A^2/O 法、改进型氧化沟法、SBR 法等。

经对比分析，传统的 A^2/O 工艺具有流程简单，总水力停留时间少于其他同类工艺，基建费用低、运行负荷高，并且不需要外加碳源，缺氧段只需要缓速搅拌，运行费用低等优点，A^2/O 工艺使污水在反应器中交替经过厌氧、缺氧、好氧，可以达到去除有机物的目的，而且这种运行状况丝状菌不宜生长繁殖，基本不存在污泥膨胀问题，且 A^2/O 工艺在造纸废水生化处理中已有较多成功先例。最大的特点是可耐较高 SS 浓度的冲击，这对造纸废水处理特别重要。

综合考虑用地、进水水质、出水水质要求及运行稳定性和运行管理费用等，建议采用 A^2/O 法。

5. 水环境现状及影响评价

(1)水环境现状监测与评价。

监测项目为水温、pH、DO、COD_{Mn}、BOD_5、氨氮、挥发酚、六价铬、石油类、COD_{Cr}、总氮、总磷、氟化物共 13 项。监测频率为每天上、下午各一次。监测结果如表 6-7 所示。

表 6-7　蓝惠河水环境现状监测（单位：mg/L）（除 pH 及注明外）

监测点	采样时间	水温(℃)	pH	DO	COD_{Mn}	BOD_5	氨氮	挥发酚	六价铬	石油类	COD_{Cr}	总氮	总磷	氟化物
排污口下游	上午	26.0	7.07	2.8	5.60	2.8	0.82	<0.002	<0.004	0.32	33.4	1.19	0.044	0.60
	下午	32.0	7.11	3.0	4.48	2.0	0.46	0.007	<0.004	0.30	36.4	1.42	0.024	0.56
	平均	29.0	7.09	2.9	5.04	2.4	0.64	0.004	0.002	0.31	34.9	1.31	0.034	0.58
排污口上游	上午	28.0	6.87	7.7	4.48	2.2	0.34	<0.002	<0.004	0.29	18.4	3.35	0.024	0.53
	下午	34.0	6.88	7.0	5.12	2.0	0.76	<0.002	<0.004	0.28	21.7	5.17	0.029	0.57
	平均	31.0	6.88	7.4	4.80	2.1	0.55	0.001	0.002	0.29	20.1	4.26	0.027	0.56

根据本次现状监测数据，采用单因子评价，评价结果见表 6-8。由表可知，排污口下游 DO、石油类、COD_{Cr}、总氮 4 项指标超标，其中评价指数最大的为石油类，其次为 DO。排污口上游石油类、COD_{Cr}、总氮 3 项指标超标，其中评价指数最大的为石油类，其次为总氮。

表 6-8　蓝惠河水环境现状监测结果

(单位:mg/L)(除 pH 及注明外)

监测点	采样时间	水温(℃)	pH	DO	COD_{Mn}	BOD_5	氨氮	挥发酚	六价铬	石油类	COD_{Cr}	总氮	总磷	氟化物
排污口下游	平均值	29.0	7.09	2.9	5.04	2.4	0.64	0.004	0.002	0.31	34.9	1.31	0.034	0.58
	评价指数	—	0.05	4.78	0.84	0.6	0.64	0.8	0.04	6.2	1.75	1.31	0.17	0.58
	达标情况	—	达标	超标	达标	达标	达标	达标	达标	超标	超标	超标	达标	达标
排污口上游	平均值	31.0	6.88	7.4	4.80	2.1	0.55	0.001	0.002	0.29	20.1	4.26	0.027	0.56
	评价指数	—	0.66	0.03	0.8	0.53	0.55	0.2	0.04	5.8	1.01	4.26	0.14	0.55
	达标情况	—	达标	达标	达标	达标	达标	达标	达标	超标	超标	超标	达标	达标

(2)水环境影响评价。

根据导则规定，三级评价水质预测采用一维衰减模式。根据水质现状监测，蓝惠河枯水期因径流量小，水质在全年属最差状态，故主要预测 90%保证率最枯月平均流量条件下的枯水期水质。预测时，还考虑了污水处理厂正常、异常和紧急排放三种情况，其中正常是指污水处理厂达标排放，异常是指处理率下降至 30%时的状况，紧急排放是指污水厂停止运行，污水直接外排，去除处理率为“零”状况。

预测结果分析:①在枯水期，本工程污水处理厂废水正常排放情况下，排污口 COD_{Cr} 浓度贡献值为 4.8 mg/L。原有的排入蓝惠河的污染负荷将得到削减，蓝惠河的水质将得以改善，有望达到《地表水环境质量标准》(GB 3838—2002)中的Ⅲ类标准。②在枯水期，本工程污水处理厂废水异常排放时(去除率降为 30%)，排污口 COD_{Cr} 浓度贡献值为 36 mg/L，是《地表水环境质量标准》(GB 3838—2002)中的Ⅲ类标准值(20 mg/L)的 1.8 倍，不能保证Ⅲ类水质。③在枯水期，本工程污水处理厂废水事故排放时(去除率降为 0)，COD_{Cr} 排污口浓度贡献值为 52 mg/L，超标较严重。

从预测结果可以看出，在枯水期确保本工程正常运行显得尤为重要，一旦出现污水处理的严重事故性排放，蓝惠河下游水质指标就不能满足功能区划的要求。

二、预期的环境影响及防治措施

(一)施工期的环境影响及其防治措施

1. 施工排水的环境影响分析

建设阶段废水主要来自:①施工人员产生的生活污水;②地基开挖渗出的地下水。若处理不当，上述废水也会给附近流域造成污染影响。

为避免污水乱排乱放，施工场区可考虑设置临时厕所和化粪池及食堂污水隔油池;场界四周设置排水明沟，建筑下水经沉淀池沉清后再排入蓝惠河。

2. 建筑垃圾的环境影响分析

建设施工过程中将产生一定量的建筑废弃物,若处置不当,遇暴雨降水等会被冲刷流失到吴溪而产生水污染。故建设施工单位应加强施工管理,规范运输,不得随路洒落,不得随意堆放建筑垃圾,建筑垃圾尽可能回收用作填方自行消化;施工结束后,应及时清运多余或废弃的建筑材料或建筑垃圾。

同时,在项目施工期间,施工人员的生活垃圾也应及时收集,并由当地环卫部门统一清运、处理。

(二)营运期环保措施

(1)继续抓紧做好镇区内的雨污分流和排污管网的建设,扩大污水管网的收集范围。

(2)污水处理厂工艺中应考虑中水回收用系统的设计,使部分废水回用,以解决厂区厕所、道路及车辆等的冲洗用水,以及厂区和附近公共绿地的绿化灌溉用水等,最大限度地节约水资源。

(3)必须认真做好污水处理厂的运行管理工作,加强对员工的培训和教育,提高其工作责任心;制定各项规章制度和操作规程,避免因操作失误而造成事故排放。

(4)加强对各类设备的定期检查、维护和管理,以减少事故隐患;污水厂应采用双回路供电,防止因停电而造成运转事故。

(5)水厂进水和出水水质要定期监测,以根据不同水量和水质及时调整处理单元的运转状况,保障设施的正常和高效运行。

(6)厂区应设立标准排放井并安装在线监测系统,以时刻监控和预防事故性排放发生,并方便环保管理部门的监督管理。

三、损益分析

本项目既是一项市政工程,同时是一项控制区域水污染、保护区域水环境的公益性工程;它既可提高镇区基础设施水平,加快镇区社会经济发展和城市化步伐,也可削减镇区水污染物排放负荷,改善镇区附近流域的水环境质量,促进经济与社会的可持续发展。因此项目具有较好的社会、经济与环境效益。

(一)项目的社会效益

通过本项目的实施,开发区工业废水与生活污水的集中处理,将大大提高废水达标排放的可行性与稳定性,这对于进一步改善投资环境,吸引投资,促进本区社会经济的可持续发展有着重要意义。

(二)项目的环境效益

随着污水处理厂的建设并投入运行,大量的工业废水和生活污水将被截留,避免污水直接排入附近流域,减少了对水体造成的污染。污水经处理后,使得排入附近流域的污染物大大削减,可极大地改善附近流域水质现状,促使水体功能区划目标的实现。

(三)项目的经济效益

本项目主要表现为社会和环境效益,及其他部门产生的间接经济效益。但随着社会主义市场经济的发展,市政设施有偿使用已成为必然。

四、评价结论及建议

综上所述，蓝蒲镇污水处理厂工程是一项环境保护公益性基础设施项目。本项目实施后，对削减区域水污染物排放量、改善流域生态环境质量，促进镇区社会、经济的可持续发展等具有十分重大的现实意义。但项目本身在建设期和营运期会产生一定的环境影响，故在项目建设和运行中，应根据本评价提出的有关污染防治对策和措施，将其负面影响控制在允许的范围之内。在项目正常运行、污水达标排放的前提下，项目的建设从环保角度来看是可行的。

【课程思政】

党的二十大提出绿色发展，要基本消除城市黑臭水体。

水是滋润万物，哺育生命的源泉。如果没有水，地球上的生命将不复存在。保护水资源就是保护我们自己的绿色家园。爱河水资源，事关人民群众福祉，事关中华民族长远发展，更是功在当代、利在千秋的伟大事业，需要我们每一个人关注、保护生态环境。不断提高护水意识，宣传普及法律法规和护水知识，自觉带动家人，影响大众，让爱护水资源成为一种社会新风尚，营造出全社会共同参与的良好氛围。为激发社会各界爱护水资源的热情，我们郑重发出倡议：

一、争做爱护水体的践行者。像爱母亲一样爱河流，从我做起，从现在做起，从小事做起，自觉养成节约用水的好习惯。自觉抵制一切污染、破坏水资源的行为，做到不往河道内倾倒、抛弃、堆放、填埋垃圾，不破坏岸坡上的绿化、堤岸等设施。

二、争做节约用水的倡导者。用行动诠释使命，珍惜每一滴水，养成节约用水的良好生活习惯。养成使用节水龙头、节水马桶等器具，提高用水效率，及时维修、更换损坏的用水器具，杜绝“跑、冒、滴、漏”等浪费水的现象。

三、争做生态文明的建设者。落实绿色发展理念，积极推行生态循环、低碳生产和清洁生产，把生态循环理念纳入生产流程、产品营销等各个环节，不向河道内排放污水、废水，降低对河道生态环境的影响。

四、争做绿水青山的捍卫者。珍惜水资源，倡导人人参与河湖保护，积极参与环保宣传、捡拾白色垃圾和治理水土流失等环保公益活动；积极主动争当民间河长，敢于监督举报乱排污水、破坏水利设施的行为，为保护母亲河实现人与自然和谐共生作出努力。

同学们，让我们携起手来，共同努力，用实际行动守护水资源，积极投身到爱护水资源的行动中去，让我们的家园望得见山青，看得见水秀，记得住乡愁，让我们居住的家园山更青、水更绿、天更蓝、风景更美丽。

项目七　校园及周边水环境监测与评价实训

一、实训目的

实训是环境类专业教学计划中的重要教学环节。通过对校园及周边水环境指标的监测和评价,培养学生综合应用知识的能力,提高独立分析问题和解决问题的能力,其目的如下:

(1)通过实训使学生进一步学会综合运用基础知识和专业理论知识,掌握污染物的采样方法和测定步骤。

(2)掌握水质监测相关仪器设备的使用和操作方法,熟悉相关试剂的配置和标定、误差处理、数据处理等方法技能。

(3)通过实训全面考察、了解学生的学习质量,从而发现与弥补教学中存在的问题,以切实保证教学质量。

二、资料的调查与收集

水污染受气象、季节、地形、周边环境等因素的影响,随时间的变化而变化。因此,应对校园周边各种水污染源、污染物排放情况及自然与社会环境特征进行调查。

校园周边的环境水样很多,有地表水、地下水,还有校园排放的污水等。所以,在调查与收集资料时,除调查收集相应的水污染物排放情况外,还需要了解周围的水污染源和水质状况,以及有关受纳水体的水文和水质参数等。相关调查可参照表 7-1。

表 7-1　水污染源调查表

调查内容	调查结果

三、监测项目与范围

对于校园周边水环境中的地表水,水质监测项目可分为水质常规项目、特征污染物和水域敏感参数。水质常规项目可根据国家《地表水环境质量标准》(GB 3838—2002)和环境监测技术规范选取;水中的特征污染物可以根据校园及周边的场所(实验室、食堂、宿舍、主要工厂)等排放的污染物选取;敏感水质参数按具体监测范围的水质状况选取即可。对于地下水,如果用作生活饮用水水源,监测项目按照《生活饮用水卫生标准》执行即可。

四、监测点的布设、监测频率及采样方法

(一)监测点的布设

监测断面及采样点的设置根据监测目的和监测项目,并结合监测水域的类型、水文、气象、环境等特征,学生通过分组的方式研究、讨论,综合考虑各种影响因素,提出优化方案。

具体布点采样时,结合上课所学的知识,按照"面—线—点"的原则来布点。对于校园污水一般是直接排入城市下水道的情况,要在校园污水总排水口布点采样,以了解其排水性质。

(二)监测频率

监测目的与对象不同,监测频率也不同。一般情况下当天监测的水质参数要当天采样。

(三)采样方法

采样器要事先洗涤干净,采样前用被采水样洗涤 2~3 次。根据监测项目确定是采集混合水样还是单独水样。采样时应避免剧烈扰动水体使漂浮物进入采样桶,采样桶要迎着水流方向浸入水中,水充满后迅速提出水面,需加保存剂时要现场加入。地下水样的采集,应在监测井旁选择标志物或编号,确保每次在同一采样点采样。

具体内容参照表 7-2 记录。

表 7-2　监测点、监测频率、时间及采样类型

监测点	监测频率(次/d)	监测时间	水样类型

五、样品的保存与运输

在水样存放过程中,由于吸附、沉淀、氧化还原、微生物作用等物理化学作用,样品的成分可能发生变化。因此,如果不能及时运输和分析测定水样时,应采取适当的方法保存。常用的保存方法有加入化学试剂、冷藏和冷冻等。

六、分析方法与数据处理

具体的分析方法依照国家环境保护总局规定的《水和废水监测分析方法》进行。监测结果的数据处理要遵循运算规则,正确保留有效数字。对于在监测过程中出现的可疑数据,应先进行技术分析,然后统计检验处理,查明原因,使测定结果更符合实际。

具体内容可参照表 7-3、表 7-4 进行记录(待测项目及污染物仅做参考,可适当调整)。

表 7-3　地表水断面水样监测

断面类型	水样种类	待测项目	容器类别	保存方法	分析地点	可保存时间	建议	监测结果
		温度						
		pH						
		电导率						
		浊度						
		悬浮物						
		溶解氧						
		氨氮						
		COD_{Mn}						
		BOD_5						
		总磷						

表 7-4　校园生活污水情况调查

序号	污染源名称	采样时间	采样地点	污染物名称	监测方法	污染物排放量(mg/L)
1	食堂			温度		
				pH		
				浊度		
				色度		
				COD		
				BOD_5		
				氨氮		
				总磷		
2	宿舍			pH		
				温度		
				浊度		
				色度		
				COD		
				BOD_5		
				氨氮		
				总磷		

续表 7-4

序号	污染源名称	采样时间	采样地点	污染物名称	监测方法	污染物排放量(mg/L)
3	实训实验室			pH		
				温度		
				浊度		
				色度		
				COD		
				酸/碱度		
4	教室			pH		
				温度		
				浊度		
				色度		
				COD		
				氨氮		
				总磷		

七、评价结论及建议

根据监测结果,进行具体分析,对校园及周边水环境质量做出综合评价。

习题演练

单选题　　多选题　　判断题

参 考 文 献

[1] 中华人民共和国环境保护部.建设项目环境影响评价技术导则　总纲:HJ 2.1—2016[S].北京:中国环境科学出版社,2017.

[2] 中华人民共和国生态环境部.环境影响评价技术导则　地表水环境:HJ/T 2.3—2018[S].北京:中国环境科学出版社,2018.

[3] 中华人民共和国环境保护部.环境影响评价技术导则　地下水环境:HJ 610—2016[S].北京:中国环境科学出版社,2016.

[4] 国家环境保护总局,中华人民共和国水利部.环境影响评价技术导则　水利水电工程:HJ/T 88—2003[S].北京:中国环境科学出版社,2003.

[5] 中华人民共和国环境保护部环境工程评估中心.环境影响评价技术导则与标准[M].北京:中国环境科学出版社,2012.

[6] 田子贵,顾玲.环境影响评价[M].2版.北京:化学工业出版社,2011.

[7] 陆雍森.环境评价[M].2版.上海:同济大学出版社,1999.

[8] 陆书玉.环境影响评价[M].北京:高等教育出版社,2006.

[9] 中华人民共和国环境保护部环境工程评估中心.环境影响评价案例分析[M].北京:中国环境科学出版社,2005.

[10] 奚旦立,孙裕生.环境监测[M].4版.北京:高等教育出版社,2010.

[11] 王英健.杨永红.环境监测[M].北京:化学工业出版社,2004.

[12] 聂麦茜.环境监测与分析实践教程[M].北京:化学工业出版社,2003.

[13] 梁红.环境监测[M].武汉:武汉理工大学出版社,2015.

[14] 张宝军.水环境监测与评价[M].北京:高等教育出版社,2015.

[15] 肖长来,梁秀娟.水环境监测与评价[M].北京:清华大学出版社,2008.

[16] 陈书玉.环境影响评价[M].北京:高等教育出版社,2001.

[17] 姚运先.水环境监测[M].北京:化学工业出版社,2005.

[18] 李国刚.突发性环境污染事故应急监测案例[M].北京:中国环境科学出版社,2010.

[19] 张尧旺.水质监测与评价[M].2版.郑州:黄河水利出版社,2013.